ハヤカワ文庫 NF
〈NF381〉

〈数理を愉しむ〉シリーズ

史上最大の発明アルゴリズム

現代社会を造りあげた根本原理

デイヴィッド・バーリンスキ
林　大訳

早川書房
7010

THE ADVENT OF THE ALGORITHM

The Idea That Rules the World

by

David Berlinski

Translated by
Masaru Hayashi
Published 2012 in Japan by
HAYAKAWA PUBLISHING, INC.
This book is published in Japan by
arrangement with
WRITERS HOUSE INC.
through JAPAN UNI AGENCY, INC., TOKYO.

わが友M・P・シュッツェンベルジェ（一九二一―一九九六）の思い出に捧げる

死の床にあるジョンソン博士を見舞った友人が、博士の頭を支えるものがないのに気づいて、頭の下に枕をおいてやった。すると、「それで十分だ」とジョンソン博士は言った。「枕にできることだけで」

目次

読者への注意　本書は学問的著作である。著者は、架空の人物や出来事が出てくる物語を本文に織りまぜている。読者が専門的な議論を楽しむ、あるいは、興味をつなぐのを助けるためである。著者が創作した話は、ほかと異なる字体で印刷してある。

史上最大の発明アルゴリズム

現代社会を造りあげた根本原理

まえがき　デジタル官僚

六〇年以上前、数理論理学者は、アルゴリズムの概念を精密に定義して、効率的な計算という古来の概念に実質のある内容を与えた。その定義がデジタルコンピューターの創造につながった。思考が自らの目的に物質をしたがわせた興味深い例である。

一九四〇年代に現れた最初のコンピューターは、サナギの段階を経て成虫になる昆虫のように、まず珍奇なものとして登場し、それから一九五〇年代、六〇年代に妖怪と化した。《ニューヨーカー》誌に載った有名なマンガのなかでは、神はいるのかときかれたコンピューターが、今では神がいると答えたものだった。私たちは、魔法使いの弟子のように、自分が理解せず、制御できない装置を手にしているという感覚から今なお逃れられずにいるが、妙なことに、デジタルコンピューターは、ますます強力になっていながら、以前ほど恐ろしくなくなってきている。コンピューターは初期に現れた類型のいくつかを捨てて、はじめから担う運命だった役割を担っている。すなわち、コンピューターは本来、人間に力を与える装置であり、人間が自己の欲求を訴えるささやきを増幅するのに役立ち、測り知れないほど貴重とまでは言わないまでも人間にとって欠かせないものなのだ。

デジタルコンピューターは機械であり、あらゆる物質的対象と同じく、熱力学の冷酷な法則がもたらす結果に縛られている。時間が尽きると、活力も尽きてしまう。緊張した二本の指の先でキーボードを叩くコンピュータープログラマーのように。私たちすべてと同じように。だが、アルゴリズムは違う。アルゴリズムは、刺すような欲望と、その結果生じる満足の泡とを仲介する、抽象的な調整手段であり、さまざまな目的を達成するための手続きを提供する。アルゴリズムは、サインとシンボルから構成され、思考と同じく時間を超えた世界に属する。

コンピューターはどれも、ハードウェアとソフトウェアからなる。アルゴリズムとその宿主たる機械との関係は、人間の心と体の関係になぞらえることが可能だ。コンピューターが今おこなっていることを、コンピューターが何もできないうちから人間がやってきたのは、驚きではない。人間にせよ機械にせよ、心と物質の分離は著(いちじる)しい。安定した信頼できる物質的対象の組織はほとんどどれも、アルゴリズムを実行し、何らかの形の知能を駆使することができる。

こう考えると、現代のデジタルコンピューターという機構は、便利だが、とうてい必要不可欠なものではない。なんといっても、官僚機構とは、少なくとも古代中国以来、複雑なアルゴリズムを実行してきた社会組織以外の何物でもないではないか。

官僚機構を社会組織のレベルでコンピューターになぞらえるとすると、生きた細胞を、私たちが経験する何かになぞらえるとすれば、分子組織のレベルでコンピューターに比することができる。この比喩は、使わずにいられないものであり、その誘惑にあらがいおおせた生物学者は少ない。それも道理だ。他の比喩では、細胞の複製、転写、翻訳の複雑な事情は伝わらない。アルゴリズムの他に、生体分子の管理をこなせるものはない。

こう考えると、デジタルコンピューターは、一般に考えられるほど、輝かしいはじけるような新奇さを備えた存在ではないのかもしれない。これは、本当だとはいえ、もちろん、われわれにとっては心強すぎてにわかには信じがたい結論である。社会的な官僚機構、あるいはバクテリア細胞によるアルゴリズムの実行とデジタルコンピューターによるアルゴリズムの実行とのあいだには相当な違いがある。論理学者は、アルゴリズムの概念を白意識をもつものにして、無類の威力、優美さ、簡潔さ、信頼性を備えたアルゴリズムの創造を可能にした。デジタルコンピューターは、時間のゆるやかな流れを圧縮するまったく目覚ましい能力を備えており、官僚機構がやってきたことをやるとしても、それを驚異的な速さでおこなう。このことは世界を一変させた。

マジェランが船で世界一周をしてから五〇〇年が過ぎたが、太陽はやはり東の中国のほい。だが、人間が交流するためには広大な世界を物理的に旅しなければならないという不平は、まったく消え去ってしまった。曙が次々と大陸に口づけするうちに、光ファイバーケーブルによって中継されるか、雲一つない空に静かに浮かぶ静止衛星と地上のあいだを三角形を描いて行き来するかして、一連の暗号化された通信が地球の表面を駆けめぐる。リスボンからよいニュース、ソウルから悪いニュース（あるいは、その逆）が飛び込んでくる。K2の頂上にたどりつこうとしている登山家たちが、自分たちの身を気づかう配偶者たちにメッセージを送ってから、眠り込み、ラップトップがビーッと信号を出しつづけ、やがて、その電池がきれる（そして、持ち主もこときれる）。あらゆるところにデータがあり、考えられるあらゆるトピックについて情報がある。スーダンでの干しブドウのつくりかた、宋王朝の歴史、ロサンジェルスの女親分の電話番号、それに写真。好奇心、欲求を満足させるか、サイバースペースを離れることなく、鞭打たれ、浣腸される人もいるかもしれない。サンスクリットの動詞を変化させるか、フランス文学をあれこれ読みあさるか、『イリアス』の原文の行間に訳文を入れた本にざっと目を通し、greaveやgrieveという意味のギリシア語を見つけるかもしれない。地中海に臨むサン＝ジャン＝カプ＝フェラー沖の——私の記憶によれば汚染されてやや灰色に濁った——海水のなかをあさるなり、クレタ島沖のワイン色の海のどこに宝が沈んでいるかを調べるなりするかもしれない。インターネットで自分の火葬の手配をするか、よくわからない病気の治療法を探すかするかもしれない。サウスカロライナで魔女の集団と接触するか、〝ダイアナ妃はウィンザー家からの指示で殺害されたのだ、痴呆の女王その人が下した命令によって運命を決められたのだ〟と信じるチャットグループと通信するかもしれない。デジタルコンピューターに託された夢のなかには実現せずに終わったものが数多くあったにもかかわらず、米国憲法の起草者たちが、人はみな生まれながらにして平等であるという考えを正面きって唱えて以来、一つの考えが生活の物質的条件、人類の期待をこれほど変容させたことがないのは確かだ。

プロローグ　宝石商のビロード

宝石商のビロードの上で二つの概念が輝いている。一つは、微積分、もう一つは、アルゴリズムだ。微積分と、それが生み出した数学的解析の豊かな体系が、現代科学の成立を可能にした。だが、現代世界の成立を可能にしたのは、アルゴリズムである。

この二つの考えはまったく異なっている。微積分は数理物理学の尊大な展望に仕えた。この世界の現実の要素が、その基本的構成要素、素粒子、力、場、さらには奇妙に融合した空間と時間であることが明らかになる展望だ。数学の言葉で書かれ、恐ろしいまでに圧縮された一組の法則によって、そうした要素の隠れた本質が記述される。この記述から浮かびあがる宇宙は、人間の欲求とは異質で、そんなものには無関心である。

だが今や、数理物理学の偉大なる時代は過ぎた。物理的世界を数学的に表現しようとする三〇〇年にわたる努力は、息切れを起こしている。これによってもたらされるはずだった理解は、一七世紀にアイザック・ニュートンが活躍していたときより限りなくわれわれの手近なところにあるが、それでもなお限りなく遠く離れている。

ここに老いゆく人あれば、よそに生を受ける人あり。時間が一つの概念を退場させるとき、別の一つの考えが迎えられるのだ。アルゴリズムは、私たちの想像のなかで中心的な位置を占めるにいたった。西洋世界で二番めに現れた科学上の偉大な概念である。三つめは現れていない。

アルゴリズムは、ひとつの有効な手続き、すなわち、有限個の別個のステップで何かをおこなうすべである。古典数学は、ある程度まで、ある種のアルゴリズムの研究である。たとえば、基礎代数では、ある程度の一般性を達成するために、数が文字で置き換えられる。記号は、確固たる実際的な規則によって操作される。$a+b$と$a+b$の積を得るには、第一にaを二乗し、第二にaとbを掛け合わせて二倍し、第三にbを二乗する。それから、これらの積を足し合わせる。積は$a^2+2ab+b^2$であり、これで終わりだ。機械でもこのステップを適切に実行することができる。何の芸も要らない。

数学は現実世界から生まれ、数学者は他の人たちと同じくそこに戻らなければならない。その現実世界では、大雑把に言って、アルゴリズムは、一組の規則であり、規定であり、行動規範であり、指針であり、結びつけられ制御された指令であり、規約であり、生命がさえずるカオスに複雑な言葉のショールを掛けようとする努力だ。

「我が子よ」と、一八世紀イギリスの文人にして政治家であったチェスタフィールド卿は、その名高い手紙のなかで、貴賤間の結婚で生まれた息子に語りかけたものであった。知恵とウィットに富み、時として愛情に満ちたこの驚くほど詳しい手紙では、英語、フランス語、ラテン語、ギリシア語で述べた訓戒がつづく。愛し子は、歯をきちんと磨き、肌着を洗濯し、資産を管理し、気性を制御しなければならないことを思い出させられる。社交術を養い、会話術とダンスの初歩を習得しなければならない。何よりも、ひとを喜ばせるすべを覚えなくてはならない。優雅な手紙はつづく。その調子は後悔に満ちている。チェスタフィールド卿は、自分は空っぽの部屋に忠告の言葉を次々と発していると知っていたにちがいない。息子は、頭が鈍い、にきび面の粗野な若者である。優雅な父がしゃべるのをやめてくれることを願う気持ちは、強情に沈黙を守るあいだじゅう、粘り強く脈打ちつづける。

アルゴリズムのおかげで成立しうる世界は、数理物理学の世界と性格が逆である。その基本的な理論的対象は、ミューオン、グルーオン、クォークでも、柔軟な結び目へと融合する空間と時間でもなく、記号だ。アルゴリズムは、人工物である。記憶と意味、願望と意図の世界に属している。アルゴリズムの概念は古くからあるが、狡賢(ずるがしこ)く、変幻自在である。一七世紀の哲学者にして数学者のゴットフリート・ライプニッツは、その幅広い知性ではるか将来を見通し、普遍的な計算機と普遍的な書記法で書かれた奇妙な記号言語を思い描いた。しかし、ライプニッツは、時の召使であるとともに奴隷であって、自分の深い見解を研ぎすますことができなかった。そうした見解は、夢に見る都市のように、立ち上がり、一瞬、形を保ってから、永久に消え去ってしまう。

今世紀になってはじめて、アルゴリズムという概念の全貌が意識されるようになった。この仕事は、六〇年以上前、四人の数理論理学者によっておこなわれた。その四人とは、繊細で謎めいたクルト・ゲーデル、教会どころか大聖堂にも劣らずがっしりとして堂々としているアロンゾ・チャーチ、モリス・ラフェル・コーエンと同じくニューヨーク市立大学に葬られているエミル・ポスト、そして、もちろん、二〇世紀の後半に不安に満ちた目をさまよわせているかのような、風変わりでまったく独創的なA・M・チューリングだ。

数学者は数学を愛してきた。サフォーが描いた美の女神たちのように、数学は野バラのような手首をしているからだ。数学者の魂を支配するのが美であれば、数学者に義務を思い出させるのは、真理と確実性である。一九世紀末、数学の基礎に不安を抱く数学者は、なぜ数学は正しいのか、数学は確実なのかと自問し、答えを言い表せず、知りもしないことに気づいて、懸念を抱いた。もちろん数学者は数学に取り組みつづけたが、その際の認識は、〝事象の階段を這い上がってくる邪悪な何かがいる〟という程度のものだった。償いの図式がいくつか導入された。数学者のなかには、ゴットロープ・フレーゲやバートランド・ラッセルのように、数学は論理の一形式であり、論理にあると想定されていた確実性を受け継ぐものであると主張する者もいた。また、ダーヴィット・ヒルベルトにしたがって、数学は形式的記号を使っておこなう形式的ゲームだと主張する者もいた。どの理論体系も、真理の一部を表現しているように思われたが、どの理論体系も、真理のすべてを表現してはいなかった。危機とそのさまざまな解決策のあいだにとらわれて、論理学者は、物理科学の抽象的で、狡猾で、連続的な世界に対抗する新たな世界を構築することを強いられ、この仕事によって、馴染み深く直観的だが、どうしようもなく不明確なアルゴリズムの概念が、形式的で厳密なものに一変した。

論理学者の物語は意外なものに満ちている。何年にもわたってフェルマーの最終定理の証明を探し求めたアンドリュー・ワイルズと違って、論理学者は、アルゴリズムという概念を見つけようとして見つけたわけではない。それを見て取るほど感受性が高かっただけだ。しかも、論理学者が見つけたものは、捜し求めたものと完全に同じだったわけではない。結局、最初に思い定めた構想は、実現しなかったのだ。新しい千年紀のはじまりに際して、数学がなぜ正しいのか、数学は確実なのかどうかを私たちはいまだに知らない。しかし、かつてより測り知れないほど豊かに、何を知らないかを知っている。そして、このことを学んできたことは目ざましい成果——最大の、しかも最も知られていない成果の一つ——である。

論理学者の声で

アルゴリズムは
有限の手続きであり、
定まった一組の記号で書かれ、
厳密な指令に支配され、
1、2、3……という個々のステップを踏んで進み、
これを実行するのに、洞察力も才気も直観も知性も明敏さも必要なく、
遅かれ早かれ、終わりにいたる——そのようなものである。

第1章　スキームの市場

哲学者のなかには、自分自身のうちを見つめる者もいれば、時代を見つめる者もいる。さらに、未来と同盟を組む者もいる。夜遅くに秘密を書きなぐり、この世に生を受けることを切望しながら書斎のドアの前に集まっている、空虚でせっかちな魂たちに囁くのだ。歳月が過ぎ去り、埃が積もる。新たな世界がつくられる。事物がブンブン飛びまわり、ポンと弾け、ジュージュー音を立てる。皿が落ちてガチャンと音を立て、暗闇で笑い声がする。舗道の上でヒールがコツコツと鳴る。タクシーが向きを変え、警笛を鳴らし、清掃車が都市の通りをガタガタと走りまわる。空は電磁パルスに満ちている。くすぶる赤い太陽が、じりじりと水平線から顔を出す。目覚まし時計がベルやチャイムを鳴らす。ラジオがペチャクチャとおしゃべりをはじめ、なお滑らかな記憶の糸が現在を過去につなぎ、私たちは一瞬、動作を止めて、学者の目に映る自分の姿を見る。横顔の静かな微笑みは、知ったかぶりで安らかだ。

召使は、書斎のドアを控えめにたたく。ライプニッツという姓の父をもち、もともとゴットフリート・ライプニッツだったが、どういうわけかそこにフォンを加えたゴットフリート・フォン・ライプニッツが、今や歴史の大謁見室に入っていくのが見られる。熟練したなめらかな身のこなしで、右足を斜め前、左足の前に出して、体を腰からやや屈め、肩から腰へと腕で半円を描く。その静かな活力は、熱いストーブが発する熱のように高まる。

ライプニッツは、一六四六年に、ライプツィヒの、今ではライプニッツ通りと呼ばれているところで生まれた。町の中心であるバラの谷、ローゼンタールのすぐ近くだ。ライプニッツが慌ただしくこの世に登場したのは、ウェストファリア条約によって三〇年戦争が終わる二年前のことである。三〇年代と四〇年代に多くのドイツ人がチフスか何か化膿を引き起こす恐ろしい感染症の犠牲になったが、比較的よく寿命を全うし、死ぬ前の何時間かを主治医と錬金術を論じて過ごし、七〇歳で死んだ。フィレンツェのウフィツィ美術館に展示されているアンドレアス・シャイツの手になるすばらしいポートレートには、宮廷の正装に身を包んだライプニッツが描かれている。ブロケードにした豪華な絹のシャツの襟元を留めるのは、宝石で飾ったボタンだ。その顔は長いが、細くはない。鼻は堂々としていて、山脈のように顔を皺寄らせている。色の濃い目は、威厳があり、落ちついていて、内省的である。

　ポートレートの穏やかさは、もちろん、この人の生涯に満ちあふれるカオスと混乱とは対照的である。ライプニッツは、ヨーロッパの舞台にいるあいだ、あらゆるところを旅し、あらゆる人と会った。大陸を何度も横断し、（自分用の馬車で運ばれているのでないときは）いっしょになった人々のおしゃべりに耳を傾け、田舎風の居酒屋の料理を食べ、粗末で煤（すす）けた沿道の宿屋に泊まった。若い頃、一時、パリに住んでいて、哲学者のアントワーヌ・アルノーとニコラ・マールブランシュと知り合い、オランダの物理学者、クリスティアン・ホイヘンスから数学の教授を受けた。礼に適（かな）ったオランダのオードブルを差し出されたライプニッツは、唇を軽くたたきながら、メインコースは自分で用意しなければならないと悟ったにちがいない。実際にそう努めたライプニッツは、ほんの数年後に、類まれな洞察力をもつ数学者としての地位を不動のものにした。一六七三年、ライプニッツは、ロンドンのイギリス王立協会に赴くためにヨットでイギリス海峡を渡った。自分が木と真鍮でつくった見事な計算機には、足し算と引き算に加えて掛け算と割り算ができることを前もって知らせておいた。イギリス人は、関心を示したものの懐疑的だった。デモンストレーションがはじまったが、肝心なところで、余りを手で繰り越すのを見られてしまった。

　ライプニッツはロシアでピョートル大帝に歓迎され、ドイツ諸王国・諸公国のどこでもくつろいだ。プロイセンのゾフィー王妃とは、王妃が死ぬまで親友であり、打ち解けた手紙で自分の哲学体系の細部について王妃に教授した。そのありさまは見ものだった。ライプニッツは細心の注意を払って手紙を書き、威厳ある老女は宮廷を飛び出して、邪魔されずに手紙を読み、実体、モナド、カテゴリー、偶然性、微積分を理解しようと努め、手紙にわずかな人間的な温かさを探し求めるのが常だった。ライプニッツはフランス語、こよなく愛したドイツ語、そして八歳にして独学で学んだ柔軟で優雅なラテン語で、六〇〇人を超える学者と文通をつづけ、学問の場で力強い存在感を保った。ライプニッツは、あらゆる人を知っていたし、あらゆる人がライプニッツを知っていた。ライプニッツは関心の触手をさまざまな分野に伸ばした。数学、哲学、法律、歴史、水圧圧縮機の設計、銀採掘、地理、政治理論、外交、風車建設、園芸、図書整理、潜水艦、ポンプ、時計、系図学。この系図学というのは、ブラウンシュヴァイク家から押しつけられた雑用だった。ブラウンシュヴァイク家の丸々とした痛風もちの公爵たちは、ひょろひょろとしていた祖先たちに妙に関心を抱いていたのだ。ライプニッツは、しょっちゅうものを書いていたが、出版するために書くことはまれだった。ライプニッツの小論と書簡、そして夜の書きものはしばしば気まぐれで、不完全だったが、そこに表れている天才は、ほとばしる水のように澄みきっていた。

ライプニッツは、科学革命を可能にした数学上欠くべからざる道具である微積分を、秘密主義で疑り深いライバルのニュートンと並んで発見（あるいは発明）し、また、その基本的演算の鮮やかで柔軟な表記法を発明し、何気なく自分の名前を歴史に残して、ニュートンを憤慨させた。垂曲線の正しい方程式を発見し、二本の支柱から吊り下げられた鉄線が凹形の弧を描くありさまを代数的に表現した。解析の至宝、無限数列を弄（もてあそ）んだ。そして、アンリ・ポアンカレがペンキ塗りと石積みに取り組む二〇〇年前に、位相幾何学の基礎を築いた。ここでライプニッツは、幾何学から長さと角度にかかわる量的測定を取り去ると、残るのは、形についての純粋科学、（ランニングシューズの一風変わったコマーシャルで韓国の運動選手の顔が花を咲かせる木に変身するときのような）連続的変形の目録であることを見て取った（感じ取った）のだった。

哲学者の知るライプニッツは、空想的で手の込んだ形而上学的体系の創造者である。〝宇宙は、モナドの一つ一つに映し出される〟というものだ。この体系は、今なお、いくらか関心を呼んでおり、無価値にならずに済んでいる。転がり落ちてしまうことなく、啓示の頂点でいつまでも揺れつづけているようだからだ。ライプニッツの霊が乗り移ったような二〇世紀の大論理学者、クルト・ゲーデルと同じく、ライプニッツは楽天家で、この世はこれ以上悪くしようがないという通念とは逆に、この世はこれ以上よくしようがないと信じていた。

これが、私たちが振り返って見るライプニッツである。昼間に精力的に活動する人物、当時、大陸で最大の最も精力あふれる人物だった。しかし、ニュートンと違って、いや、誰とも違って、ライプニッツは、自分の思考の中身の背後にある影に対する超人的な感覚をもっていた。ライプニッツのノートからは、自分では表現するのがやっとの問題を扱う人間の姿、一七世紀とはるか未来とのあいだで揺らめく秀でた知性が浮かびあがる。そこには、ライプニッツが取りつかれていた考え、ライプニッツの精神が伸び拡がるうちに何度も立ち戻ったトピックが明らかにされている。これらのノートのなかで形をなしたアルゴリズムの概念は、何世紀もの埃を振りはらいながら、人間の意識の中庭へと入っていったのだ。

論理学者の締め金

奇妙にも、ライプニッツの関心を引き、とらえたのは、論理学だった。「奇妙にも」と言うのは、一七世紀には論理学は慣習と便宜のなかに閉じ込められた学科となっていて、かろうじて知的な道具として認められていたにすぎず、その骨格は時の漂白作用を十分すぎるほど受けていたからだ。論理学は、正しい推論についての学問である。正しいとは、適切な、疑う余地のない、必然的な、論駁できない、絶対的な、ということであり、推論とは、前提から結論に、想定されていることから導き出されることに、与えられていることから証明されることにいたることだ。紀元前三世紀に論証形式に注目し、名前をつけ、推論を体系化し、論理学に特徴的な外見――文明の創造物という外見――を付与したのは、アリストテレスだった。

アリストテレス論理学は、定言的であり、「すべて」と「ある」のあいだの絡み合いを反映している。この二つの用語から、四つの言明形式が生み出される。

すべての*A*は*B*である。
いかなる*A*も*B*でない。
ある*A*は*B*である。
ある*A*は*B*でない。

*A*および*B*という文字は、記号として機能し、知覚できるどんなものも表す。「すべての人間は死ぬ運命にある」「いかなるクジラも魚ではない」「ある秘密は邪悪である」「あるサインは見えない」。アリストテレス論理学では、定言的言明は、大前提と小前提から結論を導き出す論証形式の三段論法として整理されている。すべての哺乳動物は温血動物である。すべてのイヌは哺乳動物である。したがって、すべてのイヌは温血動物である。三つの量化子（りょうかし）が鳴り響いて、この論証を哺乳類からイヌへと持っていく。

中世のスコラ学者とアラビアの論理学者がこの体系をいじったものの、アリストテレス論理学は目につくほど三段論法を超えていない——いや、まったく三段論法を超えていない——ので、「ウマは動物である」という前提から「ウマの頭は動物の頭である」という結論にいたる精神の動きを記述することができない。三段論法が何であれ、これは、三段論法に押し込むことのできない推論なのである。

しかし、明白な限界がいろいろあるにもかかわらず、アリストテレス論理学は、幾世代もの人々を強力に支配しつづけた。古代ギリシアの輝かしく独特な文化は、眩しい日の光のなかで力尽きた。蛮族がやってきて、ローマ帝国のぼろぼろになった周縁部をさまよった。地中海から遠いところで、洗練されたキリスト教文化が興った。無名の建築家や建築業者が、野花が咲く野原に驚くべき大聖堂を建造した。中世世界は時間の川の湾曲部で消え去り、私たち自身の文化と明らかに連続している文化によって取って代わられた。その一方で、太陽が、輝かしくエネルギーに満ちた好戦的な都市の上にのぼり、マツとビャクシンの木の生える丘にある城の廃墟に沈むあいだも、アリストテレスの論理学は、時代の象徴であり基準でありつづけた。わけのわからない異境の言葉をしゃべる人々が、思考を大前提と小前提に整理するよう努め、名辞の周延について心配した。厳粛な古代の形式が人間のイマジネーションを支配していたのであった。

記憶の地雷原

法律事務所、病院、金融機関といったさまざまな組織に属する友人や学生が集まり、私の前に並んでいる。うれしいかぎりだ。みんなまだ若い。私だってまだ若い。私たちはいっしょに記憶の地雷原を走っている。「ポチは飛べない」と、私はあっさりした確信をもって言う。「イヌはどうしたって、世界がひっくりかえったって、絶対に飛ぶことができないからだ」イヌが何を望むにせよ（翼、雲を頂いた消火栓、天上の穀物をちょっぴり）、真理は、厳しい監督である。茶色の目を今なお輝かせて、法学士の（かつてはジャッキーと呼ばれていた）ジャクリーン・ハックマイスター女史は、椅子から立ち上がって、すぐに腰を下ろす。ハックマイスター女史は、容易には騙されない知性の持ち主で、今では落ちついた態度を身につけている。問題は決着がついた。ポチは飛べない。

しかし――と私はつづける――何も声に出して言うことなく（そして、こんなふうにできたらと私がいつも思う仕方で意思を伝え）、論理学者は、イヌが飛ぶことができ、ブタが言葉を話せ、女性が、その髪に差してある花のようにいつまでも若いままである世界を受け入れる用意がある。

ハックマイスター女史は、喉を鳴らした。低い、鋭く、妙に不安をかきたてる音だ。

実際にはそんなことはありえない。この推論は仮定によって進行しているのだ。「すべてのイヌが飛べるなら」という前提のあとに、イヌに関する帰結の連鎖がつづく。ここで、真理は従属的な役割しか与えられていない。論証は、その前提の正しさによってではなく、その推論の妥当性によって評価されるのだ。妥当な論証の範囲では、前提が正しければ、結論も正しいにちがいない。論理学者の締め金は、壊しがたいマトリックスへと命題をがっちり組みあげる。

医学博士のロナルド・ケマリングは、寝不足でしょぼしょぼしている目で私を見上げる。ケマリングがいつも教室で熟睡していたのを私は覚えている。うなだれては、ぴくっと頭を持ち上げていたものだ。(今では、ニューヨーク州ヨンカーズにあるマウント・クリストファー医療センターのネイサン・P・トラウバーマン記念臓器移植センターの所長をしている)

「空飛ぶイヌ?」ケマリングは昔のようにうなだれてつぶやいた。私は仮定の話をしているんですよ、先生。あなたがうたた寝しても、かまわない。そちらが私を必要としているよりも、こちらのほうがそちらを必要としているかもしれない。しかし、イヌは肝心な点ではない。論理は形式的な学問なのだ。イヌは例として登場する。実生活でしばしばそうだが、ことのついでにだ。

論理学者の締め金は、命題を締めつけるが、私たちが締め金の存在を感じ、その力に縛られるのは、推論というのが、こもったポンという音とともに直観が弾けることによって進行する、精神の動きだからだ。さあ、ポチがいかにして飛行能力を手に入れるかをご覧じろ。すべてのイヌは飛ぶことができる。ポン。ポチはワン公である。ポン。おい、あれを見ろ。あのワン公が空を飛んでいる。ポチがワン公であるという事実を別にして、これらの小さな破裂は、すべて事実に反している。が、それは問題ではない。論理学者の締め金はきつく締まっており、推論の流れに匹敵するのは、人間の営みが必然的なものに支配されるなかで起こる陶酔の高まりだけだ。

ハックマイスター女史が、突然、ニコリとし、愛すべき微笑みで空気を引き裂いた。そういえば、いつだったか、ハックマイスター女史が教室にイヌを連れてきたのを思い出した。嫌な臭いのするよく慣れたラブラドル犬だった。

アルノー・ド・ラ・リヴィエール（かつてのアーニー・カーネで、フランス料理店で開かれたクラス会でレアのタルタルステーキを注文した男）は、つやつやした灰色の鬢髪を後ろになでつける。自分がまもなくフランス大使館に行かなければならないことを私に思い出させるためであるかのように。この男は、大使館で完璧なフランス語を操って米国の商業的利益を代表する人物なのだ。

しかし、締め金がきつくなっているということ以外に、なぜかを説明するのはむずかしい。教室にいる誰もがこの推論を理解できる、あるいはこの推論が心の筋肉のなかを進むのを感じることができるが、誰も自分が目にしているものを説明できない。誰も――とくに、最高裁判事の前で主張を展開したことのあるジャクリーン・ハックマイスターは――この正しさについての純然たる〝感覚〟や〝印象〟といったものに信頼をおく用意ができていない。

友人、学生たちは、じりじりとして身じろぎし、手を少しずつ携帯電話に伸ばしていく。もう遅刻なのだ。私もである。授業は終わった。

振動する不満の糸

偉大な同時代人のなかで、ライプニッツひとりが、この奇妙に振動する不満の糸の上に丸々とした人指し指をおいた。偉大な同時代人のなかで、ライプニッツひとりが、推論にかかわる精神の動きを説明でき、単純な――機械的な――手続きによって実証しうる体系の構造――少なくとも、そのあらまし――を見て取った。すべてのAはBである、イヌは哺乳動物、詩人は物書き、マスは魚だと、普遍的に承認されている。しかし、「すべてのAはBである」と言うことによって伝わる事実は、「AでもBでもあるものがAである」と言うことによって伝えてもいい。

これは一見すると明白ではないが、このとおりなのだ。すべてのイヌが哺乳動物であれば、イヌでも哺乳動物でもある生物が、イヌである。「AでもBでもあるものがAである」と言うことが、「すべてのAはBである」を言い表すことになるという事実は、新たな表現の可能性を示唆する。「すべてのAはBである」は、代数的恒等式$A=AB$で表現される。ここでABは、AとB両方に含まれる項目を指す。後の時代の論理学者が、二つの集合（イヌと哺乳動物）の〝交わり〟と呼ぶものだ。

定言命題を代数的に用いて活性化することによって、定言的三段論法の代数的解釈が促（うなが）される。

すべてのAはBである→$A=AB$
すべてのBはCである→$B=BC$
すべてのAはCである→$A=AC$

記号について定義された演算にしか依存しないチェックリストに推論を従属させるという、まったく予想外の展望を提供するのが代数的活性化である。

以下の図では、定言的三段論法が左、代数的な形が右に書いてある（括弧（かっこ）内の言葉が、ここでおこなわれている転換の内容を説明する）。

すべてのイヌは哺乳動物である	1. $A=AB$	チェック（所与の事項）
すべての哺乳動物は動物である	2. $B=BC$	チェック（同じく所与の事項）
	3. $A=ABC$	チェック（一行めのBをBCで置き換えた）
すべてのイヌは動物である	4. $A=AC$	チェック（三行めのABをAで置き換えた）

定言三段論法では、通常の言語が通常の推論の流れを表現する。前提が二つ与えられている。一つの洞察とステップが一つある。精神は、どこに行こうとしているのか知らなくても、前進する。表の右側では、チェックリストが仕事をする。ここでも、論理学者の締め金は、昔からの力を保っているが、推論のステップは記号を記号で置き換えることにすぎない。推論を進める根拠は、単に〝ある項目とある項目が同一物である〟ということのみである。推論はある等式から次の等式へと前進する。ここでは、ほとばしるような洞察は必要ない。記号を記号で置き換える固い歯車の音があるだけだ。

推論の体系としてどんな利点があるにせよ、このチェックリストは、ここにいたって、奇妙に不安を呼び起こすたぐいの、一般的でわかりやすい形式を備えるようになった。現在の収支をはじきだしたければ、1を押せばいい。前会計年度の所得が一万四〇〇〇ドル以上二万三〇〇〇ドル以下であれば、二行目と三行目を付け加えればいい。寝汗をかき、異常なかゆみを感じたら、……。もしもし、そちらどなた？　ラルフなら、首吊って、死んじゃえ……。母さんなの？　なら、私いま美容室に行ってるわ……。ボブなの？　なら、電話くれてうれしいわ、とっても。

計算しよう

ブラウンシュヴァイク公、ヨハン・フリートリッヒは、痔、リューマチ、しもやけに苦しんでいた。頬の内側の痛みがおさまらない。足の指のあいだの皮膚に炎症を起こした赤い傷があり、夜風が寝室の縦仕切りの入った窓をガタガタ鳴らすと、二時間以上眠ることができない。緊急の必要に迫られて磁器のおまるに注意を向けることになるからだ。

公爵は、巨大な机に向かって腰掛けていた。机の上には、子牛皮紙、会計簿記、紙きれ、丸めた地図、水文学（すいもんがく）についての論文、インク壺、羽ペンがいくつか入っている飾りのついた木箱が散らばっている。

ゴットフリート・ライプニッツが向かい側に座ると、ヨハン・フリートリッヒは、頬が袋のように垂れ下がったナシ型の頭を上げ、口には出さない落胆の念を覚えながら、顧問にして宮廷歴史家であるこの男に接見するのを承知したことを思い起こす。書斎の西の壁に立っている大きな振り子時計が厳かに時を告げる。

ライプニッツは、上品に手で口元をかくして咳払いをした。〝おまえのたずさえてきた新しいシステムを一五分で説明せよ〟というのが公爵の命令だった。

「閣下、少し前、さる著名な人物が、あらゆる概念と事物がきれいに整理されたある言語、すなわち普遍文字を考案しました。その言語の助けを借りれば、異なる民族どうしが考えを伝えあうことができ、各民族が、他民族の書いたものを、自らの言語で読むことができます」

公爵は眉の厚い皮にしわを寄せた。そうすると、ふっくらした頬が財布のひもで引っ張られているかのように見える。公爵は考えた。そういえば、相手がドイツ語かきちんとしたフランス語を話すかぎり、考えを伝えるのに少しでも苦労したことがなかった。そして、膀胱がいっぱいになったという馴染みの感じで、すぐに用を足さなければならないのを思い出した。

「ところが、発見術と判断術の両方を含む言語ないし普遍文字を唱えた者はおりません」

とライプニッツはつづけた。

ライプニッツが話をやめ、見上げたので、公爵はどう答えようかと思案した。言うべき言葉を何も思いつかない。

ライプニッツはつづけた。その声は低く、切迫感があるが、妙に単調だ。「それがあれば、幾何学や解析と同じように、形而上学や道徳で推論をおこなうことができます。論争が起こっても、二人の会計士のあいだに必要である以上の議論が二人の哲学者のあいだに必要であるわけではありません。筆を手にとって、石板に向かって座り、（そうしたければ、友人を証人にして）たがいにこう言うだけで十分です。〝計算しよう〟と」

のちに子孫をイギリスの王座に就かせることになるブラウンシュヴァイク公は、膀胱の心地悪さに注意をそらされ、桃色の手のひらを振ると、さっと席を立って、無言で書斎の長い廊下を急ぎ、両開きの扉に行き着くと、ベルを鳴らすための飾りぶさのついた赤い綱を引いて、召使が現れるのを身悶えするほどじりじりしながら待った。

ライプニッツは、動じずに座りつづけた。足をきちんと伸ばし、尻を礼儀正しく赤いサテンの椅子にのせて。

たくらみ

ライプニッツには、語ったこととの裏に、あるたくらみがあった。なにしろ、誰もが腹に一物（いちもつ）もっていた一七世紀という時代のことだ。事物は雨後（うご）のタケノコのように現れる。自分の構想を実行に移すための資金をパトロンにねだることができないのは、ひとえに運が悪いせいだった。ほとんど誰もがしたように、ライプニッツも自分のたくらみを百科事典になぞらえる。何でも貪るその知性は、人間の知識の全体が印刷され、本に編まれて、図書館やさまざまな機関に集められて広まるよう、要求してやまない。しかし、普通の人が普通の百科事典に関心を抱くところを、ライプニッツは、その他のもの、それ以上のものに関心を抱いた。人間の概念の百科事典、人間の思考一式――人間性、復讐、敬虔、美、幸せ、善、快楽、真理、貪欲、衛生、手続き、合理性、礼儀正しさ、機敏さ、運動、気難しさ、従順さ、マナー、正義、能力、戦争、芸術、計算、義務、仕事、言語、たわごと、情報、女性、公平――人間が抱く概念すべて、したがって人間の考えることすべてを包括的に含む百科事典だ。

〝人間の思考を列挙した偉大にして完全なる大きな一覧表〟というアイデアをライプニッツが抱いていたというのは、他の多くの点同様、この点でも物事の基本となるべきものを彼が模索していたことを示唆する。どのように自分の考えを実行したにしろ――実のところ、このアイデアそのものと同じくらいにしか先に進めなかった――精神がそれ自身にとって接近可能な器官であるためには、アルファベットのようなものが存在しなければならない。ライプニッツの壮大だが実現しなかったビジョンは、ある天才的かつ有効な洞察に基づいている。それは、複雑な概念がどれだけあるにせよ、人間の抱く単純な概念は、数が有限にちがいない（単純な概念は終わりに行き着く）うえ、不連続である（暑さによるぼんやり、ムード、雲を通して見る月と違って、自然の境界がある）ということだ。有限個の単純な概念しかなければ、思考のなかで何らかの組織原理が働いているにちがいない。概念がどう組み合わされるかを組織する原理だ。さもなければ、普通の話し言葉は、基本的な概念の名前、一連の標識にすぎない言葉を口にすることでしかない。

ここで、物理的な存在物が、一つの明白な原理を示唆してくれる。全体には部分があり、ドーナッツは小麦粉とバターの粒子に、建物は煉瓦に、本はページに分解できる。概念の構築を調整するものとライプニッツが見たのは、まさに全体に対する部分の関係なのだ。ただし、この場合、ライプニッツが思い描いているのは事物ではなく、概念である。たとえば、ヴィシソワーズは冷たいスープだ。「冷たいこと」と「スープであること」は、「ヴィシソワーズであること」に含まれる構成要素である。「冷たいこと」そのものも部分に分かれ、「スープであること」も同様だ。これらの部分はさらに部分に分かれ、素粒子物理学の電子のように、絶対的に単純であるため、これ以上部分に解体できない概念に私たちがたどりつくまで、概念の解体は進行する。

最終的には、絶対的に単純な概念は神と無の二つしかない——ライプニッツはそう主張した。この二つの概念から、他のすべての概念を組み立てることができ、世界とそのなかにあるあらゆるものは、神と無のあいだの原初の論争から生じる。ライプニッツは、何か神秘的で閃（ひらめ）くような洞察によって、自分が書いたことのなかで肝心なのは、神と無が交替で現れるということであると考えた。そして、それを表すには、0と1の二つの数で十分である。

スポンジケーキとダイエットコークを手にディスプレーに向かって、コンピュータープログラマーが考え深げにじっとしているのが目に見えるようだ。

チェックリスト

私たちは、すさまじいまでに散乱した事物のただなかに生きている（私はとくにそうだ。ところで、私のタバコはどこだろう）。それでも、事実について判断を下す。一杯のヴィシソワーズは一つの事物だが、〝ヴィシソワーズは冷たい〟という判断は一つの事実だ。〝キャンディーは甘い〟、〝水は一〇〇度で沸騰する〟、〝ファラオは三〇〇ヤードの処理されたリンネルで包まれて永遠の旅に出発した〟という判断もそうである。

妥当性は、推論、そして判断の正しさの試金石である。〝ヴィシソワーズは冷たい〟という事実は、〝ヴィシソワーズは確かに冷たい〟という判断を裏付け、〝ヴィシソワーズは冷たい〟という判断は、〝ヴィシソワーズは冷たい〟という事実を表現する。

大学の哲学科を何十年にもわたって論争に巻き込んできた、これらごくささやかな考察は、判断が何をおこなうかを示唆するが、判断とは何であるかは示唆しない。自分は、判断が何をおこなうかがわかれば、判断が何であるか、わかると、ライプニッツは信じていた。興味深いことに、ライプニッツによる判断の評価は、推論の評価とまったく調和している。ライプニッツは、ある夜遅く私のデスクのわきに座って、こう諭（さと）してくれた（ライプニッツのふさふさとした古風なかつらは、うちのネコにとって抗いようのない魅力をもっており、ネコどもは高いところから這い下りてくると、かつらに飛びかかるのだ）――「概念には部分がある」。判断とは、あの野暮ったいロシア人形が、別の野暮ったいロシア人形のなかに鎮座しているように、ある概念が別の概念のなかに含まれていることを示す発見行為にすぎない。〝ヴィシソワーズは冷たい〟と言うことは、〝冷たい〟という概念が〝ヴィシソワーズである〟という概念の一部であると言うことにすぎないのだ。

今や分析は、一連の衝撃に押されるようにして進行する。まず、人間の概念の百科事典が活用される（この百科事典が完成するまであと何世紀かかかるが）。ライプニッツは、私のために事典を引いてくれる。ヴィシソワーズという概念の解体作業は、すでに完了している（と仮定する）ので、ライプニッツが、その概念上の構成要素を確かめるには、Vの項――〝ヴィシソワーズ〟――を開くだけでいい。

「ほらあった」ライプニッツは見事に変調した英語で満足げに述べる。ライプニッツの語学力は常に役に立ってきた。

百科事典の記述は簡潔そのものだ。（ここで、未来の記憶によって、辞書の項目の引きうつしをおこなう）

ヴェロシティ……
ヴィシソワーズ：冷たい（コールド）、どろどろしている（スーピー）
ヴィクティム……

百科事典の後の版（第二三版）で、記述はさらに圧縮される。

V（ヴェロシティ）……
V：C＋S
V（ヴィクティム）……

項目中の＋（プラス）の記号からわかるように、この百科事典は、辞書ではない、つまり、ヴィシソワーズが冷たいスープとして定義されるものではない。この百科事典の項目は、その概念の構成部分はこれこれの概念だという意味のリストにほかならない。これらは、判断の節約になっており、朝食用シリアル食品の原材料を挙げたリストとちょうど同じ役割を果た

1.「ヴィシソワーズは冷たい」かどうか、考えよ。	チェック
2.「ヴィシソワーズ」を引け。	チェック
3.「ヴィシソワーズ」の記載事項を列挙せよ。	チェック
4.「冷たい」が記載事項であれば、	
5.「ヴィシソワーズは冷たい」を受け入れよ。	チェック
6.　そうでなければ、	
7.「ヴィシソワーズは冷たい」をしりぞけよ。	チェック

す。その概念、あるいはシリアルが何でできているかを（百科事典の）読者、あるいは（あのどろどろした食べ物の）消費者に教えているのだ。

今度は、ヴィシソワーズについての判断がどのように進行するか、さらに別のチェックリストによって示そう。

このいくぶん乱雑な場面を繰り返し説明させていただこう。スープが届く。ヴィシソワーズ。ほら、冷たい。精神は味覚が知覚するものから躊躇（ちゅうちょ）なく出発する。ヴィシソワーズは冷たい。内省は神秘的な青いもやもやしか生み出さない。他の多くの場合と同じくこの場合も、自己観察は自滅を招くだけである。ここで一歩下がって、もやもやを無視しよう。記号を用いることによって、距離をおいて判断というものは説明できる。〝冷たいこと〟が〝ヴィシソワーズであること〟の一部であるという事実によって、〝ヴィシソワーズは冷たい〟という事実が説明され、承認される。ちょうど推論チェックリストがおこなうように、精神が何をしているにしろ――自分を引っかいていようが、アルツハイマーのはじまりを心配していようが、昼寝の用意をしていようが――チェックリストは単純で、客観的であり、几帳面で、増殖するロシア人形を活気づける原理以上に複雑なものには依存していない。

やがて、私はライプニッツに、自分のたくらみについてあなたがもつ自信はどこからくるのかと訊ねてみた。ライプニッツは、無言で再び百科事典にあたった。三行目に指をおき、そこをたたく。

ジャッグド……
ジェラシー……
判断（ジャッジメント）：部分、全体
ジャスティス……

私は一瞬（一瞬だけ）、言葉にとまどったが、自分を取り戻して、言葉を並べた。「あなたが証明したのは、ご自分のたくらみがそれ自身を正当化するということだけですよ」

ライプニッツは、言いようのない微笑みを浮かべた。「結局、どんなたくらみも、科学も、それ自身によって正当化されるか、さもなければ、まったく正当化されないかだ」

　期待に反して、ライプニッツは、理想の百科事典を満足のいく実用的な道具、兄弟愛の架け橋として思い描いた。この百科事典が完成すれば、人間の概念一つ一つに記号、奇妙な種類の絵文字が割り当てられると想像していたのだ。記号✸を見れば、ひと目でそれが雪片を指し示しているとわかる（中国語のように、この原理によって組織されている言語がある）。こういった、体系をなす絵文字があれば、人間どうしのあらゆる形のコミュニケーションが完全に機械的なものになる。

　あとは、この体系が実際に使われるのを想像するだけだ。ライプニッツは、去りしなに振り返って手を振った。

　私は、その意味をすぐに理解して、うなずいた。⊖

　向こうは悲しげに微笑んだ。

　私はサインを送った。

　そして、スポットライトが寄っていくと、ライプニッツは振り返り、痛風のために右足をわずかに引きずって時の通路を歩いていった。

チェックオフ

　二〇世紀の終わりに、こんな光景が見られるかもしれない。アイザック・ニュートンとゴットフリート・ライプニッツが「変化」を司るコックピットに座り、どちらも、操縦装置から相手の手をどけようと懸命になっているのだ。ニュートンの重力理論の起源は、神話となっている。今では尊ぶべきものとされている、木とリンゴと〝ポトリ〟の組み合わせをきっかけに、ニュートンは、信じられないような広範囲に及ぶ仮説を立てた。マゼラン星雲がうっすらと明るい宇宙空間に集まっているところから、リンゴ、株式市場、乳房、アーチ、フジの花がうなだれ、あるいは落ちる地球の表面そのものにいたるまで、運動する物体すべての振る舞いをただ一つの力が支配しているというのだ。ニュートンは、宇宙のあらゆる物質的粒子を縛る万有引力の法則――物質が物質を引きつける力を数学的に表現したもの――によって重力というものの説明を提示した。しかし、『プリンキピア』のなかで「この世界の仕組み」とみずから呼んだものについてニュートンが抱いた壮大な寒々とした展望は、力学を超えるもので、ニュートンの黒曜石のような細い日は、完全で無矛盾な一組の数学的法則によって物理的世界のあらゆる側面を説明できる体系を探し求めた。ニュートンの模索した体系は私たちの理解を超えたままだが、その探究はそうではない。現代の物理学者は、かつてニュートンがしたように、夜の暗い影に向かって吠えながら同じ概念的風景のなかを休みなく歩いているのだから。

ニュートンが世界の仕組みを構築しようと唱えたとすれば、ライプニッツは、それに代わるものを唱えた——いや、代わりなどないのだ。二人の関心は同じ尺度では測れない。

見事に自分の関心を集中させていたニュートンとくらべて、ライプニッツは、時として、自分が表現しきれない計画に取り組んでいたようだ。ライプニッツの考えが何世紀もの時を飛び越えたのも不思議ではない。壮大な体系が（少なくとも論理上）働いていなくても、ライプニッツの思考のなかには発展があった。抽象度が増す方向への発展だ。日本の画家が最後にはパレットから黒を除くあらゆる色を取り去る（そして、黒と対照をなす白を紙そのものに求める）ように、ライプニッツは百科事典からその内容の痕跡をすべて取り除き、あとに残ったもの、純粋な記号と形式の体系のみに注目した。ライプニッツはこう書く。「組み合わせ論は、微積分一般、一般的な記号（どれも好きなように別のものと入れ換えられる*A*、*B*、*C*といったもの）、配置と移行のさまざまな法則、公式一般を論じる」

この言葉に導かれるように、異なる秩序をなす経験がこっそり前に進み出てきて名乗りを上げる。物質的世界は後退し、記号が中心になり、指揮権を握るのだ。ライプニッツは、意識の周縁に近い部分の下で唸る精神の動きの意味について思索に耽（ふけ）り、ほとんど記号の機械的操作しかかかわらない「推論」と「判断」に関する説明を提示しようと努力した。その結果、生じたチェックリストこそ、人類最初の知的産物だ。それは精神の力を表現し、説明し、確認する。

そして、もちろん、これはやがてアルゴリズムになるべき知的産物である。

ライプニッツは痛風と大腸炎に苦しみ、自分は時代遅れになってしまったと信じて、寂しさに苦しんでいた。豪華なかつらと手の込んだ服装も、ドイツの宮廷では場違いそのものだった。ライプニッツは、広々とした思考の世界に引きこもった。ライプニッツの実人生にかけられた輪縄(わなわ)の締めつけがきつくなった。ライプニッツは寝込んだ。主治医には瀉血(しゃけつ)かヒルによる治療しかできないと知っていて、その診療を拒んだ。ライプニッツの頭は最後まで明晰だった。死がちかづくと壁に顔を向け、寝るときにかぶっていた飾りぶさのついた帽子を目深(まぶか)にかぶり、ぜいぜいと息をしてから、静かになった。

ある晩遅く、ノルウェー北部に着いた私は、ホテルの部屋で、科学者が自分の仕事を解説する上質のBBCの科学番組をたまたま見ていた。宇宙論の専門家が宇宙の起源について論じていた。これは、この人たちがいつも論じていることで、結論が出なくても議論はいつも興味深かった。そこでおこなわれるさまざまなやりとりを支配するのは、アイザック・ニュートンだ。その深く、強力な説得力のある知性は、あらゆる人を自分自身の意志にしたがわせてしまう。それから、興味深い発言がなされた。ある宇宙研究者がこう言ったのだ。「ある種の処方があります。世界を支配するように思われる、ある種の方程式が」

ある種の処方？　ある種の方程式？　それは〝ある種のアルゴリズム〟ということか？

第2章　疑いの目

一七世紀は過ぎ去った。ライプニッツとニュートンは、天国の偉人の仲間入りをした。そして、レースに包まれているが、虱がたかっている貴族たちの首がいくつも、血にまみれ、おぞましいボテッという音とともに革命のバスケットのなかに落ちて、一八世紀も過ぎ去った。ウィーン会議、一八四八年の二月革命、南北戦争といった諸事件が、歴史の舞台に立ち現れては消えていった。出産期の女性にありがたく飲まれ、夜風が吹く人平原のあちこちに常にしまっておかれたアヘンチンキを称揚する言葉。フランスとドイツの新政府。やがて、快走帆船が風に帆をたわませて曲がるように、一九世紀は方向を転じる。一八八一年、ローザンヌで開かれた国際会議に集まった、ヒゲを生やした物理学者の一団が一枚の堅苦しい肖像写真に収まった。堅苦しいギャバジンのフロックコートを着た一同は、ひどく自信に満ちた表情でカメラを見つめていた。青空が拡がっていた。いたるところにレモンの香りが漂っていた。

今では私たちは知っているが、その青空は、冷たい灰色の雲に覆われる運命にあった。この雲がのちに、実社会のみならず科学界にも雨を降らせることになるのだ。一八八七年、米国の物理学者、アルバート・マイケルソンとエドワード・モーリーが、光の速度は光が発光エーテルを突っ切ってもなんら影響を受けないらしいことを実験で確認した。これは、ニュートン物理学や常識と対立する、いやそもそも、発光エーテルの存在と矛盾する結論だった。一八年後、アルバート・アインシュタインが事実に基づいてこの矛盾を解決した。アインシュタインは、空間と時間そのものが相対的で、物体が速さを増すと時間が遅くなり、空間が収縮すると論じたのである。また同じ年にアインシュタインは、光は貨物列車のように量子の束をなして飛ぶと論じた。その後、物理学は、一歩ごとに常識とぶつかりながら暗い隘路（あいろ）に入っていく。しかし、暗雲は次々に現れ、最も激しい雨を降らせた雲は、たまたま数学だけを覆った。

数学？

ジュゼッペ・ペアノ登場

本題に入ろう。褐色のごつい顔立ち。小さな黒い農民の目は、何事も見逃さぬ抜け目なさをそなえていた。そして細長く隆起する鼻。不思議なほどレーニンに似た不揃いのひげで覆われたあご。ヨーロッパの有名人にはたがいに顔の毛を貸し借りする習慣があったかのようだ。ペアノは一八五八年、イタリアのピエモンテ州クネオ地方にあるスピネッタの村の近くで生まれた。この地方にはいたるところに古いローマ的生活様式の痕跡があり、あたかも、アルプスの向こうのガリアを目指して山道を登ろうとする帝国軍団の平野を歩く足音が、野外の空気にこだまするかのようだ。低地では小麦や米をつくり、アルプスのふもとの牧場ではバター、チーズ、ミルクを生産している。サウスカロライナの干潟にも似て、美しくはないものの豊かであり、灰褐色の大平野に灌漑水路が交差し、煙った空の高みに茶色の太陽をいただく土地である。

焦げ茶色の丘に古くから根を下ろしている農家の息子としてペアノは生まれた。一〇〇年早く生まれていたら、父の跡を継ぎ、近くの村のお尻のがっしりした娘と結婚し、静かな農村の豊かな暮らしをおくるという将来しか思い描けなかったろう。山腹でヤギが鳴き、午後も半分過ぎたころには石造りの家にパンと濃いシチューの匂いが漂う暮らしだ。しかし、ペアノの時代には、狭いがきれいに舗装された専門技能獲得の道を進んで出世する機会をイタリアの農民に与えるすばらしい教育制度があり、ペアノもその恩恵を受けた。いちばん上の兄は測量士になり、富裕な七児の父となった。兄の一人は、今と同様、当時も比類ない閑職（かんしょく）だった司祭となった。女のきょうだいの一人は資産家と結婚した。子供たちはエプロンのひもにぶらさがり、恥ずかしそうに手を振るのだった。弟だけが村の学校から家に戻ると、農場のむっつりしたラバについて歩き、かぐわしい畑を耕した。

ペアノは、腕白小僧として村の学校に通い、青二才としてリチェオ・カヴールに通い、不平たらたらの青年としてコレジョ・デッレ・プロヴィンチェに通った。コレジョ・デッレ・プロヴィンチェは、トリノ大学の一部門、地方の才能ある学生を支援するためにイタリア国家が設立した機関の一つだ。週五日、授業があり、ほとんどは科学と数学の授業だった。競争、テスト、厳しい口頭試問を経て、一年目が終わると、表彰があった。再び、試問があった。今度は純粋に数学の試問を受けたのち、一九三二年に死ぬまで教職員として過ごすことになるトリノ大学に落ちつき、助手、非常勤の教授、正教授、他の著名人に知られる著名人と、出世の階段を一段また一段と昇って、歴史に名を残す人物となった。細い野性的な顔をして、教室では学生に、国際会議では数学者に、夜は未来に向かって語りかけた。この偉人は生涯、イタリア語のrの音をきちんと発音できず、代わりに1の音を発する、ほほえましい舌足らずな発音でしゃべった。

ラプソディー・イン・ナンバーズ

数学者の人生とは、時として叙事詩的で、したがって常に悲劇的である。数学者は速く年をとり、女性の目をまっすぐ見ることができるようになる前に数学者としては成人をむかえると、その後は、恐ろしくも無情な速さで衰えていく。フィールズ賞（数学者にとってノーベル賞に相当する賞）は、四〇歳より下の数学者にしか授与されない。外科医がまだ腸骨（ちょうこつ）の稜（りょう）の正確な構造を学んでいる年齢で、大数学者はすでにアラル海から吹いてくる冷たい風を感じている。

確かに、人は、数学などカリフラワーほどにしか叙事詩的でないと見なし、数学に激しい嫌悪を抱くのが普通だ。しかしこれは、まぎれもない誤りである。人間の落ちつきのない精神が、有限の湾曲（わんきょく）に無限を結びつける手段を、数学をおいてほかのどこに見いだすことができるというのか。たとえば、一七世紀に数学者は、足し算を無限の和へと拡張できることを発見した。無限の和とは、文字どおり無限の和である。数がどこまでもつづくのに、どういうわけか、その和がある数に達するのだ。

$$a_1 + a_2 + \dots + a_n + \dots = \sum_{i=1}^{\infty} a_i$$

この数式のイタリックの小文字は、数を表す。下付き文字は、その数が数列のなかの何番めの数であるかを示す（一つめの数、二つめの数、など）。ギリシア文字の大文字のシグマは、最初の数から無限番めの数までを足し合わせることを示す。

次のような数列でこの表記法が用いられている。

$$1+\frac{1}{2}+\frac{1}{4}+\frac{1}{8}+\cdots+\frac{1}{2^{n-1}}=\sum_{i=1}^{\infty}a_i$$

記号に促され数学者は、この数列を書かれたとおりに受け取り、この数式独特の手続きをふまえ、いつまでもつづくと想像する。すなわち、各項の分母は数列のなかでのその項の位置によってきっちり決定される（n番目の項は$\frac{1}{2^{n-1}}$だから、四番目の項は$1/2^3$、つまり$1/8$である）。そして、合計を計算する。

こうした要請——受け取れ、想像せよ、計算せよ——は、普通の言葉で表現され、何かをするよう求めるものだ。ここまではっきりしている。しかし、いつまでも足し算をつづけることを考えると、頭は、それまでコンクリートの歩道の上を歩いていたのだが、突然、氷の上を滑りだし、止まらずにシューッと進んでいくことになる。

無限の足し算をするには、無限を飼い馴らすことが必要である。これは、二つの数学上の「スパイク靴」によって達成される。前者は、数列を有限の部分和（〝有限〟であり〝部分〟なので、私たちが通常扱っているもの）に分割するもので、後者には、極限の概念がかかわる。

たとえば、以下のようにa_1、a_2、a_3……を定めるとする。

$$1=a_1$$
$$1+\frac{1}{2}=a_2$$
$$1+\frac{1}{2}+\frac{1}{4}=a_3$$

無限の全体としての数列の和を定義するには、a_1、a_2、a_3、……が極限としての特定の数に向かっているかどうかを問えばよい。そうなっていれば、その数が、求める和だし、そうなっていなければ、そうではない。この、〝部分和〟と〝極限〟という道具があれば、無限をしたがわせるのに十分だ。この場合、2という数の足元に。

ここには叙事詩的なものの気配もないが、無限数列は宝石によく似ており、手のひらに載せてわずかに角度を変えるだけで、不思議にきらめく側面があらわになる。

数列

$$1+\frac{1}{2^2}+\frac{1}{3^2}+\frac{1}{4^2}+\cdots$$

は、いかにも何かお馴染みの数に収束しそうに見える。だが、ライプニッツは、その和を確定できなかったし、ジャック・ベルヌーイもできなかった（それを言うなら、私もできなかった）。ようやくこの問題が解決したのは、レオンハルト・オイラーが、これらのきらめく光線をそれが発せられる側面までたどり、部分和が$\frac{\pi^2}{6}$に収束することを発見したときのことだ。

πという数は、円の直径に対する円周の比を表し、数学上の定数をなす。その値は、3よりちょっと大きい。問題の数列は、単純に見える分数からなる。ところが、この数列は、6に対するπ^2の比に収束し、そのことから、幾何と算術のあいだに輝かしい関連があることがわかる。この関連は、恣意的であるため、なおさら輝かしい。なぜπなのか。なぜπ^2なのか。なぜ6に対するπ^2の比なのか。

まったく、なぜなのか。

私自身、教室で、また夜中にこういう問いを発する。答えを知らないから、そうするのだ。私のうちなる数学者に見えるのは、宝石だけだ。

　今や私自身の散文の炎に雨を降らせなければならない。どれだけの時間をぼおっとして過ごすにしろ、数学者は、チョウの研究者のように、自分が目にする美しいものを職業的に描写する努力をする。チョウの研究者がホルマリン漬けにして固定するものを、数学者は形式主義で固定する。しかし、見たいという願望、見たものを承認したいという願望は、たがいにぶつかりあう願望である。イマジネーションのなかの別々の領域から発しているのだから。そろそろ、最初の雨粒が降ってきたところだ。

　数学の宝石がおぼろげな火しか発しないまま何世紀かが過ぎたのち、数学は一七世紀に微積分の発明とともに輝き、その後、解析、代数、算術、数論、非ユークリッド幾何学か誕生し、あるいは不穏な成熟に突然達するなか、強烈な光を放ちつづけた。一七世紀から一九世紀にかけてその閃きから一つの宇宙が誕生した。私たちの宇宙と同じように、ちり、瞬く星、奇妙な銀河、惑星に満ちた宇宙である。

　しかし、創造がもたらす知的エクスタシーとともに、知的恐怖も訪れる。何十年という時が立ち止まり、揺らぎ、歴史の領域を踏みつけるなかで強まっていく感覚、すなわち、〝なぜ数学が正しいのか、数学は確実なのかどうか、誰もしかとは知らない〟という感覚である。新しい数学の体系を表現するのに必要な概念は、しばしば矛盾をはらんでいる。微積分は、無限に小さい数、他のどんな数よりも小さいが0ではない数を持ち出すことによって不条理に帰してしまうと、哲学者は論じた（少なからず満足して）。予防的な目的のために導入され、注意深くつくりあげられた定義は、不安になるほど複雑だった。私は先に、向かうという概念を用いて極限について書いたし、（私たちのような）しろうとにとっては、それで十分である。一八世紀の数学者にとってもそれで十分だった。しかし、その後は、それで十分ではなかった。今や数学者は——教室でも実生活でも——次の定義によって極限を計算する。

a_nに対して、また連鎖の先の方のすべての数に対して、a_nとLの距離がεより小さいような（εに依存する）nの値が、あらゆる正の数εに対して存在すれば、数列（たとえば、部分合計）a_1、a_2、……、a_n、……は極限Lに収束する。

2という数は、数列

$$1+\frac{1}{2}+\frac{1}{4}+\frac{1}{8}+\dots+\frac{1}{2^{n-1}}=\sum_{i=1}^{\infty}a_i$$

の極限である。なぜなら、数ε（たとえば、1／269000）がどれほど小さくても、a_nと2の距離が1／269000より小さく、nがどれほど大きくなっても1／269000より小さいような、何らかの数 a_n が数列のなかにあるからだ。

これはとうてい直観の対象ではない。直観には、とうてい、これを扱う用意がない（二〇世紀の多くの学生が証明するとおりだ）。一九世紀の数学者は、数学の概念的構造が、精密さを増すなかで、ますますむずかしくなっていくのを発見して、不安になった。代々の教科書に採り入れられていた定義に欠陥があることが判明し、有名な証明に欠陥が見つかった。あるとき、バーゼルの一教授のうきうきとした期待が打ち砕かれた。いくつかの関数の右手が、実際には頭を巡って鼻までしか届かないのに、右耳を引っかくことができると、その教授が名高い証明のなかで仮定していることを、キールの教授が発見したからだ。

混乱はとうてい微積分にとどまらなかった。疑いの目に晒されるのを完全に避けることは誰もできなかった。エヴァリスト・ガロアの話は、今では数学のロマンチックな神話となっている。一八一一年、フランスの地方に生まれたガロアは、数学界の吟遊詩人で、その頭脳は、子供の頃からすでに完全に澄みきっていた。多くの偉大な数学者と同じく数学上の真理をやすやすと嗅ぎつけることができた。粗暴で手に負えないガロアは、エコール・ポリテクニークで試験官の反感を買った。ガロアが、群論（ぐん）についておこなった偉大な仕事を完成させたのは、二〇歳になる前、死ぬ直前のことだった。ガロアはある明け方に、女性をめぐる馬鹿げた決闘で、腹に銃弾を受け、数時間後、苦悶のうちに息絶えたのだ。

ガロアの天才が花開き、それから消滅したとき、フランスの数学者たちは、ガロアの才能に気づきながら、その先駆的仕事が意味をなすのかどうか判断できなかった。「ガロアの議論は、十分に展開されていないし、十分に明確でないので、私たちにはその正確さを判断できない」と、科学アカデミーの会員たちは書いた。

その正確さ。つまり、それが正しいかどうかということだ。なんたることか、私たちにはそれがわからないのである。

雨は土砂降りとなった

ジュゼッペ・ペアノは、一八八〇年に数学の博士号を授与された。ペアノが大学生活に入るに際しての儀式――ブロケードの施されたガウン、飾りぶさ、奇妙な角帽、ラテン語の誓い――の大げささとは裏腹に、数学者という職業はわずか二〇〇年ほどの歴史しかなかった。アイザック・ニュートンは、一七世紀半ばに数学のルーカス教授、アイザック・バロウによっておこなわれた講義を聴講したが、バロウが数学について知っていたことは、小冊子にたやすく書き込めるほどのことだった。五〇ほどの公式、ユークリッド幾何学の公理と定理、代数の初歩（ニュートンが雄弁にも「不器用者の解析」と片づけたもの）、新しいデカルト的な代数幾何学の体系、さらには厳密性、定義、証明に関する混乱した不正確な考えのごたまぜ。

そのほかには、何もなかった。

だが、ペアノがすりへった木の階段を昇って演壇に立つまでには、羽ペンで書き、かつらに香水をつけたアマチュアの天才たちがその作業を終えていた。数学は、千の生きた文字のなかで震える学科からミイラ化した記念碑的存在に変わり、王立協会やフランスのいろいろなアカデミーに葬られ、さらにヨーロッパの優れた大学でまた葬られていた。ペアノは一教授にすぎず、教授はそれまでにもいた。ただ、アマチュアの天才は発しないが、教授たちなら発しうる問いがある。恐ろしいまでに抽象的で微妙な概念について、どのように結論を引き出せば、首尾よく伝達されるということ自体が確信をもたらすのか、ということである。ここで求められているのは信仰ではない。洞察でも直観でもない。

確実性そのものだ。数学者には、恋人のように、幸せになることより確信することが必要なのだ。

雨は今や随所に拡がっている。

歴史の大講堂の演壇

ペアノは微積分の教授としてそのキャリアを歩みだし、この学問分野に対して、優雅で影響力をもつ重要な貢献をおこなった。一階微分方程式の一義性定理および存在定理の証明を構築したのだ。すなわち、記述と発見のための重要な手段であるこの方程式について、解が存在し、しかもそれが一義的であるという数学的予想を裏付けるものである。しかし、ペアノは、はじめから、〝疑いの目〟に悩まされた。半ばだけ開かれた脂ぎった目が、もじゃもじゃの眉毛の下からこちらをうかがっていたのだ。数学の基礎が蝕まれているという気がし、それが気掛かりで苛立たしかった。思想史上の偉人はときに奇妙なやり方で時を超えて語りあうものだが、ペアノはゴットフリート・ライプニッツから助言を得ていたようだ。ふさふさとしたかつらをつけ、優雅な赤ら顔の真ん中に高貴な鼻をそびえさせた廷臣ライプニッツが、教授になったばかりの緊張しているイタリア人数学者の耳に囁いたのだ。

数学のなかで、疑う余地のない分野があるとしたら、それは算術である。子供時代そのものと同じくらい馴染み深い主題であり、（電話番号、パスワード、雨のなかのバラの香りとともに）数学で唯一、記憶に残る部分だ。実際、正気の人間なら誰も、数学者二人と数学者二人が合わさると教授四人となるという普通の算術を疑わない。この点について私たちが抱く確信は、疑いの目がどれほど鋭くても、絶対的である。しかし、不快な他人のように、疑いが、明るい光と室内音楽に満ちた居間を避けて二階に入ってくる。算術は単なる一連の算術的交換でも子供がおぼえさせられるお題目でもない。たとえば、自然数1、2、3……はどこまでもつづき、体系としての算術に私たちがおく信頼は、その有限の部分に私たちがおくかもしれない信頼を超えている――はるかに超えている。

形、直線、曲線、立体の世界は、数の世界におとらず多様であり、この世界がすでに、自分の手に負える知的構造に包含されているという印象ないし幻想を私たちに抱かせるのは、私たちが長らく満足してきたユークリッド幾何学のみである。その構造の輪郭は、よく知られている。しかし、何かが得られれば何かが手放されるのだ。こうした輪郭の背後にある論理は、体系を支配する論理でありながら、この存在は気づかれないことが多い。

ユークリッド幾何学は有限個の公理から出発する。数学者はこの一組の公理から、さまざまな幾何学的結論あるいは定理を導き出す。「三角形の内角の合計は一八〇度である」。測量士は、このことを測定によって知るのであって、手元にある事例について、そうなっていると知るにすぎない。一方、数学者は、そのことを純粋思考によって知るのであり、ユークリッド幾何学の公理を利用できるので、その知識は考えうるあらゆる場合にあてはまる。しかし、数学者があらゆる三角形を調べることができるとしても、同じようにあらゆる定理にアクセスできるわけではない。どれだけ多くの導出がおこなわれても、常にまだおこなわれていない無限の導出があるからだ。真理に終わりなどない。このことから、ユークリッド幾何学はむずかしいだけでなく、破綻する運命にあると思われるかもしれない。しかし、そうではない。昇華のプロセスが働いているので、数学者は、無限を包含することにかかわる仕事をすべてするのではなく、一部をおこなえばいいのだ。公理は有限だが、究め尽くすことはできず、数学者はどこまでも進みつづけることができる。

数学体系の公理は文明の産物であり、ペアノはたゆまぬ修練と構築の積み重ねによって、注目すべき貢献を成し遂げた。ペアノは一八八九年に、算術のための一組の公理を発表した。記号、公理、推論、証明、鉛筆、紙その他、ある場所から別の場所に数学者を移すのに必要なものは何でも含む純粋に人間的な世界のなかに、無限の別の側面を包みこむことを、古代ギリシア以来初めて提案したのだ。

公理は五つある。

1. 0は数である。
2. どの数の後続数も数である。
3. aとbが数であれば、かつ、aとbの後続数が等しければ、aとbは等しい。
4. 0はいかなる数の後続数でもない。
5. Sが0を含む数の集合であり、しかも、Sに含まれるどんな数nの後続数もやはりSに含まれるならば、すべての数がSに含まれる。

そして、ここでジュゼッペ・ペアノその人が、歴史上の人物が集う大講堂の演壇に向かってゆっくり進んでいく。着古した茶色のスーツ姿だ。ペアノは怒りに満ちた奇妙なうなり声で話す。聴衆として座っている世界の数学者たちに向かって講演しているのだが、あらゆる偉人と同じく、未来に向かって講演しているのだ。ペアノは説明する責任を感じる。その額には、しわが寄っている。ペアノは短い指を空中に突き刺し、「ゼロは数であります」と言う。

「そのとおり、そのとおり」と数学者たちは言う。

「どんな数の次の数も数であります」とペアノはしゃがれ声で言う。

そして、全員が理解しているかどうかを確かめるために、一瞬、間を置いてから、付け加える。「数は永遠の連続をなします」再び拍手。「いつまでもつづくのです」

「そのとおり、そのとおり」と数学者たちは言う。

ペアノはぶっきらぼうにつづける。「どんな二つの数も、その後に同じ数がくるなら、等しい」

数学者たちは咳をする。ぶつぶつ言いながら足を踏みならす。

「ゼロの前に数はない」ペアノはぶっきらぼうに言う。「数はどこまでもつづくかもしれないが、宇宙と同じく」――ここでペアノは天井に向かって手を振る――「始まりというものがあると、生まれながらの予言者たちは激情をこめて言っています」

ペアノはしゃがれ声で付け加える。「最後に、数の属性は帰納的であります。段階を経て進む染みのように、上に向かって拡がります。ゼロがある属性を備えており、しかも、ある数がその属性を備えていればその次の数も同じ属性を備えている、ということがどんな数についても言えるのなら、すべての数がその属性を備えていることになります」

以上で幕間は終わる。

足し算の階段

ペアノの公理によって、無限個の数が有限個の記号に分解される。この分解手続きは寛大にも普通の算術的演算をすべて包み込んでいる。足し算はその一例である。bが1なら、$a+b$はaの後続数として定義される。定義と事実は一致している。3と1の和は、3の後続数だ。この定義を規則と呼んでもいいだろう。規則1と。それが表現されている言い回しは、その本質からして命令文であり、誰かに何かをさせるという主旨のものだ。

3＋1についてうまくいった操作は、3＋2についてもうまくいく。ペアノの公理から、2は、ある別の数――この場合、1――の唯一の後続数であると私たちは知っている。3

	3＋7＝3＋6の後続数	3＋7＝10	
↓	3＋6＝3＋5の後続数	3＋6＝9	↑
	3＋5＝3＋4の後続数	3＋5＝8	
	3＋4＝3＋3の後続数	3＋4＝7	
	3＋3＝3＋2の後続数	3＋3＝6	
↓	3＋2＝3＋1の後続数	3＋2＝5	↑
	3＋1＝3の後続数	3＋1＝4	
	→3の後続数＝4→		

＋1の値が与えられれば、3＋2の値は3＋1に1を加えることによって計算できる。3と2の和は3＋1の後続数である。

二度うまくいった操作は、3とどんな数についてもうまくいく。cがbの後続数だとすると、3といかなる数cの和も、3＋何らかの数bの後続数である。

3という錨を引き上げ、捨ててしまえば、ここでうまくいった同じ操作が、どんな二つの数についてもうまくいく。cがbの後続数だとすると、どんな二つの数の和$a+c$も、$a+b$の後続数である。

これが規則2である。

規則1と2は事実上、ステップ状である。数学者は二つの数の和を計算するのに、まず、算術の基礎まで降りていき、規則1を考慮し、次に、はいのぼって目当ての和に達する。3と7の和が知りたければ、階段をたどればよい。(図表参照)

一歩一歩の上昇と下降が規則1と2によって導かれ

る。その適用は等式の交換によってのみ進行する。

マジックのトリックはすべて、観客の注意をいかにそらすかにかかっている。この場合もそうだ。指で一〇まで数えてしまったら、さらに大きな数まで数える用意がない生徒も、すでに確定されたものを確定するのになぜ込み入った定義が要るのかと不思議がって当然だ。マジシャンのハンカチがぼろぼろのシルクハットの上ではためくと、本物のウサギがニンジンに向かって跳ねていくのが見られるかもしれない。ウサギを行かせよう。ニンジンはここだ。込み入ったもの——足し算——が、単純なもの——継起——によって定義されている。導き出されるもの——足し算——が、根源的なもの——継起——によって定義されている。直観はまったく働いていない。ペアノの秀でた知性の痕跡をとどめる、こうしたステップがペアノの公理を背景におこなわれているという事実がなければ、手品によって無から何かを得たと数学者は容易に信じるかもしれない。

チェックリスト

ライプニッツは、通常の概念についての通常の判断を裏付けるものとして、普遍文字と一つのチェックリストを持ち出した。ペアノの公理と足し算の定義が得られたいま、同じ

1.「3＋2＝5」を考えよ。	チェック
2.「ペアノの公理」を見よ。	チェック
3.「3＋1」を考えよ。	チェック
4.「規則1」を見よ。	チェック
5.「3＋1＝3の後続数」を受け入れよ。	チェック
6.「3の後続数＝4」を受け入れよ。	チェック
7.「3＋1＝4」を受け入れよ。	チェック
8.「規則2」を見よ。	チェック
9.「3＋2＝3＋1の後続数」を受け入れよ。	チェック
10.「6行め」を見よ。	チェック
11.「3＋2＝4の後続数」を受け入れよ。	チェック
12.「4の後続数＝5」を受け入れよ。	チェック
13.「3＋2＝5」とプリントせよ。	チェック

チェックリストによって足し算が表現できると考えられる。3＋2＝5が確実性を実現するには一三個のステップが必要であるという判断である。

もちろん、このチェックリストは、足し算の階段を表現したものだが、さらに進んで、〝「3＋2＝5」を考えよ〟から、〝「3＋2＝5」とプリントせよ〟へと進むプロセスを、小さな別個のステップで成し遂げ、考察から確信へと進んでいる。

ここでゴットフリート・ライプニッツが登場する。はるか未来に目を向けるペアノに、ライプニッツは狂ったように手旗信号を送っている。ペアノは、耳を澄ませる。そして、丁寧に言う。「ライプニッツは、二〇〇年前、決まった規則にしたがい、単純概念を指す通常の記号によって、あらゆる複合概念を表現する普遍表記法を創造するプロジェクトについて述べた」

記号、規則――論理学者がついにこの概念をホルマリン漬けにして固定する六〇年ほど前――人間の精神の一側面がすでに一つのアルゴリズムとして考察されていたのだ。

夢の商人

ローマの風刺詩人、ユウェナリスがすばらしい話を語っている。まだ新しかった頃のローマの古い一角で、あるユダヤ人の家族が夢を売って生計を立てていた。見物人がこの夢商人の家に立ち寄り、挨拶を交わし、買ってもいい夢について語った。労苦のため腰の曲がった労働者と奴隷が、ワインと安楽の夢をおずおずと求めた。女は愛の夢を、男は女の夢を求めた。通りに集まって、敷石のあいだの草を食むヤギを、従僕たちが押しのけ、元老たちがこれみよがしに狭苦しい一角に駆け込んで、雄弁と権力の夢を求めた。夜がふけ、ローマが闇に包まれると、眠れない人々が手提げランプを高く掲げ、狭い路地を横に歩いて夢商人の店の前に着くと、閉まった窓をこぶしでたたくのだった。

「どなたですか」夢商人はたいがい、不機嫌そうなささやき声で答える。「こんな時間に」

「眠れない。夢が要るんだ」

　沈黙があり、商人はチュニカをさぐる。そして、ガチャガチャという音。ドアが開く。男がそこに立っている。手提げランプが、細く年老いた顔に揺らめく光を投げかけている。

「夢をお求めですと？　どんな夢でしょうか」

「どんな夢でもいい」

「一〇デナリウスで豊かな暮らしの夢が見られます」

「二デナリウスしかもっていない」

「では、ヤギとロバの夢ですな」商人は狡賢くドアを閉めながら言う。

「三デナリウスなら？」

「三デナリウスなら？　エルサレムの夢が見られます」

「私はユダヤ人じゃない」

「施しを受ける側は選り好みなどできませんよ」商人は言う。

「けっこう。エルサレムの夢を見よう」

おかねのチャリンという音が夜の空気を満たす。それから、商人はドアを閉める。

冬のある日、ローマの通りには霧が立ち込め、人々がチュニカを首のところでとめて浴室から急いで出るころ、ギリシア風のいでたちをした褐色の肌の小柄な男が、夢商人の店のドアをたたいた。

「主人に代わってまいりました」とおかしな異国訛りのラテン語で言った。

夢商人は真っ白なあごひげをいじりながら、

「いらっしゃったのは、見ればわかります」と言った。「ご主人は何をお望みですか」

「夢です」

「夢と言ってもいろいろありますが」

「主人は裕福でございます」

「では、美の夢を見せてさしあげましょう」夢商人は言った。「一〇〇デナリウスで、打ち延ばした金でできた宮殿に住む夢が見られます。お香の香りが漂っています。ご主人は、潰したスミレの花を敷いた絹のベッドに寝て、黒い目をした女たちが、お香の香りに満ちた風を扇いで送り、歌を歌います」

小柄な褐色の従僕は、チュニカの下から革の小袋を取り出し、一〇〇デナリウスを慎重に数えた。夢商人は、かねを受け取り、指を一本上げてみせると、汚れた店の奥に引っ込んだ。しばらくして、美の夢をもって戻ってきた。

翌日は安息日だった。夢商人の店は閉まっていた。しかし、その次の日、小柄な褐色の男はまたきて、店の戸をたたいた。夢商人は半分だけ開けた目で男を見た。

「いかがでした？」

「主人はたいへん喜んでおりました」男は言った。「ところが、美の夢を見たら、今度は愛の夢を見たいと言っておるのです」

夢商人は、思慮深げにうなずいて言った。「二〇〇デナリウスで、ご主人は、愛の神殿で夜を過ごし、女神アプロディテその人にその魔力によって魅せられるという夢が見られます。身を横たえて、春のため息を浴び、楽園の果実を味わえます」

小柄な褐色の男は、再び、チュニカの下から財布を取り出し、夢商人は、再び、夢をもってきた。

一週間が過ぎるあいだに、夢商人は、傷病兵、死産をした女、記号やシンボルにとりつかれた占い師に夢を売った。

そして、小柄な褐色の男がまたやってきた。夢商人は半分だけ開けた目で男を見て、「いかがでした？」再びそう言った。

「主人はとても喜んでいました」男は言った。「ところが、美の夢と愛の夢を見たら、今度は、真理の夢を見たいというのです」

「ああ、それは、いちばん高い夢です。真理の夢を見たいと思う人は少ないし、その代金が払える人はさらに少ない」

「真理の夢は、おいくらなんですか」

夢商人は、金額を計算しているのか、黙りこんだ。それから、ぶっきらぼうに言った。

「ご主人が真理の夢を見たいというなら、ご本人にここにいらしてもらわねばなりません。そうすれば、夢を差しあげましょう」

従僕は立ち去った。

翌日、この一角が大騒ぎになった。四人の護衛に先導されたかごが、ヤギやヒヨコを四方八方にけちらかして、この地区に入り込んできた。かごは、夢商人の店の前で止まり、五〇歳くらいか、まっさらなチュニカを着た背の高い太った男が現れ、護衛の一人に夢商人の店のドアをたたくよう身振りで合図し、明るい冬の日差しを浴びて重々しく立っていた。

夢商人が目をこすりながら現れた。

「私はアリスタルコスだ」男はギリシア語で言った。「真理の夢を見たいと思ってきた」

夢商人は肩をすくめてから、右手の人指し指と親指をこすりあわせるしぐさをした。

アリスタルコスは、値段を訊ねるかわりに、眉を上げた。

「一〇〇〇デナリウスです」夢商人は言った。

アリスタルコスが躊躇（ちゅうちょ）している様子を見せると、夢商人は店の戸を閉めはじめた。

「勘違いしないでくれ」アリスタルコスは、急いで言った。「問題は一〇〇〇デナリウスではない」高価なかごと、辛抱強くそばに立っている護衛たちを身振りで指し示した。

「では、何ですか」

「私は哲学者たちの本を読んだ」アリスタルコスはゆっくりと言った。「それに、占い師たちの話を聴いたし、エレウシスの密儀を知っている神官たちと話したが、真理がわからない。この夢を見れば、真理がわかるのか」

夢商人は、汚れたカフタンの下の細い肩をすくめた。「夢のなかでも、誰も真理のすべてを見て取るわけではありません」

「私はどの部分を見ることになるのか」アリスタルコスは訊ねた。

「あなたさまが見ることのできる部分でございます」夢商人は答えた。

アリスタルコスは、しばらく考えに耽ってから、意を決し、かごのわきに静かにたっていた従僕に、一〇〇〇デナリウスをもってくるよう身振りで合図した。

夢商人は、うやうやしく貨幣を受け取り、店に引っ込んだ。一五分が過ぎ、やっと夢商人は真理の夢をもって現れ、従僕に手渡した。アリスタルコスはうなずき、かごに戻った。

一日が過ぎ、一週間が過ぎた。ユーピテルの神殿で儀式が執(と)りおこなわれた次の日、再び、夢商人が店を構える一角が大騒ぎになった。再び、護衛に囲まれたアリスタルコスのかごが狭い通りをやってきた。

かごは、ガタガタと音をたてて店の前で止まった。従僕のあとについて現れたアリスタルコスは、夢商人を連れてくるよう従僕に合図をした。

ほどなく、夢商人が姿を現した。日差しを浴びて立つアリスタルコスを見て、静かに「おはようございます」と言った。

アリスタルコスは言った。「七晩にわたって真理の夢を見た」

「それで？」

「毎晩、ユーピテルの神殿の階段に似た、幅の広い白い階段を上っていく夢を見た」

アリスタルコスは、考えをまとめているかのように言葉を止めた。それから、つづけた。

「はじめ、心臓が高鳴った。一段ごとに真理に近づくのが見て取れた。日の光を見たいという強い思いでいっぱいだった」

夢商人はいぶかしげにアリスタルコスを見た。

「どんどん高く上っていった。しまいには脚が痛みだした」

　夢商人の店を取り巻く狭い通りから、ローマの朝の騒がしい音が響いてきた。女たちが大声で呼びあい、子供たちの叫び声やニワトリどもの鳴き声があたりに満ちていた。

　アリスタルコスは夢商人を見て、言った。「上っていくと、太陽の暖かさが感じられた。明るい光が降り注いだ。足元の階段が輝いた。深い幸福感が身体中に拡がった」

　夢商人は半分だけ開けた目でアリスタルコスを見つづけたが、何も言わなかった。

「そこで目が覚めた」アリスタルコスは言った。「空はどんよりとしていて、水風呂に足を踏み入れているような感じがした」

「次の晩、また真理の夢を見た。また同じ階段を上っていた。今回は、前より高いところまで上り、再び、明るい光が降り注ぐのを見た」

　夢商人の顔に、狡賢そうな笑みがかすかに浮かんだ。

「そして、また目が覚めた」アリスタルコスは言った。「明け方の空は、やはり、どんよりとしていた。七晩にわたって、真理の夢を見て、七晩にわたって、階段を上りつづけて、目覚め、七晩にわたって、明け方の空はどんよりとしていた」

「そして？」夢商人は訊ねた。

「前にくらべて少しも真理に近づいていない」アリスタルコスは言った。「その輝きは感じたが、真理に達することはできなかった」

「また夢を見なければなりません」夢商人は言った。

「この夢は高くついているんだ」アリスタルコスは不機嫌そうに言った。「また夢を見るとしたら、いつ真理に達するんだ？」

「階段を上りきったらです」夢商人は言った。

「いつ階段を上りきるんだ？」

「真理に達すれば」

アリスタルコスは日の光を浴びて、戸惑いながら立っていた。それから言った。「それはあまり満足のゆく答えではないな」

「ご質問は、あまり満足のゆく問いではありませんね」夢商人は答えた。

「あれは私が見ようと思った夢ではなかった」アリスタルコスは言った。

夢商人は手を拡げて、言った。「それでも、お客様の見た夢です」

長いあいだ、アリスタルコスは日差しを浴びてしずかに立っていた。何を言うべきかを考えているように。やがて、かごのわきに静かに立っていた従僕に合図をし、ギリシア語で、夢を取ってくるように言った。

「かしこまりました」と言って、従僕はかごのなかに消え、夢をもって再び現れた。

「夢を返す」アリスタルコスは重々しく言った。「この夢はもう見たくない」

夢商人はうなずいた。アリスタルコスが、かねを返してもらいたいのに、沽券にかかわるので返してほしいと言えないのはわかっていると、言うかのように。「真理の夢を見るのは、高くつきます」夢商人は言った。「それにひきかえ、美と愛は安うございます」

はじめて、アリスタルコスが、はっきりとほほえんだ。アリスタルコスが早口のギリシア語で従僕に何か言うと、従僕は真理の夢を夢商人に示して、言った。「結局、かねはかねでしかない」

「そして、夢は夢でしかない」夢商人は言った。

「そのとおりだ」アリスタルコスは言った。

そして、きびすを返し、頭をかごの屋根にぶつけないよう腰を屈めて、かごに乗り込んだ。ガタンと音がして、かごは夢商人の店の前の狭い路地を進んでいった。先導する護衛たちは、子供たちとニワトリども、それに時折、ヤギにシッシッと言って行く手から追い払った。

夢商人は、一行が見えなくなるまで、遠ざかるのを見守った。すると、夢商人の店に通じる路地から、まっさらなチュニカを着た若い男が現れた。輝く目をし、ふさふさしたつやつやした髪が浅黒い顔にかかっていた。詩人のカトゥルスだった。

よく知っている夢商人に会釈して、言った。「わがレスビアの夢を、また見たい」

「若い方々は、いつも、自分が失ったものの夢を見たがる」夢商人は言った。

カトゥルスは、好奇心を抱いて夢商人を見た。「それで、年寄りは？」

「自分がまだ見つけていないものの夢を」夢商人は、そう言うと、きびすを返して、詩人の夢を取りにいった。

トリノでの約束

ペアノは才能ある教師だったが、教師生活をおくっていたあいだ、バークレー、あるいは、その後、ソルボンヌで起こったような種類の学生暴動が絶えなかった。これについては愉快な話が語られている。学生暴動はしばしばそうだが、これらの暴動も、何か些細な不便をきっかけに起こった。ペアノが正式に数学の教授に昇格した年のはじめと終わりに、学生たちが通りに繰り出し、大学の建物を次々に駆け抜け、ドアを破り、書類を盗んでいったりした。私が調べたかぎりでは、学生たちが非難されるなり罰せられるなりすることはなかった。大学やトリノ市の当局者は、学生たちをしつけるには無関心がいちばんだという、温和ではあるが明らかに常軌を逸した見方をとっていた。

ペアノは生まれ故郷の村に帰るのを楽しみにしていた。農場は今でもペアノ家が保有している。ペアノの前かがみになった歩き方、細い野性的な顔は、遠い昔の農民の容貌をほうふつとさせる。今では、日に焼かれたアブルッツィの村々にしか見つからない容貌だ。

ペアノは、学識豊かな数学者であり、そのなかに抱かれて生きる者にとってはまさに不滅のものと思えた、幅広く寛容なヨーロッパ文化の一員だった。そのヨーロッパは、まもなく廃墟となり、ヨーロッパ共通の文化は絶望的なまでに打ち砕かれることになる。ペアノは、ムッソリーニ政権のもとで年老い、一九三二年まで生きた。ライプニッツはペアノのイマジネーションをとらえつづけ、ペアノは、いろいろな普遍言語の構想に没頭し、ほとんど生涯の最後まで旺盛に活動をつづけた。だが、ジュゼッペ・ペアノは、世に少なくない長生きしすぎてしまう人の一人だったと私は考える。ペアノの慢性的な咳は、ひどくなり、声は、しわがれ声になった。それでも、毎日、同じ食事をとり、廊下でニンニクとタバコの臭いのするアパートに通じる階段を昇り降りし、ペアノは生きつづけた。

私は一度だけペアノの通った道をたどったことがある。一日中、そして夜通し車を運転し、南フランス、それから、イタリア中部を目的もなくさまよった。アルプスの南で国境を越え、BMWコンバーティブルのテープデッキにベートーヴェンの第九交響曲をかけて、長くスムーズなアウトストラーダを走った。大型トラックが何台も通りすぎた。石油とアスファルトのにおい、かなたからくるツーンとしたにおい、稲が育つ水田のにおい。そして、アウトストラーダは郊外のハイウェーのネットワークに流れこみ、やがて街路が取って代わった。私はトリノにいた。小雨が降り、街は黄褐色と茶色に包まれていた。長い並木路。さびれたカフェやビストロで、人々がトランプ用テーブルに群がり、ペルノーの水割りを飲んでいた。青果店が一件あり、レストランも数件あった。並木路が巡る環状交差点の中心にガリバルディの像が立っていた。私はホテル・カサノヴァに泊まった。風情のないホテルだ。部屋の天井は低く、奇妙にもおがくずのにおいがした。壁の充塡(じゅうてん)材の残りではないかと想像する。

ここトリノはペアノの町であるが、プリモ・レヴィの町でもある。レヴィは、ここの大学で化学を学び、ここからアウシュヴィッツに送られた。レヴィのアパートは、ペアノが暮らし死んだ建物からそれほど遠くない。私は小雨のなか、そのアパートがある通りをぶらぶらとたどっていった。重い木の扉を押し開け、玄関の明かりを点けた。中央の螺旋階段が見えた。レヴィはそこから身を投げて死んだのだ。しばらくすると、玄関の明かりはひとりでに消えた。

ギリシア人はあらゆることについて正しく、このことについても正しかった。逃げ道はないのだ。

第3章　疑り屋のブルーノ

ある場所で解決された問題が遅かれ早かれ、にやりと笑みを浮かべながら、しぶとく別の場所に現れるように宇宙はできている。家庭内の不満にうんざりして離婚したあとで、ひとりぼっちでいるのは耐えられないことに気づく。足の親指からひいたばかりの痛みが腰に居すわり、しかも、もっとひどくなったように思われる——私はいま、重力のように不動の自然法則の例を挙げているのだ。ペアノ公理は、無限にいたる道を示す。しかし、公理の数が有限であり、したがって、算術の階段のステップも有限であるとしても、公理から導き出せる定理、ステップ、結論の数は、無限である。無限に多くの数があり、したがって、算術体系についての問いは必然的に、公理系についての問いとして再び現れるからだ。

公理系は無矛盾なのか。三三世紀にカルカッタの天才的な学生が算術の階段を上り、ペアノの定理から「3+2=5」が出てくるが、「3+2=6」も出てくることを発見して、この試みを矛盾に陥らせてしまうことはない、と数学者は確信がもてるのだろうか。いや、そもそも、算術体系が完全であるという確信がもてるのか。算術の階段はどこまでもつづく。まったくそのとおりだ。しかし、上海の若い女性が書いているように、「算術においてはあまりに自明であるがゆえに、算術の階段がけっして到達しない真実があるのは不思議なことです。正確に言えば、3+172934 56=3+172934 59という事実です」その後に中国式英語で「フン」に当たる文字がつづく。

記号、階段は、算術に関する疑念の及ばない聖域を提供してくれる。私がつくりあげた例は、確かに馬鹿げたものだ。3と2の合計は6でないし、1729 3456に3を足すと、まさにそれがなるはずのものになる、つまり、ペアノの公理、そして常識から出てくる1729 3459になると、私たちは完全な確信をもって知っているのだから。

しかし、例は馬鹿げていても、それが引き起こす不安は馬鹿げていない。お茶のように後味が残るのだ。これらの例は確かに馬鹿げている。では、他のものはどうだろう。前に述べた、「事象の階段を這い上がってくる」ようなものが、算術の階段をじわじわとを這い上がってくるかもわからない。あるいは、這い下りてくるかもしれない。

〝疑いの目〟は、焦点を移した。算術体系に注目するのをやめ、同じ邪悪な熱心さで、公理系を眺めはじめたのだ。

論理学の小鬼(ノーム)

アリストテレス論理学は壮大で大理石のように美しいが、どんな記念碑にも落書きが書きつけられていくもので、三段論法も例外ではない。中世の学者はこの体系にあいまいな点を発見し、それを世間に知らしめるためにチョークで自分の名前を書きつけた。アベラールは、恋に生きる男でありながら論理学者でもあり、一二世紀のパリの酒場で下層民が、コーラス部分がくるたびに大ジョッキでテーブルを叩きながら、彼のことをうたった恋歌を歌っているあいだ――エロイーズに口づけするのに忙しいのでなければ――自分を崇拝して集まった学生たちに講義をし、討論に勤(いそ)しんでいた。

その後、ライプニッツが、アリストテレス体系の限界を拡張し、その二〇〇年後、イギリスの論理学者、ジョージ・ブール、オーガスタス・ド・モルガン、ジョン・ヴェンも、同様の功績をあげた。とくにヴェンは、次のことを示す実に巧みな図を書いた。イヌの円を哺乳動物の円で囲み、哺乳動物の円を動物の円で囲めば――せっかく私が今、黒板にこいつをスケッチしているんだから、後ろの席でいびきをかいている者、起きたほうがいいぞ――起きたら、これを見ろ、小さな輪は大きな輪のなかに、また、大きな輪はさらに大きな輪のなかにあり、すべてのイヌは動物である。……

失礼。ここで問題とすべきは現代論理学であり、現代論理学とは、論理学の小鬼(ノーム)、ゴットロープ・フレーゲがほとんどひとりで創造したものである。

フレーゲの一生は寒々としたものだった。フレーゲは、メクレンベルクーシュヴェーリン地方にあるヴィスマールで一八四八年に生まれた。ここは北ドイツ、バルト海に面する地域だ。これだけでも寒々とした感じだが、ますますもって寒々としていることに、暗く陰鬱な森が拡がり、陰気な木々の陰に魔女と妖精、子鬼、それにヒキガエルのような姿の人間が潜んでいる田舎である。夜になると、ミミズクがホーホーと鳴き、クロアシオオカミが森のなかの道を休みなく歩き、せむしが暗い谷に集まって、クラリネットを吹く。

フレーゲは、学者生活のすべてをイエナ大学で過ごし、イタリアのペアノと同じく、学界でおきまりの階段を上がっていった。一八七一年、私講師に——つまり、無給で学生を受け入れる許可を得る。一八七九年には助教授、一八九六年には教授になり、その後、教授の前にHerrの称号がついた。

フレーゲは長年にわたって結婚生活をおくった。私の知るかぎり、それは幸せなものだったようだ。しかし、フレーゲ夫人は第一次世界大戦中、ヨーロッパが息の根を止められるのと期を同じくして死んだ。フレーゲのただでさえ暗く、孤立して、気難しく、内気で引っ込みがちな性格はさらに暗くなった。

フレーゲは、激しい反ユダヤ主義者で、ドイツの悲運な教養あるユダヤ人を異質で余計な存在と見たようだ――はっきり言って、事実、そうだった。世紀のはじめ、怒濤のようにドイツに押し寄せ、よりにもよってライプツィヒ、ドレスデン、ワイマールに落ち着くという不幸な選択をした東ヨーロッパのユダヤ人に、あからさまな嫌悪に近い気持ちを抱いていたのは、疑いない。ユダヤ人を嫌ったフレーゲは、カトリックも嫌った。この嫌悪感はフレーゲの本性に染みついたものだった。また、フレーゲはドイツの君主に傾倒していた。非理性的で危険な皇帝以外のどこにも尊敬の念を向けようがなかったのだ。バートランド・ラッセル、ルートヴィヒ・ヴィトゲンシュタイン、そして、〝ある程度まで〟という限定つきでエドムント・フッサールを例外として――もちろん、大した例外だが――同時代人にはフレーゲの業績は理解できなかった。フレーゲの仕事は、世に現れた当時は無視された。今では哲学者と論理学者は、最初の数理論理学者だったということだけからもフレーゲが最大の数理論理学者であると認めているが、その賛辞は、フレーゲに慰めを与えるには遅すぎた。フレーゲは一九二五年に死んだ。

ひとりっきりで死んだ。

〝形〟の計算

公理系は、数学者が仮定すること（公理）と数学者が導き出せること（定理）とのあいだに共鳴関係を確立する。最良の状況では、この関係は十分明晰であって、数学者は、形式化されていないチェックリストにしたがって推論をおこなうことができる。自分がまごついたり、つまずいたりしないほど個々のステップが小さいと確信して、ステップを一つ一つ踏んでいけるのだ。アルゴリズムの概念が意識のスクリーンに現れるのは、この種のチェックリストの文脈においてのことだ。だが、このチェックリストはまだ灰色で、まだ半分しかできておらず、まだぼやけている――なにしろ、私自身が考案したレトリック上の工夫にすぎないのだから。何か算術上、論理上の主張に疑いを抱く論理学者は、私の「チェック」に納得しそうにない。

「チェックってどういうこと？　自分で自分をチェックなさい」

論理学者の唱える異論は、私が明示しないまま残していることが多すぎるということだ。私の「チェック」というムチの音が鳴るときは、私にとってそれが必要なときといぶかしいほど一致している。

形式的体系の文脈でチェックリストは、塗料が壁にしみこむように体系の構造に吸収されて見えにくくなってしまう。それゆえに、形式的体系を明示してやることにより、アルゴリズムの最初の明確な実例を得ることができ、昔ながらの概念に命が与えられる。

公理系は公理と定理からなるが、この二つの共働、いわば、目と手のシンクロした働きがなければうまくいかない。形式的体系を構成するのは、いくつかの明確な記号、その協調をつかさどる一組の明確な規則、いくつかの明確な公理、そして何よりも、数学者が仮定から結論にいたるために踏んでいいステップを支配する、明確な一組の規則だ。意味や直観の出る幕はない。記号は事物を指示する力を失い、推論は機械的なものになる。

命題計算とは、想像しうるかぎり最も単純な形式的体系であり、名前からうかがえるとおり、命題（あるいは文）がたがいにかかわりあう体系だ。この体系は簡潔であり、ほんのひと握りの記号があれば十分に機能する。

まず一組の命題記号を登場させよう。

P　Q　R　S……

命題記号は文を表示する。*P*は、「肝臓は大きな臓器である」も「ワルシャワはポーランドにある」も他のどんな命題も表す。命題を部分に分解することは許されない。「肝臓は大きな臓器である」も「ワルシャワはポーランドにある」も、いわばこわばった体で動くミイラのようなものだ。論理学者は、こうした被（おお）いの下にある実質には無関心である。中身をうっちゃって無視してしまえば、命題を区別するのは真偽だけだ。

次は一組の特殊記号。

〜　&　∨　⊃

「〜」は「でない」、「&」は「かつ」、「∨」は「または」、「⊃」は含意（がんい）、つまり「……ならば……」を表す記号だ。特殊記号の役目は、命題記号のあいだや前に歩哨のように立っていることだ。

最後に区切りの印二つ。

（　）

左の括弧（かっこ）と右の括弧だ。

「肝臓は大きな臓器である、または、ワルシャワはポーランドにある」という命題の外枠（そとわく）は、（P∨Q）というように表される。

ここにはまだ格別形式的なところはないし、格別面白くもない。文の枠組みを表示するために記号がつくられただけのことだ。しかし、記号ができると、論理学者は、特徴的な操作となるものをおこなう。意味や解釈の痕跡をすべて取り去るのだ。残るのは形式的体系である。「そういう〝形（かたち）〟をしたもの」と定義するしかないさまざまな記号の体系だ。

あの明るい予言的な声が何世紀もの時を超えて再び響く。「組み合わせ論は、計算一般や、一般的な記号（どれが何を指してもいいA、B、Cといったもの）、配列や移行のさまざまな法則、公式一般を論じる」とライプニッツは書いた。

そうだろう、ブルーノ？　そうだろう？

ある形式的体系を明確にするには、論理学者が、有能だがひとの揚げ足取りをするような人物にものごとを説明する場合のようにかからなくてはならない。この人物の名前をブルーノとしよう。

ブルーノはすでに基本的な記号のリストを見せられ、唸りながら不承不承（ふしょうぶしょう）これを受け入れ、論理学者は、その構成を支配する文法規則に注目する。規則は三つしかない。（式を表すのに**A**や**B**といった太字のローマ字が使われ、説明手段を表す。こういう文字そのものは形式的体系の一部ではない）

1. 命題記号は単独で、文法的かつ適格である。

2. 式A（たとえば、（P∨Q））が適格なら、その否定〜A（この場合、〜（P∨Q））も適格である。
3. AとBが適格な式なら、（A&B）、（A∨B）、（A⊃B）も適格な式である。

この規則を見て、下降と立証の二重の引き金によって手続きが進行する〝算術の階段〟をブルーノは思い起こすし、みなさんも思い起こすはずだ。

ブルーノは証明を求める。私は喜んで応じる。（次ページの図表参照）括弧内の言葉は、ただブルーノのためだけに挿入した。ある式が適格かどうかという問題は、有限個のステップで決定可能であり、機械的な方法で決定可能であり、ブルーノの疑う能力をもものともしない手続きによって決定可能である。

そうだろ、ブルーノ？　そうだろ？　そうだ。

疑いようのない証明

形式的体系に手、目、耳が与えられた。足の指のあいだには余計な水かきなどない――チェック。どこにも余計な指はない――チェック。しかし、この新たな輝ける生物が公理

1. $\sim((P \vee Q) \& R)$ ← （この式は文法的か？）
2. $((P \vee Q) \& R)$ ← （イエス、規則2により、この式は文法的である）
3. $((P \vee Q) \& R)$ ← （この式は文法的か？）
4. $(P \vee Q)$ ← （イエス、規則3により、この式は文法的で、
5. R ← この式も文法的である）
6. $(P \vee Q)$ ← （この式は文法的か？）
7. P ← （イエス、規則3により、この式は文法的で、
8. Q ← この式も文法的である）
9. P ← （規則1により、この式は文法的である）
10. Q ← （同前）
11. R ← （同前）

→そこで階段を昇って、一行めを証明する→

から定理を引き出すには、まず一組の公理と、これらを操作するための明確な規則がなければならない。さもなければ、体系は形式をなしているとはいえない。

公理は三つある。

1. $P \supset (Q \supset P)$
2. $S \supset (P \supset Q) \supset ((S \supset P) \supset (S \supset Q))$
3. $(\sim P \supset \sim Q) \supset (Q \supset P)$

これらの記号列が何を意味するのかを問うても無駄だ——まったくの無駄である。これらの記号列はおよそ何ものも意味しない。〝形(かたち)〟として機能しているのであり、したがって、本質にまで還元された記号として機能している。

次は推論規則。二つしかないが、そのうち二つめは回り道して説明をする必要がある。記号の列

$(P \supset Q)$

は五つの記号からなる。記号の列

$$(R \supset S) \supset (T \supset W)$$

の場合は一一個だ。しかし、この二つの公式は形式が同じである——「……ならば……」を表す馬蹄形の記号⊃が、どちらの場合も、二つの式のあいだにある。ゆえに、二つめの式は一つめの式から代入によって得られる。*P*に「*R*⊃*S*」を、*Q*に「*T*⊃*W*」を代入するのだ。代入が速やかに進行するのは、同様の式を同様の命題記号に、異なる式を異なる記号に代入するときだけである。

代入を手にしたいま、論理学者は推論規則について説明する用意が整った。

1. 式**A**∪**B**と**A**のどちらも公理または定理であれば、式**B**も定理である。
2. 式**A**が公理または定理であり、かつ、代入により**A**から**B**が得られるならば、式**B**も定理である。

ブルーノが満足したところで、今や形式的体系が完成し、これを利用する用意が整った。では試みに、*P*∪*P*を証明してみよう。

注意しておくが、私が「証明」と言うときは、対象を絶対的な領域に送り込むことを指

1. $S\supset(P\supset Q)\supset((S\supset P)\supset(S\supset Q))$	(公理2)
2. $P\supset(Q\supset P)\supset((P\supset Q)\supset(P\supset P))$	(SにPを、PにQを、QにPを代入)
3. $P\supset(Q\supset P)$	(公理1)
4. $((P\supset Q)\supset(P\supset P))$	(2行めと3行めから規則1によって導き出される)
5. $P\supset(Q\supset P)\supset(P\supset P)$	(Qに($Q\supset P$)を代入)
6. $P\supset(Q\supset P)$	(公理1)
7. $P\supset P$	(5行めと6行めから規則1によって導き出される)

しており、この言葉に、普通の意味ばかりでなく、〝確信の重み〟を与えているのだ。疑いない確信、疑いの可能性のない確信、疑いの可能性すらない確信の重みを。

証明は、一歩一歩進む。各行は公理であるか、公理から出てくるものであるか、公理から出てくるものから出てくるものであるかのいずれかだ。推測規則にしたがって論証は進み、論証全体が最終行の証明を構成する。(図表参照)

これで終わりだ。式$P\cup P$は証明された。「あらゆる命題はそれ自体を含意として含む」というのは、誰もがはなから信じていることだが、今やそれが知識になった。私が今、証明したからだ。

それで、ブルーノは? ブルーノも満足げだ。

複視

私たち論理学者は朝、起きて、不満のうなり声を上げ、歯を磨き、髪を梳(と)かしてから、よたよたと歩いて、新聞とコーヒーに向かう。それにみじめったらしいブランマフィンに。私たちは、コレステロールを減らそうと身の入らない努力を重ね、毎朝これを決然として飲み込もうと試みる。このように私たちは、意味、目的、意図、決意が織りなす世界に住んでいる。私たちは、どの記号を使うときも、何らかの解釈を頭においてそれを使う。「愛してるよ、ダフネ」は、「愛してるよ」という意味だ。それは、単に九個の文字を並べたものを超えた意味を持っている。それをはるかに超えた意味を。

一方、これから私がおこなおうとする命題計算の解釈はなんら謎ではない。命題記号は真(T)であるか偽(F)であるかのいずれかであり、さまざまな可能性が真理表に示される。

P
T
F

真理値を表示するには、記号が一つなら、二行、記号が二つなら、四行、三つなら、八行、四つなら、一六行、記号がn個なら、2^n行が必要になる。

命題記号が二つしかなければ、V字形が表す選言命題の真理表は四行で足りる。

P	Q	$P \vee Q$
T	T	T
T	F	T
F	F	F
F	T	T

それぞれの命題は、仮定文の形で表現することもできる。たとえば、Pが真（あるいは偽）で、Qが真（あるいは偽）なら、$P \vee Q$は真（あるいは偽）である。

命題Pの否定は、Pが偽である場合にのみ、真であり、逆も成り立つ。これは驚くべきことではない。命題が連言になっても、驚くに値することはない。$P\&Q$は、Pが真で、Qが真であれば、真である。

ここで含意（「……ならば……」）を表す馬蹄形の記号が登場し、それまでスムーズに進んでいた、この分析手続きは、一転して難局を迎えることになる。

P	*Q*	*P*⊃*Q*
T	T	T
T	F	F
F	F	T
F	T	T

一行目と二行目はあたりまえだが、三行目と四行目を読むや、疑念が湧き起こる。論理学者はなぜ、ワルシャワは中国にはないというだけの根拠で、「ワルシャワが中国にあれば、肝臓は大きな臓器である」という命題を真と見なすのか。「ワルシャワが中国にあれば、肝臓は小さな臓器である」という仮定文をなぜ黙認するのか。

時として論理学者は、この表で自分の考えを説明しようとするが、無駄に終わる。記号⊃についての真理表は、まさに恣意的であり、論理学者は発見をしたというより決断を下したのである。

これ以上のことは問題にするに値しない。これについては、私を信じていただくほかはない。

絶対的真理を絶対に

真理表とそこから明らかになる論理的関連は、記号の世界を超えた領域に属するものだ。小さくコンパクトで、都会的であり、ダイヤモンドのように輝く装置としての魅力のほかに、〝新たな概念を生み出す〟という有用さを備えている。たいてい、命題計算の式は、その構成要素の真理分布によって真だったり偽だったりする。先ほど挙げた、$P \vee Q$の例を見ればわかることだ。しかし、トートロジーは、真理分布がどうであれ、真であり、したがって、絶対的に真である。先に証明した式$P \cup P$は、トートロジーであり、その状況は次の真理表から明らかだ。

$P \supset P$が偽となるようにPに真理値を与えるすべはない。絶対的なものが、期待したほど魅力的でないように思われるとしたら、それは、あらゆる神的なものと同じく、これも瑣末（さまつ）なものを通して現れることを選んだからにすぎない。

　証明は形式的体系のなかにあるが、トートロジーは、その視野の外にある。論理学者は、どちらの概念にもアクセスできるので、二つの世界を眺められる立場を享受している。それでも、難攻不落の証明という概念が形式的体系のなかにあれば、その外に〝証明のようなもの〟だってあるだろう。つまり、普通の人がおこなう、「これこれは本当にちがいない。というのも、ほら、これが本当なら、これが本当にちがいないから、これが本当で、だから、それも本当なんだ」と証明する営みだ。

P	P	$P \supset P$
T	T	T
T	F	ありえない
F	F	T
F	T	ありえない

定理と証明という言葉は、この種のくだけたやりとりにも登場するが、その場合は日常的なレベルの意味をまとって現れる。つまり、大雑把に言えば、証明とは、論理学者がやってのけられること、定理は、論理学者がやってのけたことだ。論理学者は、自分にできることをするだけである。

そして、論理学者にできることは、この二つの概念を関連づけ、専門用語を用いて――また私たちの言葉で――あらゆる定理はトートロジーであり、あらゆるトートロジーは定理であると証明することによって議論に幕を引くことだ。この二つの概念にかけられた二重の橋に注目してほしい。あらゆる定理はトートロジーであり、あらゆるトートロジーは定理である。どんな形式の懐疑に対しても耐えうるわけではないとはいえ、論理学者の論証の一部は単純で際立っている。命題計算の公理はすべてトートロジーである。チェック。推論規則によってトートロジーからトートロジーが引き出され、ほかには何も出てこない。まだ、チェックはないが、ちょっと考えただけで、論理学者のチェックがやがて現れるのは必定（ひつじょう）だ。これを小切手（チェック）と呼ぼう。あらゆる定理はトートロジーであると、要求があり次第証明することを約束する小切手（チェック）という意味で。

あらゆるトートロジーは定理であることを示す論証を組み立てるのは、これより幾分むずかしいが、できるし、私はできる。実際、私の小切手（チェック）は郵便で発送済だ。

こうしたチェックが手に入るか、あるいは輸送途上にあるべく手配できれば、論理学者の手元に論証を仕上げるのに必要なものがすべて揃い、命題計算は完成する。

命題計算の無矛盾性は、その完全性から出てくる。命題計算に矛盾があれば、およそどんなものも証明の対象にできる。ゆえに、矛盾を含む体系にかかずらうのは、知性のむだづかい以外の何物でもない。しかし、式$P \supset \sim P$はトートロジーではなく、したがって、定理ではない。これを確かめるにはチェックが二つしか要らない。

話はまだ終わらない。命題計算は、完全で無矛盾であるとともに決定可能である。形式的体系を超える世界には、任意の式が形式的体系のなかの定理なのかどうかを決定するための、有限で、明示的で、効果的な枠組みがある。この式はトートロジーなのか。そうであれば、証明可能だし、そうでなければ、証明可能でない。論理学者は、公理から$P \supset (P \vee Q)$を導き出さなくても、$P \supset (P \vee Q)$を証明することができる。それには真理表を用いれば十分であり、チェックリストを下っていって立証するという手続きはまったく要らない。ペアノの公理が、私たちが語ったことすべてについて完全でも無矛盾でも決定可能でもないのと違って、命題計算は文明の利器をすべて備えている。

名にし負うブルーノ

ブルーノはこの議論で純粋に修辞的な役割を演じてきた。楽しい人物でもあり、疑いのかたまりでもある。ブルーノを創造して楽しんでからほどなくして、自分の記憶を整理した後で私は気づいた。ブルーノには実在のモデルがいた。ダニエル・メスマイスターという名前のプリンストンの大学院生だ。イカボド・クレインとベイジル・ラスボーンを足して二で割ったような顔つきをしたメスマイスターは、すべてを見通すような黒い驚くべき目で大学院の食堂を調べたものだった。格別な知識の蓄えも、際立った議論の才能も、特別な魅力もなかったが、メスマイスターの素晴らしい才能は、じっとにらみつけるという態度によって、古来人間に備わっている懐疑の念を伝える能力にあった。

面白いことを言うことはめったになく、何かを言うときには、普通、論争をしている双方の立場を貶すつもりで言うのだった。たとえば、米国のヴェトナム介入を批判するとともに、あざけるように鼻を鳴らして、米国の撤退にも反対した。そして、虚ろな脅すような目つきをした。どの大学院にもこういう人間がいるのだろうとは思うが、メスマイスターは、ある点で特異だった。傲然たる計算高さを発揮し、ほかの人間がときどき探るだけで満足している、懐疑が忍び込む余地のある空間を隅々までほじくりかえしてやろうと決めるのだ。

ある日、メスマイスターは大学院から姿を消した。どこに行ったのか、どうなったのか、見当もつかない。みんな、メスマイスターがいることに憤っていたので、いなくなっても、誰も残念がらなかった。何年かして、大学院時代の旧友が、以下のような短い物語を送ってくれた。

その窓は、なぜか、開けられたことがなかった。部屋はじめじめしていて、深夜に特有の甘く湿った心地よくないにおいが漂っていた。レオ・ラブルは、片膝を折って両脚で三角形をつくり、ベッドに仰向けに寝て眠っていた。両手は下腹のあたりでお碗の形にし、唇に子供っぽい笑みをかすかに浮かべていた。同じベッドの片隅で若い女が眠っていた。手のひらを合わせて両手を腿のあいだに入れ、胎児のように体を丸めていた。細い金髪が横から顔にかかって、顔の造作を覆い隠していた。女はいびきをかいていたわけではないが、湿りけのある息をしていて、その音は、息を吸う耳障りな音にはじまり、抑えられたプッという破裂音で終わった。

ベッドわきの白い電話機のランプが一瞬、輝いた。電話が鳴った。

レオは、鼻を鳴らし、肘をついて上半身を起こした。

「電話」とはっきりしない声で言った。

若い女は、軽やかな身のこなしでベッドの上で起きなおった。そして、「リチャードよ」と言った。「出て。私はいないって言って」

電話がまた鳴った。レオは受話器をとり、寝そべったままで女のほうに向きなおった。

そして、咳払いをした。

若い女は、手を延ばして、レオの腕に置いた。そして、声を出さずに「誰？」と訊ねた。

「ダニーだよ！」レオはそう言って、間をおかずに体を起こした。今や電話機は膝の上にあった。

若い女は、目を閉じ、両手を頰に当てたまま、ベッドに仰向きにひっくり返った。唇をしっかり結び、血の気がなくなるまで嚙んでいた。「ねえ、これ見てよ」頰から放した手を差しのべて言った。「木の葉みたいに震えてるわ」

レオは、知ったことじゃない、というように首を横に激しく振った。

若い女は、振り向いて、ラジオについている時計を見た。「真夜中にかけてこなくたっていいじゃない」

レオは、受話器を手でおおって、「悪いね」と女に囁いた。そして、身振りで紙とペンをくれと頼んだ。目を開けたまま仰向けに寝ていた若い女は、ごろりと横向きになって、ベッドわきのナイトスタンドに載っているスパイラルノートに手を延ばした。スパイラルノートにボールペンが差し込んであった。

レオは、ノートを開いた。

「何するの？」若い女は言った。

レオは、うなずいて見せた。

若い女は身を起こした。枕を手にとり、膝に置いた。そして、枕がふっくらとふくらむように形を整えはじめた。

レオは、また受話器を覆い、「まあ見てろよ」と囁いた。

そして、「聴いてるよ」と電話に向かって言った。

「聴いてるよ」若い女は、意地悪くひねくれた声で真似をして言った。

「ダニー」レオは言った。声が重々しく響く。しばらく、レオは黙っていた。それから、また「ダニー」と言い、さらに「そうだ」と言った。

やがてレオは受話器を置き、手を組んだ。

ふわふわした枕を膝に置いて座っていた若い女は、いぶかしげな目つきでレオを見た。

「何？」と言った。

レオ・ラブルは、手を組んだままだった。電話はベッドの上に置いてあった。

「何なのよ」若い女は言った。

「あいつは、みんなに電話しているんだ」レオは言った。

「なんで？」

「知らせるためさ」

「何を知らせるため？」

「やつらが自分の目を盗もうと計画しているってこと。あいつの目を盗もうとたくらんでいる連中がいるんだ」

若い女は、しばし黙っていた。

やがて、「まあ」と言った。

第4章　貨物列車と故障

未来に向かって延びる線路を思い浮かべてほしい。その上を、およそ一八九〇年から一九三一年までのさまざまな思想・概念を積んだ貨物列車が加速しながら進んでいく。この貨物列車は、まもなく故障することになっているが、アルゴリズムは、その前に飛び下り、当然、多少の傷は負うが、事なきを得る。この「故障に見舞われる貨物列車」とは、人々の織りなす壮大で悲劇的な物語の象徴であるが、壮大な物語がすべてそうであるように、この物語も、傲慢さと非難、罪と罰という要素を含んでいる。そして、人間の心は数学的確実性の確立に救いだけでなく〝絶対的存在との出会い〟を見いだすだろうという、まったく人間的な期待もそこには読み取れる。しかし、さしあたって、それは将来の話だ。時は一九〇〇年頃。何か起ころうとしているのか、誰も知らない。

命題計算は、形式的体系の一例であり、したがって、アルゴリズムの一例である。しかし、例を挙げるだけでは説明にはならず、まして定義は決まらない。いずれにしろ、命題計算は見た目は派手でも小物の道具でしかない。フレーゲがものにしようとしたのは、算術そのもので、そのためには、命題にかかわる種々の〝形(かたち)〟を用いた計算手続きを追求するのは、まったくの的外れである。「$2+2=4$」や「$\sqrt{36}=6$」がPやQとして飲み込まれる体系が何の役に立つだろうか。自問自答にふけっていたほうがよかろう。まったく何の役にも立たない。

アリストテレスの三段論法も、図式化されて一九世紀まで存続してきたとはいえ、大して役に立たない。ペアノの公理は数について語る——ある数、すべての数、数の属性について語るものだ。したがって、ペアノの数学用語を形式的体系に変形するには、アリストテレス論理学の範囲のなかになかった表記法と推論図式が必要だ。フレーゲが創造したこの表記法は、〝述語計算〟と呼ばれているものである。これも来(きた)る〝故障〟に耐えて生き延びた。今では不朽(ふきゅう)の業績と見なされている。

述語計算は、旧式の文法的分析に申し訳程度に会釈して、第一歩を踏み出した。旧式の文法的分析では、「ジョンは祈っている」のような簡単な文は、主語――「ジョンは」――と述語――「祈っている」――に分解される。いかに〝形ばかり〟とはいえ、述語論理が旧来の文法的分析をふまえているという事実は、述語論理には命題計算を完全に超えた力があることを意味している。命題計算は命題のみを扱う。一方、述語計算は、命題を構成要素に分割し、まったく新しい境地を切り開くのだ。

中学高校の科目のうち最もつらい基礎代数では、具体的な数の代わりに x、y、z……といった変項を用いる。ここで、ミセス・クラブトリーにすべて中学高校の先生を代表して登場していただくが、ミセス・クラブトリーは $5 \times 5 = 25$ と言ってもいいが、$x^2 = 25$ と言ってもいいのだ。ここで x^2 は代名詞と同じ働きを担って（にな）いる。つまり、「それかけるそれは25」というようなものだ。5という数の特殊性は、$x^2 = 25$ という数式でいったん失われるが、操作が進む過程で取り戻され、この数のアイデンティティーは代数という蒸留器からまた現れる。「この数はつまり……」ここまで口にして、クラブトリー夫人は、しわのよった白いブラウスのひだを伸ばし、ため息をつく。

三〇〇年以上にわたって、基礎代数は基礎的な数値操作のみを扱ってきた。しかし、変項を数と結びつけなければならない理由がどこにあるだろうか。そう考えると、個々の変項 x、y、z……は半形式的に現れ、通常の言語で代名詞が果たす機能を論理において果たすようになる。「彼女は金髪だ」と書くかわりに、「x は金髪だ」と書いてもよく、ここでは〝彼女〟もxも、何かを指示するのだが、その何かを不確定に指示する役割を果たしている。

個々の変項は人間、哺乳動物、小惑星、宇宙飛行士、政治家、やかまし屋、自然力など、言葉が織りなす宇宙に登場するいかなる要素をも表す。ここで、「言葉が織りなす宇宙」という語句そのものがわれわれの思考を新たな方向へと導く。旧式な宇宙飛行士と占星術師の宇宙は、サインとシンボル、またそれが意味するものからなる新式の宇宙に取って代わられるのだ。

ただ、個々の変項だけでは、フレーゲの考えた概念図式の三分の一にしかすぎない。もう三分の一をなすのが、述語記号だ。これらには大文字のローマ字F、G、H……があてられ、通常の言語の述語——「金髪である」「はげている」「美しい」「暗い運命にある」——に対応する。「xは金髪である」という命題は、金髪女性とともに記号のなかに消え去る。かくして得られたものがBxだ。

金髪であるということは、人の性質、あるいは人が見せびらかすものだ。この述語に関係するのは一人の個人である。しかし、「愛している」や「去ろうとしている」は、二人の個人の関係である。文の必須要素たるこの述語は、二つの補語を必要とするタイプのものなのだ。アーマはフィリップを愛する。ゆえに、xはyを愛する。したがって愛する(x, y)が得られる。または、アーマはフィリップのもとを去る。ゆえに、xはyのもとを去る。したがって、去る（x, y）が得られる。述語計算では述語とともに関係が扱われる。さまざまな記号によって、二項関係（愛している、去ろうとしている）、三項関係（これとこれとこれのあいだにある、たとえば、ロバートはフィリップとアーマのあいだにある）から、n項関係（n項関係一個の関係に任意の数の個体がかかわっている）にいたるまで、さまざまな関係が表される。個体変項とさまざまな述語記号が揃うと、述語計算は、それまで記号で扱えなかった多くの文の内容を暗い闇から引きずり出し、記号で表現できるようになった。三段論法で表現できなかった「馬の頭」はどうだろうか？「y以外のいかなるものも馬ではない」かつ「xはyの頭である」、と表現すればいい。

創造の鼓動は、すでに二度鳴った。そう、述語論理を構築するというのは創造の行為以外の何物でもない。論理学者は、明示と規定という味気ない操作によって、自分の精神のかけら――記号――に、生命そのものの気違いじみたエネルギーを吹き込んでいるのだ。さて、ここで神秘的な鼓動をもう一度鳴らさなければならない。量化子の登場である。普通の言葉で言うと、量化は「ある」と「すべて」で表される。すべての人は不安を抱いて暮らしているが、ある人たちは恐怖を抱いて暮らしている。「ある」と「すべて」という言葉は、述語計算では記号化されて全称量化子∀と存在量化子∃で表示される。この二つの記号は変項に作用する（よって、専門用語で変項束縛作用素と呼ばれる）。「誰かがアホウドリを食べた」という文を例にとってみよう。xがアホウドリを食べた、そういうx

がある。記号で表せば、$\exists xAx$ となる。「誰もがアホウドリを食べた」ならどうか。あらゆる x について、x がアホウドリを食べた。これも記号で表せば、$\forall xAx$ だ。この二つの式で、量化子は変項を束縛し、それに対して力を及ぼす。しかも、その力は量化子に続く式全体に及ぶのだ。$\forall xAx$ という式において、変項 x は束縛されている。$\forall x(Ax \& Gy)$ でも同様だが、この式で量化子は x を処理するのに忙しく、変項 y は量化子の作用域を超えてひとりでふらふらしている。必要なら、括弧ではさむことによって量化子の束縛力の及ぶ限度を示すことができる。

〝量化〟という操作を導入することで、アリストテレスの三段論法を超えた一般性をもつ解釈への道が開ける。三段論法は、「すべてのイヌは動物である」という命題を総称的な殻のようなもののなかに閉じ込める。一方、述語計算は、その殻をこじ開け、そこに隠れていた仮定をあらわにしてくれるのだ。何かがイヌであれば、その何かは動物である。量化子、変項、命題結合子を用いて、この仮言命題がくっきり浮き彫りにされる。$\forall x(Dx \supset Ax)$ というように。

全称量化子∀と存在量化子∃のおかげで、論理学者は多様な一般論を扱うことができる。すべての男がある女を愛するのか。そうなら、$\forall x \exists y$（x 愛する y）となる。世界のシングルズバーにいる男を勢ぞろいさせると、それぞれについて、その男が愛するある女がいる（もちろん、一般的に言って、いっしょにいる女ではない）。それぞれの男について、その大切な人は違うだろう。フィリップは後悔しながら微笑んでアーマを思い出す。電話で「ダフニー、愛しているよ」と言うのに忙しいハリーは、きっとまだオフィスに残っているのだろう。あらゆる男について、その男が愛するある女がいるのだ。

ここで存在量化子と全称量化子の位置を逆転させると、「ある女が、すべての男に愛されている」、すなわち、$\exists y \forall x$（x愛するy）となる。これは、まるで違う話だ。フィリップ、ハリーその他バーにいる男たちが、疑い深い女たちに向かってどんな告白をし、相手を安心させるためにどんな言葉を口にするにしろ、マザー・テレサか、トロイのヘレンか、ソフィア・ローレンか、とにかく、男たちすべてがその女を愛する、そのような女が一人いるのである。

フレーゲの述語計算は一九世紀の終わりに思考のスクリーンに現れた。それをわずかながら理解した論理学者が一人か二人いた。もちろん、数学者は隣のホールのスクリーンに映るポアンカレなどの大物を見るのに忙しすぎて、フレーゲにはあまり注意しなかった。

述語計算は、こうした無関心をものともせず生き残った。今や、それは世界中の数学者が用いる普遍記号である。かくして、ライプニッツとフレーゲは、自分たちの記号世界のビジョンを他のすべての人に押しつけることに成功した。

生者と死者

スタンフォード、ラトガーズ、パリで数理論理学を教えた後、私はアカデミズムの虫食い穴に落ち込んでしまった。私が何をしようが、それは必ず、陽射しを浴びて白くなったカリフォルニアのあちこちの大学の芝生に消えてしまう運命にあるようだった。夏の終わり、学年がはじまる頃までに、芝生はすべて干からびてしまった。ただ数カ所、大学当局の建物の正面に、体裁をおもんぱかって湿ったままに保たれているところがあるだけだ。強烈な黄褐色の陽射しはちかちかする輝きでキャンパスをおおい、建物どうしを結ぶ歩道に幻想的な青い影を投げかけ、あらゆる教室と図書館のあらゆる書架に届いた。私の学生の大半はベトナム人で、南シナ海を通ってベトナムからカリフォルニアにたどりついたこの学生たちは、数理論理学など、米国社会の階段を昇っていくうえで乗り越えるべき、取るに足りない障害としか見なさなかった。社会の底辺にいて、レストランや洗車場で何時間もあくせく働くこの若者たちは、やがて中流近いところまで行き、弁護士、時には医師、看護婦、公認会計士、コンピューター技術者、そして時たま、奇妙にも政治家になることを思い描いていた。クレジットカードという奇跡のような手段によって手に入る、電子レンジ、トースター、小型車、ステレオ、ランニングシューズといった、米国ではありふれた生活用品さえあれば、自分たちが後にしてきた恐ろしい境遇と縁が切れると考えているようだった。

一方、私の同僚たちは、鮮やかなまでに諷刺漫画的だった。まるで、大学を舞台とする小説を読んでから、自らのアイデンティティーを獲得したかのように。常に神経衰弱一歩手前の精神状態で、教授会に出たり、教授用トイレの野卑な落書きを読んだりすると、まぎれもないヒステリーに陥る、背が高く不格好な統計学の教授。爪先に鉄の覆いをかぶせた仕事用長靴とファルマー・ジーンズをはいてキャンパスをのし歩き、いまだにスターリンと労働者階級を支持している、頭の切れる弁証法学者。そして、才能に恵まれながら、恐れのため、あるいは、そんなことに価値はないと感じて、一流になるチャンスを捨ててしまう数学者や物理学者がいた。むしろ、独自の関心事、最も多くの場合、不動産にのめり込んだのだ。私が知っていた大物の卵は、みな、他の誰もがかねを儲けているときに、よりにもよってかねをなくしてしまった。

ある愉快な年の秋、私は微積分を教えた。明くる愉快な年の春、ゴットロープ・フレーゲと私はチームを組んで数理論理学を教えた。私の授業は、工学の学位を取るための基礎必須科目だったのでいつも大入りだったし、嘘偽りなく受けもよかった。フレーゲも私も、学生から優秀との評価を受けた。多くの学生が同じことを言った。バーリンスキ先生はネクタイとスーツを合わせることを覚えたほうがいいけど、フレーゲ先生はとても素敵、と。

学生たちがフレーゲの服について文句を言わなかったのも道理だ。二月なのにキャンパスの隅々に陽が射すようだったが、それでも、フレーゲは、ドイツで身につけていたに違いない黒いフロックコートとコウモリの翼の形をした襟という堅苦しい服装をしているのだった。想像されたい。黒板の前に立ったフレーゲ。指には太いドイツのチョーク。常に学生のほうを向いている背中。黒板上に連なる記号。必要な箇所で、しっかりした線で区切られる文字の列。

私たちは三月はじめに述語計算の序論を終え、私は春休みの直前に、すでに記号に打ちのめされた学生たちにこの講座の——そして、もちろん、この本の——根幹をなす洞察を表現しようと奮闘していた。

「心の動きは意味の雲に沿って伝わるんだ」

というと？

私にもわからない。助けてくれ。

「こういうパラドクスがあるんだ。私たちは、記号から意味をはぎ取ってはじめて、意味にたどりつく。……わかるね？」

学生たちは、およそ何事にも同意する構えで、顔を上げる。ぞくぞくするような輝く陽射しが教室全体に満ちて、私の言葉を光に包み込む。

で、フレーゲは？　チョークをいじりながら黒板のわきに立っているが、いつものように、何も言わない。

まったく何も。

再度の説明

形式的体系としての命題計算について再度説明するには、焦点距離の調整を少々してやればよかった。命題計算の場合、顕微鏡のステージの位置を調整するねじを何度か回すだけで、そこに潜む記号体系がくっきり見えてくる。しかし述語計算は、これと比較にならないくらい豊かな記号体系で、これを純粋に形式的な用語で言い表すのに必要な仕組みも、それだけ込み入っている。

述語計算の形式的体系は、命題計算全体をそっくりそのまま包含（ほうがん）してしまうほどのものだが、それをこれから整理してお目にかける。述語計算で用いられる基本的な記号は、命題計算より前進し、以下のものからなる。

個体変項：　x、y、z、……

述語記号：　F、G、H、……

さまざまな関係の記号：　R、S、T、……
量化のための記号：　∀、∃

基本記号としての位置には、量化子のうちどちらか片方のみを置けばいい。というのは、二つの量化子は、定義によって結びついている。∀xFxは～∃x～Fxとまったく同じことを言っているのである。つまり、すべてがFなら、そうでないものはないし、逆も成り立つというわけだ。

今や降り注ぐ光のなかで一つの記号宇宙が姿を見せはじめた。次に文法規則が、文法的に適格な式を特定することによって、記号に特徴的な形を与える。ここでは、すでに命題計算を支配している規則に規則を二つ加えるだけでいい。太字はやはり、私たち論理学者が述語（**F**、**G**、**H**、……）、個体変項（***x***、***y***、***z***、……）、式（**A**、**B**、**C**、……）についいて語っていることを示す。

1. **F**が述語記号、***x***が個体変項であれば、**F*x***は適格である。
2. **A**が適格で、***x***が個体変項なら、∀***x*****A**も適格である。

この二つの規則をきっかけに、もう読者のみなさんにはお馴染みであるはずの〝推論の階段〟をよじ登る作業がはじまる。この二つの規則によって、ある式が適格かどうかが、その下のステップを占める式が適格かどうかによって特定され、論理学者は例の道筋をたどる。（次ページの図表参照）

文法が扱われると、体系を始動させるために形成規則に公理と推論規則を加えなければならない。そして、公理の輪郭を示すには、概念をめぐって遠回りすることが不可欠だ。命題計算のなかでは公理は体系そのものの形として現れる。命題計算における推論規則のひとつであった代入の手続き（96頁参照）を踏んで、論理学者は記号をうまく操り、（∪Q）の殻のなかに（R∪S）∪（T∪W）の〝魂〟を見ることができる。

述語計算でも同じ手続きを使ってよいが、この手続きは、込み入っていて、退屈で、不格好である。だからこそ——それに、ものぐささのせいで——論理学者は、述語計算を形式化するとき、公理ではなく公理図式（シェマータ）に頼る。公理図式そのものは形式的体系に現れない。論理学者の専門用語の一部であり、式と述語記号について語るのに使うのと同じ言語で表現される。それぞれの公理図式は、式の形を明示し、体系のなかのそれぞれの公理は、その形から実例として得られる。

公理図式は無限に多くの場合があり、こんなものを持ちだすと、論理学者は肝心なときに、放棄したばかりの概念に戻ろうとするのか、と思われるかもしれない——実際、そう思われてもしかたないだろう——〝断酒会の会合で酒杯を掲げるようなものではないか〟

1. $\forall x Fx$ & $\forall y Gy$	←	（この式は文法的か）
2. $\forall x Fx$	←	（そうであるのは、この式が文法的で）
3. $\forall y Gy$	←	（この式が文法的である場合である）
4. $\forall x Fx$	←	（この式が文法的であるのは）
5. Fx	←	（この式が文法的である場合であり）
6. $\forall y Gy$	←	（この式が文法的であるのは）
7. Gy	←	（この式が文法的である場合だが）
8. Fx	←	（この式は文法的である）
9. Gy	←	（同前）

→階段を昇って1行めを証明する→

と。しかし、公理図式は便宜上の存在にすぎない。

あるいは、それ以下かもしれない。

それでは、公理図式について述べよう。* 命題計算の一族を超えるものは二つしかない。そのどちらも、いくつかの制約を必要とする。それを括弧内に示した。

＊これは基本的に、私がかつてアロンゾ・チャーチから学んだ図式だ。

1. $\forall \boldsymbol{x} \mathbf{A} \cup \mathbf{B}$ は公理である〔**B**が**A**と同じ式なら、あるいは、**A**が変項 $\boldsymbol{x}$ の自由生起をもつならば、**B**が別の変項 $\boldsymbol{y}$ の自由生起をもつ〕。
2. $\forall \boldsymbol{x}(\mathbf{A} \cup \mathbf{B}) \cup (\mathbf{A} \cup \forall \boldsymbol{x} \mathbf{B})$ は公理である〔**A**が変項 $\boldsymbol{x}$ の自由生起を含まない限りで〕*。

＊この限定は、この章の補遺できちんと説明する。

推論規則は二つある。

1. $\mathbf{A} \cup \mathbf{B}$ が公理または定理なら、また、**A**もそうなら、**B**は定理である。
2. **A**が公理ないし定理なら、$\forall \boldsymbol{x} \mathbf{A}$ もそうである。

これで体系が完成した。これらの奇妙な記号が何を意味するのかを理解しようと努めて、けっして損はない（もちろん、何かを意味するのだ）が、さしあたっての目的のためには、あえて意味を無視することにも価値がある。忘れ、また思い出すという二段がまえの作戦は、論理学者の特権ではなく、私たちが迷わずにすむために不可欠な、人間的な営みなのだから。

車のセールスマンが言うように、残っているのはデモンストレーションという些細なことだ。論理学者は$\forall x A \supset \exists x A$を確証したいと望む。しばし記号そのものから一歩下がって見ると、このささやかな確証の試みによって実際に確証されるのは――大したことではないが――「何かがあらゆるものについて当てはまるなら、間違いなく何かに当てはまる」ということだ。この主張を主張として咎めるのはむずかしいが、いま求められているのは証明であり、そのためには、満足感では十分でない。

論証は以下のとおり、八節から成る。（次ページの図表参照）

この論証が、結論が大したものではないわりにやけに理解しにくいのは、否定できない。記号は異様だし、ステップは流麗さなどかけらもなく、論理学者は仮定から結論まで不器用さまるだしで進んでいるとしか見えない。それでも、この論証は、まったく疑いをさしはさむ余地のない形でステップからステップへと進んでいる。それぞれのステップは明確

1. $\forall x A \supset A$	（公理図式）
2. $\forall x \sim A \supset \sim A$	（同前、Aに～Aを代入）
3. $\forall x \sim A \supset \sim A \supset A \supset \sim \forall x \sim A$	（トートロジー）
4. $A \supset \sim \forall x \sim A$	（規則1、および2行め、3行めより）
5. $A \supset \exists x A$	（定義から$\exists x A$を$\sim \forall x \sim A$と入れ替えた）
6. $\forall x A \supset A \supset A \supset \exists x A \supset \forall x A \supset \exists x A$	（トートロジー）
7. $A \supset \exists x A \supset \forall x A \supset \exists x A$	（規則1、および1行めと6行めから）
8. $\forall x A \supset \exists x A$*	（同前、5行めと7行めから）

＊区切りを完全には示していないため、やや曖昧であるが、括弧がいくつも入り組んで重なるよりはましだろう。

にその前のステップから出てくる。明確に定式化された公理図式と、明確に定式化された推論規則に明確に訴えることしかしていない。この証明をおこない、各行をプリントアウトして、チェックをすることとは、機械にもできるのだ。どんなチェックをおこなうにしろ、生きた人間の関心を背景にしておこなうのだということをけっして忘れてはならないが。

推論の細部もさりながら、ここではそのスタイルに注目したい。フレーゲがその荘厳なまでに精密な創造物に注意を促(うなが)していたとき、数学者たちは形式的な精密さのために必要とされる微妙な差異を理解していなかった。今ではこのスタイルはコンピュータープログラマーの共有財産となっている。それは依然、理解されず、面倒くさそうだからと人々の関心の外に置かれている。そういったものを日ごろ扱うコンピュータープログラマーがフェラーリを乗りまわす富裕な人種であるという事実でもつきつけられないかぎり、私たちはこうした細かな差異についてなんら関心を持とうとしないのが常だ。このスタイルそのものを理解するには、論理学者が繰りひろげる推論の連鎖を、他の領域――たとえば、法律の世界――でありがちな、決着のつかない問答と対比してみるのも有益だろう。

「誰もが金髪なら、誰かが金髪である」という命題について、弁護士たちはどう尋問をおこなうだろうか。証明の基準は合理的な疑いである。

$\forall \boldsymbol{x}\mathbf{B} \supset \exists \boldsymbol{x}\mathbf{B}$ に関する審理を開始します。

裁判長、被告は略式判決の動議を提出します。
却下します。原告はつづけてよろしい。
原告は一九九五年度ミス・ブロンド・ワールドを喚問します。
手を挙げて、氏名を述べてください。真実を述べると誓いますか。
誓います。
ミス・ブロンド・ワールド、ご自分が金髪であるかどうか教えてくれますか。
異議あり。専門家の証言が必要です。
異議を認めます。
言い換えます。金髪と呼ばれたことがありますか。
異議あり。推測を求めています。
異議を認めます。
質問を撤回します。あなたの知るかぎり、誰かから金髪と呼ばれたことがありますか。
ええ、それは何度も。
では、あなたがいくぶんか金髪であることを認めます。
重要性がありません。弁護側はそう明言する用意があります。

もちろん、これはパロディーだが、この弁護士たちのやりとりは、自分たちが明確に表現できない、そしてどう答えたらいいかわからない問いについて尋問をおこなっているというだけですでに、馬鹿げている。私がこのパロディーを持ち出した意図は別のところにある。というのは、論理学者のスタイルは、一種の気むずかしさと間違われやすいのだ。そういう受け取り方をすること自体、誤解している証拠なのである。論理学者は自家薬籠中のものとした武器によって高い独立性、力、知的機動性を得ることができ、いま問題にしている場合では、たった八行で絶対的なものを支配することができた。一方、弁護士はいまだに、さまざまな事例や引用をめぐって論争するのに忙しく、金髪のミス・ブロンド・ワールドが金髪かどうか、またそうだとすれば、何のためかを確証しようと悪戦苦闘している。

そして真理

述語計算は精巧さの点で類を見ない道具であるが、ちょうど、四大陸の時刻を告げ、月の満ち欠けがどうなっているかを教え、次の千年の日食を予測することができる時計のように、フレーゲが形づくり、何世代もの論理学者が完成させた記号体系は、〝疑り深い〟といえばそうだが、もっともな疑問を呼び起こす。それは、この体系は現実に何の役に立つのだろうかという疑問だ。将来、コンピュータープログラミングとして現れることとは別に、何の役に立つかということである。すぐ思いつく答えがあるが、その答えは、時として目の回るような速さで記号が意味を得たり捨てたりする、論理学者に特徴的な戦略にヒントを得たものだ。一連の〝形（かたち）〟として考えた場合、$\forall x A \supset \exists x A$ が証明の結論に出てきたら、疑いを打ち消せるかどうかはいささか疑わしい。なぜなら、これらを〝形（かたち）〟としてとらえるかぎり、疑わしさは何の問題にもならないからだ。他方、意図する意味を与えられるとき、これらの〝形（かたち）〟は、「すべてについて真であるものは何かについて真であるべきだ」というメッセージを返す。これは真であるが、とうてい新しいとは言えない。

今のように述べることで、私は二つの些細なことのあいだでうまくごまかせたのではないか。だが、これはけっして私自身の問いへの適当な答えではない。

この問題は、もっと真剣な答えを求めるものだ。それは間もなく与えられるだろう。$\forall x A \supset \exists x A$ という命題は単に真であるばかりでなく、論理的に真でもある。論理的真理は、すでにトートロジーの形で論理学者のテントに姿を現している。しかし、述語計算の場合、テントを大きくしなければならない。$\forall x A \supset \exists x A$ という命題は、$P \supset Q$ という単純な命題形式があるので、トートロジーではない。にもかかわらず、これは論理的真理である。

定義されなければならないのは、この〝論理的真理〟なる概念である。述語計算は、変項、量化子、述語という道具に基づいている。変項と量化子は永遠につづくタンゴを踊る。だが、述語は変化しないし、量化子に支配されない。それは場所を占めるものだ。Bx のBは、明るい、美しい、図々しい、そして前と同様、〝ブロンドである〟を代表している。Dx のDは素直、家庭的、忠実、溺愛、そして前と同様、犬らしさを表している。論理的真理は真である。これは確かだ。述語の解釈がどうあれ、真である。$\forall xB \supset \exists xB$ は真である。Bが、ブロンドであること、ブルネットであること、バーサという名前の天体物理学者であることのいずれを表すにせよ。

論理学者にいわせれば、どちらかといえばかなり歴史の古い語彙に属する論理的真理は、単に真であるばかりか、ありうるすべての世界で真であるのだ。

これは、述語計算の枠内のものではない。それどころか、述語計算を古い概念の取り合わせに戻してしまうものである。妥当な論証とは、「前提が正しければ、結論が必ず正しい」というような論証である。前提と結論の関係は、まさに常に論理的真理の関係だ。「すべての人間が哺乳動物なら、すべての人間が動物である」。ここでは仮定命題そのものが論理的真理、つまりありうるすべての世界で真であるものとなっているのだ。妥当性の定義が表現するのは、この関係である。これによって、推論に潜む神秘が、すべてとは言わないまでも、いくらか取り除かれる。

論理的真理をいささか身なりの悪い隣人として迎え入れた論理学者には、当然、この隣人をこぎれいにしてやる責任がある。先に、トートロジーを導入したときは、簡単な定義しか必要としなかった。だが、論理的真理はそうはいかない。その内容を表現するには、論理学者は、いくつもの世界を創造しなければならない。

論理学者は世界（あるいは領域）という言葉を用いて、一組の個人や事物を指す。すべてのイヌ、すべての皿、すべての災難の集合（自由な連想によって、ポチと、うっとりするような食器、そしてこれから起こる災難が目に浮かぶ）。星が突然輝くように、世界が生じる。

式 Fx は個体変項と述語記号を結びつけ、一つのペアをつくる。一定の領域のなかで、両方が解釈を加えられる。たとえば、個体変項 x はポチと、述語Fは、たまたまイヌである個体すべての集合と結びつけられる。この解釈では、Fx は専門家が予期するとおりのことを述べる。つまり、ポチはイヌである。

解釈は自由だ。Fx が真になる解釈もあれば、そうでないものもある。x に高名な物理学者マレーを割り当てると、マレーはイヌであるという不条理が生じる。Fに物理学者を割り当てると、不条理は消える。マレーは物理学者である。

ここでこの「割り当て」という行為が、ストロボフラッシュのような役割を果たす。意味が次々とほとばしらせる光のなかに、量化子の姿が浮かびあがる。個体を適切な述語と――ポチをイヌと、マレーを物理学者と――結びつける割り当てが、式を満足させるものだ。さもなければ、マレーはイヌでポチは物理学者だ、ということになってしまう。

この「割り当て」と「満足させる」という二つの概念があれば、論理的妥当性という概念を定義するのに十分である。手続きには推論の階段を上昇することが含まれる。ある割り当てが、期待された条件のもとで∀xFxの形の式を満足させる。その割り当てはFxを満足させなければならない。これがステップ1。さらに、それはxのあらゆる値についてFxを満足させなければならない。これがステップ2。イヌの世界では、ポチをイヌに結びつける割り当てがFxを満足させる。ステップ1。xがどのイヌであれ、Fxを満足させて、∀xFxを満足させる。この世界にはイヌのほかに何があるのか。ステップ2。

ある特定の世界で、述語計算に属するどんな式も、それがあらゆる解釈によって満たされるなら、妥当である。イヌと物理学者からなる世界では、∀xFxは妥当ではない。述語の文字の解釈がどうあれ、満足を損なうものが出てきてしまうのだ。Fが物理学者を指すとすれば、ポチはこれを満たさない。Fがイヌを指すとすれば、マレーはこれを満たさない。

しかし、Fの解釈にかかわらず、またたとえ、Fがイヌ、xが物理学者になったとしても、イヌと物理学者からなる世界で∀xFx⊃∃xFxという式は妥当である。この式は、「すべてのFはxである」と「あるFはxである」を⊃という記号がつなぐ仮定的なものである。前件を満たす割り当ては必ず後件をも満足させる。一方、xをポチ、Fを和気あいあいとした物理学界と解釈すると、Fx は満たされず、したがって $\forall xFx$ も満たされない。なのに、この割り当ては、前件を満たさないまま、式全体を満たしてしまうのだ。前掲の真理表を見ればわかるとおり、前件が偽なら、仮定命題は真であるから。

そして、与えられた世界での他のすべての割り当てについても同様。

そして、結局、ほかのすべての世界についても、この命題は真なのだ。述語計算の式は、あらゆる世界で真なら、妥当である。

述語計算は、定理の形で論理的真理を表現すべく、あるいはその逆を表現すべく考られている。少なくとも、そう望まれる。しかし、私はこの望みを実現できなかった。述語計算が完全なものかどうか、あるいはほかの何かなのかどうか、言えなかった。

コルカタや上海の学生のみなさん、ノートをとりなさい。

そして残りのわれわれはこう考えればいい。述語計算がどこに行こうが、アルゴリズムの概念は飛び立とうとしている。

予告された死の記録

述語計算は、休みのあいだは記号体系の役も務める形式的体系だ。妥当な論証の前提と結論との結びつきを表現したこの体系は、あらゆることに関するものでありながら、何に関するものでもないように思われる。ありうるすべての世界で成り立つ真理というものは、内容を真空にすることで力を得る命題へと自らを狭めてしまうのだ。フレーゲの関心は、算術にあり、算術は何であるにしろ、些細なことを超える豊かなものに思われる。

ここに、思想史における生産性豊かなパラドクスが見てとれる。内容はあくまでも論理ではなく算術に属している。しかし、確実性を促すのは論理であって、算術ではない。概念どうしがぶつかりあい、こうして生じた摩擦によって、一九世紀の数学に、そして一九世紀後期の世界に気まぐれに輝く火がつく。

私たちは、自分が何を知っていると考えるかということを通して、自分が知っていることを知っている。確実性の主張はどれも別の確実性の主張に基づき、公理系のように、われわれが議論なしに、したがって理屈抜きで受け入れたがっているところまで進む。

算術を包含（ほうがん）するに十分な力を論理そのもののなかに発見することによって、この偶発的事態の連鎖を断ち切るのが、フレーゲの隠された野心だった。これは単なる興味深い考えにとどまらない。緻密で強力で当を得た考えで、偉大なアイデアの一つだった。なぜなら、それが古くから人間がもっていた思考体系、すなわち算術を、疑う余地のない岩床に結び付けるからである。フレーゲは一八八四年に名著『算術の基礎』を出版した。この本のなかで、純粋に論理的だとフレーゲが考えた言葉で算術が表現されている。

フレーゲの業績をめぐる物語には、一風変わった文学的なところがある。まるでラテンアメリカのマジックリアリズム作家が語っているかのようだ。『算術の基礎』はあたかも予告された死の記録であるように思想史に現れる。まるで私自身、死を予告したかのようだ。

サンティアゴからブエノスアイレスに向かうドン・ペドロ・デ・ロサンヘレスは、緑色のオウム、リボン状の尻尾をしたサルを連れ、錠がついたトランクをもっていた。その妻であり、海のように深い緑色の目をした美しきセニョーラ・サブリナは、歓喜の叫び声を上げてオウムとサルを迎えたが、トランクには何が入っているのとセニョーラ・サブリナが訊ねると、ドン・ペドロは、何も入っていないと答えて、首を振り、三階の書斎の裏にある物置にトランクを運ぶよう召使に命じた。月日が過ぎ、年月が過ぎた。ドン・ペドロは、黒かったあごひげが白くなり、白内障で目が曇ってしまった。杖の助けを借りて歩くようになった。美しきセニョーラ・サブリナは、とっくに太ってしまっていた。歩くと肉が震え、かつて恋歌を歌った愛らしい低音の声は、しゃがれ声になった。ある日、ドン・ペドロは、マラリア熱にかかり、死期が近いのを悟って、トルコ玉で飾った鎧戸がついた、白亜の邸宅の三階にある寝室に引きこもった。四日間、苦しんだが、五日目には頭がはっきりした。召使たちが去った後、妻がベッドに近づいた。「ドン・ペドロ、私はこれまであなたに、私を愛してほしいという、妻として当然のことのほかに何もせがんだりしなかったわ。でも、ひとつお願いがあるの」

ドン・ペドロは黙っていた。

「四〇年間、サンティアゴからもってきたトランクに何が入っていたのか、どうしても知りたかったの。そろそろ好奇心を満足させてちょうだい。あなたが許してくれなければ、けっしてトランクのなかを覗かないんだから」

ドン・ペドロは言った。「セニョーラ・サブリナ、トランクのなかには原稿があるんだ。遠い昔、時のはじまりよりも昔、原稿の写しが一つ、エジプトの空をあかあかと照らし、アレキサンドリアの図書館の蔵書を焼き尽くした大火で燃えずに残った。その原稿だ」

「原稿？」セニョーラ・サブリナは驚いてきいた。「ずっと原稿を大事にもってたの？」

「そうさ」ドン・ペドロは言った。

「何かの秘密が書いてあるの？」

「わからない。読んだことがないんだ。読んだ者はみな必ず目が見えなくなると予言されているんでね」

セニョーラ・サブリナは、何も言わずに、ものが見えない夫の目を見た。

「でも、その原稿について何か知っているはずよ」セニョーラ・サブリナは、苛立って叫んだ。二つの山のあいだを水が流れるように、胸の谷間を汗が流れ落ちた。

「原稿をもっていること自体が恵みなんだ」ドン・ペドロは言った。「昔、ラモン・フェルナンデスのひどい鬱病が治ったのはそのおかげさ」

「それはけっこうだけど、何が書いてあるの」

「原稿には、一連の番号付の命題がていねいな字で書かれているんだ。一つ一つの命題に、真理を表現する独特の力があると言われている。命題を読めば、夜明けにジャガーがどこにいくのか、自分が死ぬ日はいつか、夜、クジラが鳴くのはなぜかがわかる」

「あなたは自分が死ぬ日を知っているの、ドン・ペドロ？」

「ああ」

　ドン・ペドロは、その夜、眠っているあいだに安らかに死んだ。セニョーラ・サブリナは、慣習にしたがって二日間、遺体のかたわらに座っていた。そして、三日目、ドン・ペドロの書き物机のなかにあったマホガニーの箱からトランクの鍵を取り出した。物置には窓がなかったので、ロウソクをもっていき、苦しそうに屈み、トランクの蓋から長年のあいだに積もったほこりを吹き払って、震える指で錠を回した。なかから強いにおいが立ちのぼった。セニョーラ・サブリナは、揺らめくロウソクを近づけて、なかを覗き込んだ。

　そこには何もなかった。

　当然の予想に反して、純粋論理が論理学者に提供する確実性が算術にもあると証明するのが、フレーゲの大いなる野望だった。算術の織りなす推論の殿堂は究極のところ論理的であり、それゆえに非常に単純な聖餐(せいさん)を捧げればいいと。

算術は論理の一形式であるということは、けっして明白ではないが、数学の歴史でしばしば起こるように、フレーゲの考えは、近くの丘に落ちた雷、つまり集合の概念によって活気づけられた。この概念をめぐる広範囲に及ぶ新しい理論によって、強力な形式的構造のなかで確実性と論理的内容が結びつくように思われた。

過激な数学者

この世界の事物のなかから選んだいくつかのものを、純粋に言語的な手段と操作によって呼び出すことにする。リンゴ一個、パイプ一本、しおれたバラ一輪。これらは、いつもの場所（果物を入れる鉢、パイプのラック、クリスタルの花瓶）から離れ、集合｛リンゴ、パイプ、バラ｝へと同化させられる。括弧｛｝は、人類共通の属性になっているくらい基本的な、知性によって事物をひとくくりにするという行為を結晶化させる働きをしている。集合とは何かとか、精神はどのように事物を集めて同化するかとか、問うても、無駄だ。こういう問いを発しても、次の答えが返ってくるだけである。「わかるものか」。集合が根本的すぎて定義できないとしても、少なくとも、そうでないものと区別することはできる。もちろん、集合は、ものが積み重なった山ではない。数の山について語るのは無意味だが、1から5までの数は、文句なしに集合{1、2、3、4、5}をなす。また、ものが積み重なった山は集合ではない。砂が山をなしても砂の集合は生まれない。砂の山はむしろ、塚とか、紙の束などの仲間であるが、集合は違う。たがいに離れたものからなる抽象的な存在だ。また、砂の山をいくつか合わせても、できるのは砂の山である。「砂の山」の山などないのだ。しかし集合はそうではない。集合は集合そのものからもつくることができる。五つの数からなる集合{1、2、3、4、5}そのものをただ一つの要素として集合{{1、2、3、4、5}}をつくってよい。この集合は、一つのもの、つまり集合{1、2、3、4、5}からなる。集合の奇妙なところは、いろいろなものを集めていくうちに、手持ちのストックを増やし、その内容を変えていくことだ。いわば、純粋な思考に起こる量子的効果の興味深い例である。この過程は際限なくつづけてよく、分離と同化のプロセスは急上昇し、その結果、リンゴ、パイプ、バラの三つ組は突如、無限に多くの新しい対象の源（みなもと）であるように思えてくる。{リンゴ、パイプ、バラ}、{{リンゴ、パイプ、バラ}}、{{{リンゴ、パイプ、バラ}}}という具合に、集合論的な抽象的領域をなす対象だ。

一九世紀末、集合論を形而上学的な気晴らしから数学的研究へと変えたのは、ゲオルク

・カントルである。気むずかしいフレーゲは、注意深く、自ら炊いた天才的な創造力という火を絶やさずにおいたが、カントルは、数学的創造のラプソディーとまぎれもない精神病のあいだをいったりきたりし、周期的にあちこちのサナトリウムへ入っていた。

カントルは一八四五年にサンクトペテルブルクで生まれたが、父が病気になると、馴染みのないフランクフルトに移された。すっかりドイツ文化に同化したものの、性格のなかの反抗的で異国的なものは完全には拭い去れなかった。カントルは早くから数学的才能を現した。大数学者の例に漏れず、複雑なメロディーを一度聞いただけで頭のなかのピアノで覚えることができた。チューリッヒ工科大学で教育を受けた後、ベルリン大学で、カール・ヴァイエルシュトラス、エルンスト・クマー、レオポルト・クロネッカーというドイツ数学界の重鎮たちの影響を受けた。だが、クロネッカーには、自説に疑問を呈され、苦しめられることになる。一時、カントルはベルリンにある私立の女子校で教壇に立ったことがある。教室中で青春真っ盛りのドイツ娘たちがぺちゃくちゃおしゃべりをするなか、カントルはお固い黒い服を着て、教室に入っていったものだった。その後、カントルはハレ大学の教員となり、実り多い人生をザクセンで過ごした。

集合論は、もちろん、カントルが創造したすばらしいものだ。集合論の発見の物語は、豊かで魅力的だが、私が——少なくとも、この本で——書くべき話ではなく、いまは上っ面をなぞるスペースしかない。

〝分離〟と〝同化〟は、集合論の根底にある根本的な思考の動きであり、分離とは、対象、もの、数を選びだすことで、同化はそういうものを集めることだ。そうして集めたもの自体がまた、分離の対象になりうる。

最も基本的な操作は、集合の要素を集めることだ。8という数は、2、4、6、8からなる集合の要素である。つまり、8∈{2, 4, 6, 8}となる。同じように、カエサル∈{将軍たち}、マリリン∈{金髪女性}、ドン・ペドロ∈{死者}と書き表せる。

集合論で〝包摂(ほうせつ)〟という操作によって、ある集合が別の集合のなかにおかれる。{2, 4, 6}は{2, 4, 6, 8, 10}に含まれる。つまり、{2, 4, 6}⊆{2, 4, 6, 8, 10}となる。しかし、包摂は帰属関係によって定義してもよい。「アナコンダの集合はヘビの集合に含まれる」。「アナコンダの集合に属するものはすべてヘビの集合に属する」。かくして、包摂は集合の帰属関係に取って代わられ、見事に焦点が移っている。

二つの集合の和集合{1, 2, 3}∪{3, 4, 5, 6}は両方の集合の要素をすべて含む。つまり、{1, 2, 3, 4, 5, 6}だ。共通部分{1, 2, 3}∩{3, 4, 5, 6}は、両方の集合に共通する要素からなる。この場合、{3}だ。（これらの操作が一見、単純に思われるため、一九五〇年代に数学者たちが、よちよち歩きの幼児に集合論を教えようと試み、当然ながら惨憺(さんたん)たる結果に終わった）

集合論の考えかたを進めていくと、集合、集合の集合、集合の集合の集合と、扱う対象はどんどん拡がっていき、その一方で、梯子(はしご)のもう一方の端に空集合{ϕ}が現れる。およそ何も含まない集合だ。ここに登場する両端の括弧は、物理学者の言う偽の真空のようなものをはさんで不吉にうち震えている。

もちろん、すべての自然数の集合のような無限集合があるし、さらに大きい無限集合がある。たとえば、すべての実数の集合がそうだ。

さらに大きい無限集合? 南フランスでディナーで同席した人たちに、私はそう言ったように思う。相手は、黒い目をし、信じられないほど見事に日焼けしたカリフォルニアの弁護士と、そのかわいい奥方だった。奥方は女優だということで、ひっきりなしに唇をすぼめ、貝殻のようなかわいい耳の後ろに短い髪をかきあげていた。私たちは、〈ゴールデンセイル〉というレストランでディナーをとっていて、目の前に海が広がっていた。

「ちょっと待ってくださいよ」弁護士が言った。「無限大は無限大でしょう?」

「まったくそのとおりよ」奥方が言った。

そこで、私は、今の二人に別の弁護士とその奥方を加えた四人に、カントルの巧妙な対角線論法を説明した。

二つの集合の要素のあいだに一対一の対応があれば、二つの集合は同じ大きさであるとする。この定義によれば、偶数と奇数は大きさが同じだ。2を1と、4を3と、というように、偶数はそれぞれ、そのすぐ前の奇数と対にすることができる。これは当然のように思える。

しかし、実数はどうか。実数は小数によって表さなければならない。たとえば、πは3.14159……。9の後につづく点々は、小数点以下の桁がどこまでもつづくことを意味する。

誰もが食べるのをやめていた。聞き手の関心をここまで引きつけることができたためしはほかにない。

実数を碁盤の目のように並べて列挙するとしよう（次ページの図表参照）。横の列を左から右に読むと、ある実数の小数点以下の数字の連なりを表している。記号aに付した下つき数字は、それが上から何段目の左から何列目であるかを示す。最初の実数の最初の小数の連なりの最初の数はa_{11}、二番目はa_{12}、三番目はa_{13}……。例として、πを行列の最初の実数とすると、$a_{11}=1$、$a_{12}=4$、$a_{13}=1$、$a_{14}=5$……

光をたたえた地中海を見ながら、私はつづけた。「さて、このリストは、実数すべてを含んでいるはずです」

「だから？」そう言ったのは、法学士コッパトーン。

「だから、遅かれ早かれあらゆる実数に出会うことになる。あらゆる実数がリストに載っているとすれば、実数は列挙できたわけです」

π	3	1	4	1	5	9		…		
	R_2	a_{21}	a_{22}	a_{23}	a_{24}	a_{25}	a_{26}	…		
	R_3	a_{31}	a_{32}	a_{33}	a_{34}	a_{35}	a_{36}	…		
	R_4	a_{41}	a_{42}	a_{43}	a_{44}	a_{45}	a_{46}	…		
	R_5	a_{51}	a_{52}	a_{53}	a_{54}	a_{55}	a_{56}	…		
	R_6	a_{61}	a_{62}	a_{63}	a_{64}	a_{65}	a_{66}	…		
	⋮	⋮	⋮	⋮	⋮	⋮	⋮	…		
	R_n	a_{n1}	a_{n2}	a_{n3}	a_{n4}	a_{n5}	a_{n6}	a_{n7}	a_{n8}	…

「だから？」

「だから、実数を自然数と一対一に対応させることができます。一番目の実数、二番目の実数、三番目の実数という数え上げかたができるんです」

「つまり？」

「つまり、実数を自然数と一対一に対応させることができれば、実数は自然数と同じ大きさをもつということになります」

「でも、そんなことできないでしょう？」弁護士の奥方が言った。すでに髪をいじるのをやめて、私が実数の行列を書いたナプキンを見つめていた。

「何言っているんだい。できないなんて」弁護士が言った。「だって、今、この方がやったじゃないか。リストを見ろよ」

「私が言いたいのは、リストがどれだけ大きくても、リストに載っていない実数をいつでも考えだせるということなんです」

「ある数を考えだしたとして、それが一〇年後にリストのどこかに見つからないなんてどうしてわかる」

「最後まで聴きなさいよ、あなた」

「聴いてるよ。知りたいんだ」

「一〇年後に何が起こるかなんて心配しなくていいんです。いまここで、リストに載っているはずがない実数をお目にかけましょう」

「では、拝見しましょう」

「あなたったら」

「行列のなかにひいた対角線を見てください」

私は矢印を次々にフォークで叩いた。

「実数を生成するための単純な規則を教えます。矢印を見るだけでいいんです。おわかりですか」

「ここまではね」

「最初の数字は1、二番目はa_{22}、三番目はa_{33}、四番目はa_{44}と、ずうっと下に降りていきます。矢印を見れば、何が起こっているかよくわかります。この規則を使って、ある実数Rの小数点以下の桁の連なりを構成できます」

「それはわかりますが、この数がリストに載っていないとどうしてわかるんですか」

「そんなことはわかりませんよ」

「それじゃ、何を騒いでいるんだ。何も話は進んでいないじゃないか」

「よしてよ、あなた」

「いえいえ、いいんです。これから、リストに載っているはずがない数を構成しようとしているんです」

「なら、その構成とやらをやってもらいましょうか」弁護士は言った。日焼けした顔のなかで白い歯が微笑んでいた。

「実に簡単です。この数の小数点以下の桁すべてに1を加えるのです。すると、まったく新しい数R^*ができる。1＋1、a_{22}＋1、a_{33}＋1、a_{44}＋1……」

「でも、それはすでにある数じゃないんですか」

「いいえ、違いますよ。この数はリストに載っているはずがありません」

「どうして？」

「リストに載っているどの数とも違うからです。πとは違うでしょう？　πで1となっているところが2となっているから。R_2とも違うでしょう？　R_2でa_{22}となっているところがa_{22}＋1となっているから。それに、R_3とも違うでしょう？……」

私は話すのをやめた。弁護士は座ったまま、はじめて眉を寄せて考えこんでいた。弁護士の奥方と目が合った。その目は喜びで生き生きとしていた。

「お見事」奥方は静かに言った。「じつにお見事だわ」

短いお別れ

ゲオルク・カントルが創造した宇宙は、カントル自身が住む世界でもあった。カントルの精神は、カントルが想像し生み出した不思議な発展を見せる構造のなかで展開する。集合、集合の集合、無限集合、さらに大きな無限集合。この体系は、一個のたねからはじまり、天才のエネルギーを糧に成長するのだ。

看護師に冷たいシーツを額にかけてもらったときにカントルが思い描いた奇妙な構造が何であれ、この体系のたねになったものは、まったく純粋で、単純きわまりない単純さをもったものである。そのたねは、集合の概念そのものだ。この概念より基本的で、これを説明するのに使えるものがないことを考えると、この概念もまた、論理学者が論理的推論を定義するのに使える根源的な概念となるように思われる。述語計算と同じく、集合論はあらゆるものについての理論でありながら、とくに何についてのものでもない理論らしい。

かくしてフレーゲは運命的な一歩を踏み出す気になった。集合論の基本概念を含む論理の一形式に、算術そのもの、そして、算術から生まれるあらゆるものを同化しようと努力した。論理的な方向に沿って算術を再建しようとするフレーゲの苦労の詳細は、さしあたって私たちにとって重要ではなく、全体の本質を知るには本質的な概念を見ればいい。もちろん、算術の錠は自然数という鍵で開く。そして、自然数はどこまでもつづく。しかし、それは集合も同じだ。したがって、0という数は、空集合 {φ} と同一視してよく、2という数は、空集合を含む集合 {{φ}} と、また、3という数は、空集合を含む集合を含む

集合 {{{φ}}} と同一視してよいという具合に、上昇していき霧のなかに消えていく無限の数の連鎖のなかにある数それぞれを、〝その連鎖のなかで自らが占める位置〟のみを情報としてもつ個々の集合と結びつけてよい。ここにいたってついに、算術は、人間の思考の論理的に完璧な側面の一部であるとわかったのだ。

ライプニッツは、宇宙は0と1のあいだの相互作用の結果として生じたと想像したから、ことによると、その夢をさらに押し進めていたかもしれない。フレーゲの図式では、宇宙は無と一つの操作の相互作用の結果、生じる。空集合と集合形成のプロセスは、数の壮大なカスケードを契約によって取り決められた存在にもちこんだ。

〝故障〟はいよいよ近い。フレーゲは、一八九三年までに、『算術の基礎』のなかで提示した考えを『算術の基本法則』と題された書物のなかで発展させていた。一九〇三年、『算術の基本法則』の第二巻を出版しようとしていたフレーゲは、この本がすでに印刷に回されてから、バートランド・ラッセルから一通の手紙を受け取った。そして、丁重かつ慇懃な文面を読んで、打ちのめされた。集合の概念自体に矛盾があることをラッセルは明らかにしていたのだ。ラッセルの議論はあまりに単純なので無視できず、集合はあまりに根本的なので他のもので置き換えることはできなかった。ラッセルはフレーゲに、そして、歴史を下って伝わる霧笛によって私たちに、〝自らを要素として含まない集合〟を考えるよう求めた。もちろん、普通の集合はそういうものだ。すべてのイヌの集合はイヌではないし、すべての数の集合は数ではない。一方、それ自体を要素として含む集合もある。集合が事物の一種である以上、すべてのものの集合も、一つの事物である。しかし、このような集合は通常のものではない。

すべての通常の集合の集合はどうか。通常の集合には、イヌの集合、物理学者の集合、金髪女性の集合、どんなものの集合も含まれる。あらゆる集合を含む集合は集合の集合から構成され、そこには、少なくとも次の集合が含まれる。

{{イヌ}、{物理学者}、{金髪女性}、{その他すべて}}

この集合をNと呼ぼう。

Nは通常の集合だろうか。これがラッセルの問題である。Nが通常の集合なら、Nは通常の集合の集まりのなかに見いだされるから、少なくとも、こう書き表せる。

N＝{N、{イヌ}、{物理学者}、{金髪女性}、{その他すべて}}

しかし、NがNのなかに現れるとすると、Nはそれ自身の要素であり、定義により〝通常でない〟集合である。となると、Nはこう書き表すしかない。

N＝｛｛イヌ｝、｛物理学者｝、｛金髪女性｝、｛その他すべて｝｝

今度は、やはり定義により、通常の集合は、白らを要素して含まない集合すべてから成り立っている。Nをそれ自身の要素から取り去ると、Nは通常の集合となる。しかし、Nは通常の集合であるか、異常な集合であるかのどちらかであるはずだ。だが、今の議論によると、どちらでもある、あるいは、どちらでもないように思われる。パラドクスが起こった。

フレーゲは自分の本の補遺にこう書いた。「科学書の著者にとって、本が仕上がったあとで自分の体系の基礎を揺るがされること以上に、ありがたくない話はまずありえない。私はバートランド・ラッセル氏からの手紙によって、まさしくそういう立場におかれてしまった」

死が論理学者を襲う

フレーゲと私がカリフォルニアで論理学を教えた年の秋に、私の親友の論理学者DGが自ら命を絶った。ある人を深く愛していて、その関係が終わると、DGには論理学しか残っておらず、論理学だけでは十分ではなかったのだ。DGは、妻の強い要望によりカリフォルニア州コルマで火葬にされた。私は、点滅する赤いライトに向かって柩がコンベヤーで運ばれていくのを見守った。ガスの炎が噴き出すと、遠くから叫び声がした。二時間後、私は灰が入ったただの木箱を渡された。

カリフォルニアにまばらにある丘には、チャパラルの藪が拡がり、薪炭林のなかにヒイラギガシが立っているが、私はそうした丘の一つに箱をもっていった。

灰をばらまこうとしていたとき、フレーゲがそばにいることに気づいた。フレーゲはいつもどおり、黒い服を着ていた。私は箱を開け、塩のにおいのする風に灰を運ばせた。フレーゲは中空を見つめていた。フレーゲは何も言わないだろうと私は思った。

「私はいつも自分の死のためにくるのだ」フレーゲはそう言った途端に、消え去った。ヨモギのにおいを残して。

補遺　適用すべき若干の制約

述語計算の推論の細部は、面倒だと思われがちだ。この点で述べておくべきことが二つある。第一に、こうした細部は、面倒ではあっても、むずかしくはなく、習得するのに、紙と鉛筆と根気しか要らない。これに対して、計算自体は、掛け値なしの知的困難をはらんでいる。第二に、こうした細部はたいへん強力な思考体系に奉仕するものであることをお忘れなく。述語計算での推論はそれまでの思考を少なからず拡大したもので、フレーゲの体系が、ディーゼル車に引かれてなめらかに進む夜行特急だとすれば、ブールやヴェンの最も精緻な論理体系すら、おもちゃの汽車ポッポにすぎない。

では問題の細部を見ていこう。先に提示した公理図式を思い起こしてほしい。第一の公理図式によれば、$\forall x\mathrm{A}\supset\mathrm{B}$という形の式の例はどれも、次の制約をもつ公理である。（1）BはAと同じ式であるか、または、（2）Aが変項xの自由生起をもつならば、Bは別の変項yの自由生起をもつ。もし$x=x$かつB＝AかつAがFxなら、$\forall x\mathrm{F}x\supset\mathrm{F}x$を一例とする公理$\forall x\mathrm{A}\supset\mathrm{B}$は十分真である。そして、もし$x=x$かつ$\mathrm{A}=\exists y\mathrm{B}(x, y)$ならば$\mathrm{B}=\exists y\mathrm{B}(x, y)$もやはり十分真である。ゆえに、$\forall x\exists y$($x$は$y$よりもブロンド)$\supset\exists y$($x$は$y$よりもブロンド)は、$\forall x\mathrm{A}\supset\mathrm{B}$の一例であるが、$\exists y$($x$は$y$よりもブロンド)の$x$に$z$を代入した、$\forall x\exists y$($x$は$y$よりもブロンド)$\supset\exists y$($z$は$y$よりもブロンド)、も$\forall x\mathrm{A}\supset\mathrm{B}$の一例である。$x$に$z$を代入することは制約の枠内である。変項$x$は$\exists y\mathrm{B}(x, y)$で自由であるが、$\forall x\exists y\mathrm{B}(x, y)$では拘束されており、変項$z$は$\exists y$($z$は$y$よりもブロンド)と同じ場所で自由である。

しかし、xにyを代入することは制約の枠を出ることになり、$\forall x \exists y$(xはyよりもブロンド)$\supset \exists y$(yはyよりもブロンド)という不合理を生み出す。どんなブロンドだって自分以上にブロンドではないのだから。束縛された変項は論理学者のいうように、この式とぶつかる。問題の制約は、この衝突を避けるためのものなのだ。

二番目の公理図式に対する制約も同じパターンに従う。

第5章　ヒルベルト、指揮権を握る

ラッセルのパラドクスの出現とともに、来(きた)るべき衝撃がついにやってきた。いまや数学の基礎そのものが蝕まれ、直観的にもっともと思われる論理から算術を導き出す試みは、挫折を余儀なくされた。ラッセルが一九〇三年にフレーゲにこのパラドクスを伝えて以来、ヨーロッパの数学者が、額に手を当てて考えこんでいる姿が目に見えるようだ。しかし、はじめからこの主題を馬鹿にしていた不満たらたらの少数派——たとえば、今でも嘲笑を浮かべているかもしれない、カントルの大胆な集合論を一蹴したレオポルト・クロネッカー——を除くすべての者にとって、集合論は捨て去ってしまうにはあまりにシンプルで、あまりに深い分野のように思われた。素粒子物理学の電子同様、集合は構造が単純であり、さらに単純なものによって定義できない。集合論は、量子電気力学と同じく、豊かで興味深く美しい洞察の体系を表現するものなのだ。それは、ある数学者の熱のこもった言葉を借りると、まさに「パラダイス」である。しかし、ラッセルのパラドクスは、たちの悪いパラドクスの群れに属するものだった。このパラドクスの群れは数学者たちの自信に深刻な一撃を食らわせ、数学者は誰もが遅かれ早かれ学ばなければならない教訓を学んだ。単純なものは必ずしも安泰でなく、美しいものが常に正しいわけではないという教訓を。

危機と回復

悲しげに反省しながらも闘志満々で、確実性を求めてやまない数学者たちは、二〇世紀最初の二〇年間をかけて、蝕まれた数学の基礎を修復する仕事に取りかかった。大陸では、オランダの数学者、ライツェン・ブラウエルが、ある種の直観、すなわち、人間が整数の数列について考察をめぐらせる知的能力自体に信頼をおく立場をとった。この〝直観主義〟では、数学が基礎を必要とするという考えそのものが消え去り、知性のサーチライトと一連の数字との相互作用がこれに取って代わった。言うまでもなくブラウエルは、この相互作用を説明も正当化もできなかった。

最も持続的で知的な数学再構築は、石工仕事にも似たやり方でおこなわれた。数学者たちは、問題のパラドクスを検討して、〝自己言及〟がからんでいるらしいことに気づいた。

古代ギリシア以来知られている、論理世界の厄介者で、〝嘘つきのパラドクス〟はその一例である。「私は嘘をついている」という嘘つきの言葉は、偽である場合にのみ真、真である場合にのみ偽であるように思われる、というあれだ。ラッセルのパラドクスも、自己言及に基づいており、何かが自らに目を向けたとたんに現れる。正常な集合は正常であろうと奮闘したあげく、自分が異常であることを見いだすし、その逆も起こる。このことから、集合論は、その概念構造を改造すれば、改善されないまでも救われるかもしれないと、数学者は思いいたった。

一九〇八年、スイスの数学者、エルンスト・ツェルメロが、集合論のための新たな一組の公理を発表した。今ではツェルメロ－フレンケル集合論と呼ばれているこの集合論には、公理が一〇個ある（アブラハム・フレンケルが、しばらく後に公理の形式化に追加をおこなった）。集合どうしを合わせ、融合させる方法を特定し、カントルの素朴な集合論でカバーされる領域をカバーするものもあれば、自己言及がむずかしくなるか、制約されるか、まったく不可能になってしまうよう、たいへん注意深くつくりあげられているものもある。このようにして支持してやることが必要な基礎分野は、果敢に松葉杖を振る運動選手のようなものだという批判もあるが、こうしたパラドクスを視野に入れたうえで、多くの数学者が、何もないよりは松葉杖があったほうがいいと考えている。ツェルメロ－フレンケル集合論が、意図されているとおり、パラドクスを避けることができるのかどうか、今日なお、誰もしかとは知らない。今のところはせいぜい、これまではうまくいっているとしか言えない。

バートランド・ラッセルとアルフレッド・ノース・ホワイトヘッドは、フレーゲの企図を放棄するのに乗り気でなく、やや異なる方向で手直しに取りかかった。ラッセルとホワイトヘッドは、三巻からなる大著『プリンキピア・マテマティカ』で分岐階層というものを考えだした。分岐階層では、集合は階層を上昇し、大きくなりこそすれ、下降しはしない。こうして、ラッセルのパラドクスは解消する。集合がそれ自体の要素になることが、かなりの程度、禁じられるからだ（たとえば、通常の集合すべての集合が、それ自身に含まれるようなことだ）。ラッセルとホワイトヘッドは、論理から算術を導き出すことに成功し、きたるべきものをきちんと規定することによって、同じく論理から数学全体を導き出すことに成功した（この、彼らの主張の源、つまり、通し番号つきの定義、定理、証明を示された哲学者たちは、ラッセルとホワイトヘッドの主張は正しいにちがいないと納得した。『プリンキピア・マテマティカ』は誤っているにしては長すぎるからと）。賛同する数学者もいたが、分岐集合論には、論理的に疑う余地がないと印象づける力はほとんどなく、『プリンキピア』が普及したのも、ラッセルとホワイトヘッドが集合の階層を分岐することによって、クリアすべきハードルが下がったためにすぎないと見る者もいた。

しかし、思想史では珍しくないことだが、こうした再構築の努力は、おこなわれている最中にも、さまざまな出来事のせいで無駄になっていった。世紀のはじめの緊張に満ちた時代に聞こえた槌音（つちおと）は、ほかの音にかき消された。

ブリッジの船長

ダーヴィット・ヒルベルトは、一九世紀と二〇世紀に跨がる学者人生をおくった二人の大数学者の一人だった。もう一人がアンリ・ポアンカレであることに異議を唱える者はいない。ヒルベルトは、一八六二年にケーニヒスベルクで生まれた。当時の東プロイセンの首都で、イマヌエル・カントが生まれた町である。カントの知的影響は、通り、広場、大学に及び、さらには、なだらかに起伏する田園（一九四四年に、ロシアの戦車の列によって押しつぶされてしまった）にまで及んだ。ヒルベルトが一学生からはじめて、数学という船の船長という地位に昇りつめるまでの歩みは、大魚が海中を進むように落ち着いてゆっくりしたものだった。ヒルベルトは、はじめから指導者の資質をそなえ、その数学の方法論と雰囲気は堂々としたものだった。ヒルベルトがある問題を解決したときには、その問題を含む分野を丸ごと平らげてしまっていて、後には屑がほんのわずか残っているだけだった。以降、ヒルベルトは、数学のさまざまな分野を次々に編成し再編成していき、さまざまな影響を及ぼし、数学者の関心のおきどころを変え、数学全体に君臨し、あらゆる方向に波紋を及ぼした。

名声が業績に比例するのなら、ヒルベルトの名はアインシュタインの名におとらず知られていたろうし、現に数学者のあいだでは、そうである。量子力学では、無限の次元をそなえたヒルベルト空間が構造上不可欠な役割を演じるし、数学そのものには、ヒルベルト基数、ヒルベルト不変項、ヒルベルト積分がある。ヒルベルトは、初等幾何学に革命をもたらし、解析数論を統一した。そして、世界中の数学者に、自分はヒルベルトのコピーにすぎず、ヒルベルトと同じことを考え、ヒルベルトに導かれているのだと納得させた。

しかし、ヒルベルトは、自分が生きている時代と場所を支配しただけではなかった。アインシュタインと同じく、未来をも支配したのである。

一九〇〇年にパリで開かれた第二回国際数学者会議で、ヒルベルトは数学界に二三個の未解決問題のリストを提示した。当時、中年に差しかかっていたヒルベルトは、中背、細身で、薄茶色の髪が薄くなってきていた。ソルボンヌの埃っぽい講堂はむんむんしていた。ヒルベルトはドイツ語で話した。ただし、講演内容は前もってフランス語に翻訳されていた。「私たちは内なる永遠の呼び声を耳にします」ヒルベルトは言った。「問題はそこにある。解答を探せ」一九〇〇年にはすでにどんな数学者も独力では理解しつくせないほど巨大化していた数学という学問の、ほとんど隅々にヒルベルトの静かで高い声は届いた。

ヒルベルトが立てた問いのなかには、特殊なものもあった。ヒルベルトは、リーマンの仮説を証明するよう数学者たちに求めたとき、数学者が習慣的にやっていることをするように求めていたのであり、それをすることにまだ誰も成功していないという事実は、ヒルベルトが問題の深さを理解していた証拠だ。しかし、彼の〝プログラム〟構想から出たと思われる問題もあった。ヒルベルトが数学者たちに境界値の一般的問題を解くよう求めたときには、自分としてはもう征服されることが見えていた領域を再編成するよう促していたのだ。巧妙な問いもあった。ヒルベルトは遠慮がちな密かなジェスチャーによって、時の流れを分割していたのである――第二の問いで、「さまざまな算術上の公理の融和性」を確定するよう数学者に求めたときには。

融和性――何のことだろうか。さまざまな算術上の公理？　これも、何のことだろう。

こういう問いが未来に向けて発せられた。

ヒルベルトがゲッティンゲンというドイツの小さな町に確立した数学者の共同体が、科学史上、崇拝の対象となったのも、無理はない。二〇世紀の大数学者はほとんどすべて、若い頃、この偉人の講義を見て、その後、カフェで徹夜でしゃべったのを覚えている（あるいは、覚えていたと思いたがっている）。

ヘル・H

ヒルベルトが未来に対して抱いていた楽観主義は、同僚たちを納得させるのに十分ではなかったとしても、振り返ってみると、その楽観主義があればこそ、ヒルベルトが自分自身を納得させられたことが見て取れる。ヒルベルトの疑いと病的な不満が織りなすドラマが精神分析医のソファーのうえで繰り広げられ、分析医の分析のための豊かな材料となるさまが想像される。

神経症の症状のなかには、競合する二つの心理的エネルギー源のあいだを何度も往復するという性質ゆえに、履歴現象（ヒステレシス）の例と呼ぶべきものがあるが、その場合、分析はむずかしく、確かな結論にいたらないことも多い。分析医は患者の症状を正確に解釈するばかりでなく、患者が自分の神経症の核心にある矛盾を解決するのを援助しなければならないからだ。このような場合、患者は、対立しあうさまざまな欲望を反映するさまざまな精神状態のあいだを、しばしば急速に揺れ動く。だから、実際には、相反する無意識の欲望に引き裂かれた自我の往復運動が症状に反映されているにすぎないのに、分析医は、いま目にしているのは一種の躁状態とそれにつづく鬱状態だという誤った印象を抱きがちだ。

一九××年の秋、私はヘル・Hを診てくれと頼まれた。ヘル・Hは、あるプロイセンの一族の出で、科学上の難問をいろいろ研究して、ある程度の成功をおさめていた。ヘル・Hは、中背で細身の人で、額が広くて、髪が薄く、学究の徒という雰囲気を漂わせていた。幾分神経質そうに見えた。はじめはおずおずした口調で話すが、分析のあいだにも、その態度は変わり、饒舌で要求がましく防御的になったかと思えば、今度は、ためらいがちで頼りなげになる。

子供時代は平穏無事だった。父ヘル・Oは田舎の判事で、倹約、義務、規律、服従というプロイセンの美徳を体現する人だった。これらの美徳は、心身の発達の特定の段階――時として個人のみならず一つの文化全体をも特徴づける段階――と結びついていることが分析によって明らかになっている。母M・Tは、哲学、音楽、数秘学に興味を抱き、変わった女性だと思われていた。こんな場合によくあることだが、ヘル・Hの母は、息子への並外れた献身によって父のよそよそしさを埋め合わせようと努め、息子が学校で提出するエッセーを書いてやることまでした。明らかに、ヘル・Hは母の関心の焦点でありつづけ、ヘル・Hがほんの少ししか触れていない妹のEは、H家でほとんど顧みられなかったようだ。

ヘル・Hは、まず小学校、次にギムナジウムに通い、プロイセンの中流階級の子供が受ける伝統的な教育を受けた。奇妙なことに、予科とギムナジウムでの成績を振り返って、凡庸なものだったと言っている。すべての科目で優秀な点数をとったのに。ものを教えこまれるのを拒（こば）むくせがあったとヘル・Hは語った。自分の頭で独自に考えて細部を解くまで、新しい考えや原理を受け入れようとしなかったということだ。教師たちは、この習性をある種のひねくれた頑固さのせいにしたが、分析医なら、威圧的な父親への反動と見るだろう。一方、ヘル・Hは、むずかしい問題の細部を解いたとき、その問題に対する自分の理解は教師をしのいでいたと、いくらか誇りをもって語る。これも、家族関係とのかかわりで判断しなければならない。

ヘル・Hは、青年期のはじめに、自ら天職と呼ぶものを悟った。この記憶が当時の精神状態を正確に反映するものなのか、それとも、もっと古い記憶が何らかの心理的理由で抑圧されたのち、その代わりに構成されたものだったのかは、判断に苦しむところだった。しかし、分析の過程で、ヘル・Hは、はるかに幼い頃から天職に気づいていたこと、また、自分はやがて独りで自分の学問分野に君臨することになると信じていたため、いくつかの科目の勉強をおろそかにしたことを明かした。幼年期の妄想として興味深い例だ。

当初、ヘル・Hは、年来、断続的に不安に襲われるし、眠れないと訴えていた。この症状の組み合わせは、不眠症そのものが不安を引き起こし、逆に不安が不眠症を引き起こすため、とくに解決しがたいと分析医はよく知っている。ヘル・Hは、比較的おとなしく平凡な外見をしているにもかかわらず、短い分析の過程で、子供時代の天職意識と一致する人格のゆがみ、誇大妄想の一種に苦しんでいることを明らかにした。

分析がはじまる何年か前、ヘル・Hは、幸せな結婚をし、一児の父となっていた。男の子だった。また、学者としてのキャリアを歩みはじめてまもなく重要な問題を解いていた。解法そのものを実際に示したというより、その問題に解法が必ず存在することを発見したのだ――そうヘル・Hは分析の過程で打ち明けたのだ。ヘル・Hは、その発見を〝存在証明〟と呼んだ。そして、存在が明らかになるのに証明が必要なことはめったにないと私が指摘すると、幾分驚き、かなり動揺した。私の非難に、たまにしか言葉を口にしなかったというよそよそしい父からの批判を重ねあわせているのは明らかだった。

ヘル・Hは、平穏な家庭生活と職業生活をおくったように見えるにもかかわらず、競合する二つの衝動の影響に長年苦しんだ。ヘル・Hは、この二つの衝動を「確実性の追求」および「それにともなう恐ろしい疑念」と呼んだ。予想がつくかもしれないが、確実性と結びついた感情は、常に、強烈だが一時的な幸福感の源である。ヘル・Hが語るには、この幸福感は知らぬまにかすかな疑念によって損なわれてしまうのだった。この疑念は必然的に深まり、ついに一種の抑鬱としてヘル・Hの心身機能を支配した。

ヘル・Hの精神生活は幸福感と憂鬱のあいだを往復した。どちらの状態も、明白だが、本人は打ち明けようとしない潜在的内容があった。究極的には、父の厳格でよそよそしい振る舞いによって植えつけられた去勢コンプレックスから、自分には力があるという幸福感と無力さへの恐れが生まれ、そこから確信と疑念が起こっており、ともに明らかな性心理学的要素をともなっているという事実を、ヘル・Hは大いに憤慨して否定した。高い教育を受けた学者によく見られる反応だ。

ヘル・Hは、たびたび見る夢について語った。森の多い田園を行く長くつらい旅の末、イタリア風の壮麗な邸宅の門にたどり着く。夢のなかでその邸宅を見ると、深い満足感と、自分の長い探究は終わったという意識が湧きあがる。邸宅の凝った庭を歩いて大いに楽しむが、次第に落ち着かない気持ちになる。自分は一人きりではなく、この邸宅はほかの誰かのためのものだと。邸宅のポーチに向かうにつれて、不安感は増す。そして、ある気持ちを抱く。ヘル・Hは、それを「同じ恐怖」と表現した。背後に何かがあるのを感じ、長いあいだ、振り返ってそれを見ることができずにいる。ついに勇気を奮い起こして振り向き、おののき震える。庭にある目立つイチイの木から一人の男が首を吊って死んでいる。ヘル・Hは、昇りかけた階段を降りて、死体に近づき、恐怖を覚える。首を吊った男はほかならぬ自分自身である。眼鏡のレンズが二つとも割れていることに、とくに嫌悪の念を抱く。

この夢のことを語ってまもなく、ヘル・Hは、私が異議を唱えたにもかかわらず、分析を打ち切った。このような場合、分析医は、本質的に対立しあう性質のものであるがゆえに治療しにくいいくつかの症状が存在することを認め、謙虚に敗北を受け入れることを覚えなければならない。

ヘル・Hのプログラム

数学的法則によって宇宙をつくったのかもしれない神は、きっとぶつぶつ不平を言いながら仕事に取りかかり、宇宙塵を風にばらまいて、夜に銀河を花咲かせながら、疑いをまきちらしたのだろう。数学者とは、境遇、および自己の才能に付随する事情によってつながっている人々だ。数学者の仕事は、おおむね平凡である。推測がなされる。そして、解決される。本当にそうなのかどうか、また、そうであれば、いかにしてそうなるのかを問うことを誰かが思いつく。古来の体系の一部が持ち出され、別の一部が捨てられる。太陽が空に昇る。修理人がトイレの水漏れを直しにくる。隣の家のイヌが車を追いかける。そして、雨が降る。そして、夜、あの〝無毛の大きなもの〟が現れる。

数学者はほかの誰にも劣らず、自分自身から身を隠すのが得意である。その恐怖の念は、もちろん、楽しさとコインの裏表の関係にあり、夜明けとともに消え去る。しかし、疑念にとらわれた数学者は、自己を分析の対象とするというむずかしい心理学的課題を引き受けざるをえない。

数学を論理的確実性に基づかせる試みは、結論にいたらぬまま一九一八年には終わっていた。数学者は、うまくいく集合論を手に入れたと思ってはいたが、それがうまくいくという確信があったわけではなかったし、もっと悪いことには、これこそ自分たちが確実性の基礎をおく覚悟のある場所だと腹の底から感じて、ツェルメロ−フレンケル公理を用いることはできなかった。

ヒルベルトは、ほかの数学者とともに仕事をしながら、相手のイマジネーションをも意のままに操り、いろいろな再構築計画に参加するのを拒んで、むしろ、修復と再構築に向けられた部分的努力をすべて包含する視点を獲得しようと試みた。一九一八年までにヒルベルト・プログラムとして知られるようになった野心的試みとは、このようなものだ。このプログラムの名前が人名を冠している点は、ヒルベルトにとって、ある種の警告ともいえるものだった。自分のプログラムの指針にしたがって生きる覚悟をするのなら、それにしたがって死ぬ覚悟もしなければならない、というような。

ヒルベルトのプログラムは、数学上のものであるとともに格好の心理学的素材であって、あるものの見方を教えてくれる。すなわち、数学者が自分の見るものを、自分で見て取ったと考えているものと対比する、多角的視点を提供するのだ。文学、芸術、数学、人生に、〝目〟という比喩は欠かせない。数学をおこなう通常の過程で、数学者は、自分の専門分野のお馴染みの対象を見る。数、群、環、計算、微分方程式。そして、一歩身を退いて、自分自身が物事を証明するのを見る。数学者が神秘主義者、心理学者、法律の大家、物理学者、化学者、生物学者、文筆家、彫刻家、業界の大物、マニアなどほかのあらゆる種類の人間と違うのは、断固として証明に献身している点である。証明は、数学者のコイン、いつまでも握りしめていなければならないコインなのだ。

どんな証明も、証明の体系の一部である。そしてこの体系は、数学者が仕事に取り組むあいだ、その視界の外におかれたままであることが多い。しかし、数学上の体系すべてに共通する構造がある。数学上の体系はどれも、一群の記号（ほかに何があるというのか？）、その組み合わせ方（これがなければ、たわごとだ）、いくつかの仮定（これがなければ、何もない）、いくつかの推論規則（これがなければ、カオス）に依存しているのだ。

通常の数学の実践においてはゆるいこの構造に数学者が制約を課すと、数学上の体系は形式性を帯びる。ちょうど、弁護士が日常生活のギブ・アンド・テイクに契約という形を与えると、口約束が形式性を帯びるように。形式的体系には、明確な有限個の根本的な記号、どの式が文法的であるかを決定する明確な有限個の規則、明確な有限個の公理ないし公理図式、数学者が行なっていい、あるいはいけないステップを支配する明確な推論規則が必要である。当てずっぽう、直観、勘などは許されない。この体系は機械的な性格のものである。どんな機械とも同じく、創造者の知性を注入されてはいるが。

形式的体系に何よりも必要なのは、〝狡猾（こうかつ）なる放棄〟ともいうべき独特の論理的行為だ。すなわち、論理学者は体系の記号から意味を取り除くと同時に、記号が何を意味するかについてある意識レベルでしっかりした理解を保持するのである。

ヒルベルトが巧みな心理的策略をおこなうきっかけになったのは、この〝放棄〟という手続きである。以下は、精神分析医の特徴のない静かな声に合いの手を入れられた、数学者の不安げな夜のおしゃべりだ。

記号から意味を取り去ると、何が残るだろう。

「記号そのもの。記号が打つことのできる手、演じることのできるゲーム」

このゲームは、何のためのものなのか。

「そもそもゲームにどんな目的があるだろうか」

しかし、ゲームが疑いとどういう点で関係があるのか。

ヒルベルトは答える。「あらゆる点でだ」どうやら分析から学ぶところがあったらしい。

ゲームについて何かを立証できれば、疑いは解消するかもしれない。最初の一歩が踏み出された。ゲームはこれまであるがままに見られてきた。だが、筆でかいた黒い線が織りなす網の目から突然、女の顔が浮かびあがるのが見えたとたん、新たな対象が創造されるように、ゲームをあるがままに見ることによって、数学者の宇宙に新たな観察対象が現れた。もとからあった数、方程式、群、集合、場、環、奇妙な位相に、今やゲームそのものが加わる。

しかし、何かを見るには、ある場所から見る必要があり、見るという行為に従事しようとすれば、数学者はゲームに参加しているときの馴染みのポジションから離れねばならない。いつもと違う位置に置かれた数学者は、幾分当惑しながらも、このゲームがいかなるものであるかを見てとり、おのおのの記号が何を意味しているかを理解する。数学者は馴染み深い宇宙に、こうしたことすべてを見てとる。この宇宙で数学者にできないことは、一つしかない。それは、もちろん、〝自分の見たものを見てとる自分を把握すること〟だ。

このゲームの舞台は通常の数学である。しかし、この眺望のよい視点、つまりメタ数学が得られたこと、さらには、数学とメタ数学のあいだにヒルベルトが独自の区別をつけたことによって、混乱し不安を抱えた論理学がはじめて一本にまとまった。数学の支柱たる確実性は、この区別ができるかどうかにかかっている。数学は記号を用いたゲームだ。そしてメタ数学は、このゲームの意味がよってきたる場所である。

ヒルベルトは、ここ何年かのカオスに直面して、こう断定した――実際、こう宣言した。数学はメタ数学にこそ疑いからの避難所を見いださねばならない。数学者が、自ら生み出して、今まさに承認し回復しようとしている、すばらしき記号ゲームについて証明、論証、示唆できることがらに。

算術再考

ペアノの公理は自然数（0、1、2、3、……）の性質について説明するものである。だが、ペアノ算術は形式的体系をもたない。ペアノ自身が何百人もの人たちにおぼつかないイタリア語で話しかけ、普通の数学の言葉で自分の公理を説明する用意があったからにすぎないとしても。形式的算術では、ペアノ公理は依然、一組の記号にすぎないが、その意味とともに、ペアノは体裁よく姿を消すことを許された。

形式的算術は述語計算とその規則と記号を包含し、いくつかの点でこれらを超えている。その基本用語には、新たに五つの記号が現れる。

＝、S、＋、×、0

「＝」（等号）、「S」（後者）、「＋」（足し算）、「×」（掛け算）、そして「0」。形式的算術で、この五つの記号は〝形（かたち）〟として機能する。括弧内の説明は、形式的算術を超える視点から私が付したものだ。

述語計算では等しさや等号「＝」について何も規定していないので、既存の体系に、記号の振る舞いを統御すべく考案された公理をいくつか付け加えなければならない。この公理は、それが果たすべき目的を果たす。驚くような振る舞いはなんら示さない。これらを所与のものとしよう。結果として得られるのは、〝等しい〟という関係を満たす述語計算である。

今や、純粋に算術的な公理が得られた。それは以下のとおりだ。

1. $\forall x \sim (Sx = 0)$
2. $\forall x \forall y ((Sx = Sy) \supset x = y)$
3. $\forall x (x + 0 = x)$
　 $\forall x \forall y (x + Sy = S(x + y))$
4. $\forall x (x \times 0 = 0)$
　 $\forall x \forall y (x \times Sy = (x \times y) + x)$

この四つの公理が言わんとするところは――いや、もちろん、これらは何も語っていない。論理学者が語るのである。記号は、文字が印刷されたページの表面でただじっとしているだけだ。論理学者が言うことは、単純明快で、ペアノが言ったかもしれないことと、いや、ペアノが実際に言ったこととほとんど変わらない。第一公理はどういうことか？「あとにつづく数が0である数はない」ということだ。第二公理は？「あとにつづく数が等しい二つの数は等しい」。第三公理と第四公理は？推論階段でおこなわれる足し算と掛け算のことだ。

この四つの公理のほかに、もう一つ推論規則が要る。数学的帰納法の原理を形式的算術のなかで表現するためのものだ。今や通常の算術では、数学的帰納法はもう一つの推論階段の役割を果たしている。0が何らかの性質を備えているとし、また、ある数がその性質を備えていれば必ず、それにつづく数もその性質を備えているとすれば、すべての数がその性質を備えている。特定の場所からはじまり、注意を払ってテーブルの上にのせられた黒いドミノの列が、はるかかなた空間の果てまで延びている。進取の気性に富んだ青年が、誘惑に屈して最初のドミノを叩く。ドミノは華々しくカチッと音をたてて倒れる。ほかのドミノはどうか。やはりいずれ倒れる運命にあるのか。そのとおり。どんなドミノが、どこで倒れても、隣のドミノが倒れる。

ペアノ公理では、この数学的帰納法の原理が別個の公理として現れる。ここではない。数学的帰納法は形式的算術についての指令、すなわち推論を支配する規則としてはるかな高みから降りてくるのだ。ここで、述語**A**が表すある性質を0が備えていることを示す、述語計算ではお馴染みの道具、**A**(0)を導入しよう。今や推論規則はこう書き表される。*

＊第一、第二の推論規則は第三章で述べた。

3. もし$\mathbf{A}(0)$であり、そしてもし$\forall \boldsymbol{x}(\mathbf{A}(\boldsymbol{x})\supset\mathbf{A}(\mathbf{S}\boldsymbol{x}))$が定理であれば、$\forall \boldsymbol{x}\mathbf{A}(\boldsymbol{x})$も定理である。

記号を普通の言葉に翻訳するとこうなる――0がある性質を備えているとすれば、そして、ある数がその性質を備えているときは必ず、それにつづく数もその性質を備えているとすれば、すべての数がその性質を備えている。

それだけだ。形式的算術は、ぶつぶつつぶやきながら推論をすすめる神秘的な能力を獲得した。普通の算術の推論は、何百年にもわたって意識の下に隠れていたが、今や、日の光のもとに現れた。かすかにまばたきし、やせた手を高く挙げて。たとえば、どんな数に1を加えても、その数の後続数を得るだけだ。記号で表せば、$\forall x(x+1=S(x))$。231プラス1は231の後続数――232だ。どんな数についても同じである。このことは、まったく機械的に証明できる。「1は0の次の数である」という定義から機械は出発する。そして、次ページの図の四行を書く。

1. $\forall x(x+S(0)=S(x+0))$

2. $\forall x(x+0=x)$

3. $\forall x(x+S(0)=S(x))$

4. $\forall x(x+1=S(x))$

算術のアンナ

無邪気な学生が小説を読むと、話に夢中になってしまい、その世界にいて居心地よかったかどうかに基づいて、その小説についての判断を下す。そして、作者を主人公と同一視しがちだ。小説家は誰でも、自分が創造した人物に宛てた手紙を受け取ることがある。「アンナ様、そんなことしないで」。これは芸術の勝利でもある。しかし、これこそ、幻想の勝利でもある。

いくらか経験を積むと、学生は、一歩身を退いて見ることを覚え、こう悟る。アンナは、しなければいけないことをしただけなのだ。アンナがそうしなければいけなかったのは、それが芸術的に必要だったからである。『アンナ・カレーニナ』を読む人は誰も、アンナが小説を飛び出し、セラピストにかかって人生を立て直すとは予想しない。美的基準が道徳的判断に取って代わるとき、文学的洗練がはじまる。だからこそ、芸術は道徳を超えた企てであるし、興味深くもあるのだ。

数学も一種の芸術である。ヒルベルト以前、数学者と論理学者はさまざまな数学体系のなかをどたばたと駆けまわっていた。〝完全に揺るぎないものに思えるまで体系を整理できれば〟という虚しい望みを抱いて。その努力は、あたかもセラピーを受けるようアンナ・カレーニナを説得しようとするのに似て、まったく無駄なことだった。

ヒルベルトは、一歩身を退いて考えるようあらゆる人を説得した。数学者は一歩身を退いて数学という形式的なゲームをながめる。その視座は冷徹ながら解放をもたらしてくれるものだった。慣い性となった営みからこのように離れてみた数学者は、文学の学生と同じく、算術のアンナは親切か、愛想がよいか、ひとを見下しているか、混乱しているか、苛立たしいかではなく、〝彼女が芸術的あるいは数学的に意味をなすか〟と問わざるをえなくなった。確実性の問題はいまや判断の問題に取って代わられた。

判断には基準がともなう。その基準は、メタ数学と数学を区別しようと決断させたおおもとの衝動に沿うべく選ばなければならない。また、それは証明によって満たされうる基準でなければならない。たとえそれがメタ言語で述べられる証明であっても。証明がなければ数学などないからだ。

ヒルベルトの満足の基準は単純明快で急進的、かつ大胆だった。形式的体系は一般に、とくに形式的算術は、第一に無矛盾でなければならない。無矛盾でなければ、数学のゲーム自体が意味を失う。証明の過程で、2＋2＝4がひねり出され、同時に、2＋2＝5が出てきてはまずいのだ。数学者は、形式的体系から無限に生み出される定理のどこかに、Pという言明と～Pという言明とが併存しないことを証明できなければならない。無矛盾性の基準が守られてさえいれば、一定の記号は体系のなかで並存することを禁じられ、矛盾は起こりえない。なぜなら、体系において矛盾する表現が生じる余地がないからだ。

第二に、形式的体系は完全でなければならない。これも、メタ数学、すなわち〝記号の支配者〟が発する要請である。形式的算術は算術について成り立つことをすべて、またそれだけを表現するためのものだ。算術について成り立つことと形式的算術のなかで証明できることが一致しなければ、ゲームは意味を失う。

ヒルベルトが要請する第三の基準は、形式的体系は決定可能でなければならないということである。形式的体系によってなされる主張一つ一つについて、その主張が形式的体系のなかで証明されるのかどうかを決定する、有限で機械的な手続きが存在しなければならない。

無矛盾、完全、決定可能である体系は疑いの余地がない。命題計算を見ればいい。最後にもう一点ある。数学者が形式的体系について何を証明するにしても、その同じ形式的体系で調達できる道具と同じ力しかない道具を用いて証明しなければならない。さもなければ、この企ては意味がない。数学的レベルで疑いが消え去っても、メタ数学のレベルで疑いが忍びこむからだ。

ここまでくれば、アルゴリズムの登場は間近だ。ヒルベルトが求めていたのは、広範囲に及ぶ難解な概念を含む数学全体を、機械的ルーティーンに従属させることにほかならなかったからだ。そのルーティーンは、形成規則と推論規則の点で機械的、証明の点で機械的、思考、直観、意味、熟慮ぬきで数学上の問題を決定することができる点で機械的である。機械のように機械的だ。

さらに言えば、〝かなり非人間的に思える形で機械的だ〟と付け加えたい。

無秩序と暗い隘路(あいろ)

ヒルベルトは、ある論理学者の言葉を借りれば「大数学者としての権威のすべて」をもって数学上の計画を進めた。そして一九三〇年にはすでに、自分が課した課題を論理学界が仕上げようとしていると信じるにいたっていた。論理学者は部分的な成果をいくつか得ていた。とくにプレスブルガーは、足し算のみからなる算術が実際に無矛盾で完全であることを、メタ数学的にケチのつけようのない形で証明していた。

ヒルベルトは、あるとき、生まれ故郷のケーニヒスベルクでおこなった講演を、後に自らの墓石に彫り込まれる言葉で締めくくった。「私たちは知らなければならない。私たちは知るだろう」

この言葉が皮肉ぬきで口にされたのはこれが最後だったと、今や私たちは承知している。ヒルベルトは、自分が創造した数学界から几帳面なナチスの官僚の手でユダヤ系の学者が排除されるなかで生きつづけた。まわりじゅうで怪物のような政治体制がトカゲのような舌を振りながら拡がっていくなかで年老いていった。仕事をつづけ、一握りの学生たちを指導して博士号を取らせた。しかし、何年も何十年もヒルベルトを支えていた強い指導者意識は薄れてしまっていた。歩くとよろめいたし、ときには鋭い冴えを見せたが、ときには、考えが散漫であるように見えた。夜になるとシラーの詩を読んでもらい、スープをすすった。

そして一九四三年に倒れ、ドイツで孤独に死んだ。ヒルベルトの声を聞き、その号令にしたがう数学者は、ちりぢりになっていた。米国や南アメリカや中国に行った者もいれば、高度な知性を備えていたにもかかわらず、貨車に詰め込まれて東のほうのどこかに送られた者もいた。

第6章 ウィーンのゲーデル

ある年の秋、私はパリを離れてウィーンで暮らし、翌年の春にウィーンを去った。私は移り住むのが好きだったようだ。しかし、ウィーンで暮らしているあいだは、この街が気に入っていた。街は焦げ茶、セピア色、すす色に彩られ、ウェイターたちは夜のカフェで滑るようにテーブルを回る。私の住んでいたオーバードナウ通りのアパートからは、窓の外のあちこちに、バロック様式の教会の尖塔が朝もやのなかに、あるいは黄昏の明かりを背にして立っているのが見えた。亡霊たちは、私のお供をし、カフェに座ったり、ケルントナー通りを悠然とぶらついたりした。あるとき、ルドルフ皇太子が四輪辻馬車に乗って慌てて宮廷を離れるのを見た。御者のブラートフィッシュが口笛を吹いた。「古き時代はどこにいったのか」街の東部のどこかの城で、青みがかった黒い色の目と桃色の唇をした愛人が、鳶(とび)色の髪にバラの花を一輪留めて、皇太子を待っているのだ。時はさかのぼり、街の主は変わって、亡霊たちだけがさまよい、運がめぐり来るのを待っている。

二〇世紀のはじまりに七年遅れてこの世に生まれたウィーンの数学者クルト・ゲーデルは、中背で細身の人で、左右対称の顔をして、髪を中欧風に後ろになでつけている。鼈甲（べっこう）の眼鏡を通して目がやけに大きく見えた。このころすでにゲーデルは、述語計算――フレーゲが最初に考案した推論体系――が完全であることをウィーン大学の博士論文で証明して、すでに名声を不動のものにしている。述語論理の公理系では、論理的に妥当な言明はすべて、また論理的に妥当な言明だけが証明可能である。ということは、公理と推論規則を適切に選ぶことによって、論理と推論という展望の効く概念についての直観を完全な形で表現する、形式的体系の構築が可能だと証明されたことになる。そして、この証明はヒルベルトのプログラムを擁護する役割を果たした。

時は少しずつ進む。ゲーデルは、いくつかの数学や哲学のセミナーに慎み深く出席する。ウィーン学団で大きな存在であり、あまりしゃべらないが、いかにも卓越した知性の持ち主らしい雰囲気を醸（かも）しだしている。ゲーデルはほかの数学者に親切で礼儀正しかった。数学者たちがのちに語るには、ゲーデルは非常に素早く明確に問題を評価し、おもな解決方針をすべていっぺんに示唆することができた。ゲーデルは、控えめだが、交際嫌いではなく、威厳がありながら奇妙によそよそしい。女性も嫌いでなかったようで、オペラや交響楽団のコンサートに連れていく相手もいた。冷静な分析能力をもち、肉欲を巧妙に抑制している若者だとの評判だった。見るからに緊張していて神経質で、しばしば不安に駆られていた。

一九三一年秋、ゲーデルは二五ページの論文を発表した。タイトルは「『プリンキピア・マテマティカ』および関連する体系についての形式的に決定不可能な諸命題について」。ラッセルの『プリンキピア』の名前に触れている点は誤解を招きかねないが、ゲーデルのこの論文は実は、自然数を記述するあらゆる公理系を扱ったものだ。最も古い数学上の概念、つまり整数の体系に関する論文である。

この二五ページの論文でゲーデルは、「算術は不完全である」と証明し、ヒルベルトのプログラムは破綻を運命づけられた。さらに、ゲーデルは、「算術の無矛盾性は算術そのものと同様に単純な推論によっては証明できない」ことを証明した。無矛盾性は、それ自体の無矛盾性に問題があるような体系によってしか得られない。

これを証明したことで、ゲーデルは、アルゴリズムの到来ももたらし、昔からあるが隠されていた数学上の概念をはじめて正確に記述した。

証明とパラドクス

ゲーデルの定理は、あるパラドクスに基づいている。それは、フランスの数学者、ジュール・リシャールが一九〇五年にはじめて発見したものである。ラッセルのパラドクスと同じく、これも、自己言及に基づいた、自分を自分自身にいけにえとして捧げるたぐいのものだ。つまり――普通の数について普通のことを述べるときは、普通の言葉を用いることが多い。「数 x は素数である」。「x は偶数である」。「x は y より大きい」。「x は縁起が悪い」、あるいは「y は縁起がいい」等々。こういう表現は、自然数の性質を定義ないし明示するものだ。表現は言葉で、さらに言葉は文字でできているから、こういう表現を一つのリストにまとめるのはなんらむずかしくない。もちろんリストは無限である。数について言うべきことには限りがないからだ。しかし、リストのなかのどの表現も、数に限りのある文字でできている。

そこで、これらの定義表現を簡単に列挙することを考えよう。E(1) は最初、E(2) は第二、E(3) は第三、E(n) は n が何であれ n 番めである。リストによって隠されるものはない。見たとおりである。

さて、自然数を一つ――たとえば、27を――また、リストに載っている表現を一つ――たとえば、三番めの表現を――選び、E(3) は、「x は素数である」と述べているとしよう。可能性は二つある。$x=27$ なら、E(3) は真であるかないかだ。この場合、真でない。27という数は素数ではない。

今や議論は勢いづく。どんな自然数 n についても、論理学者はリストに載っている n 番めの表現が n について真であるかどうかを問うとしよう。たとえば、n が再び27だとする。リストに載っている二七番めの表現は E(27) である。それは、「x は3の倍数である」というものだとする。27という数は3の倍数である。ゆえに、E(27) は27について真である。ほかの数を選べば状況は異なってくる。n は14で、リストに載っている一四番めの表現は、「奇数についてのみ真である」としよう。E(14) は14について真でない。

次に自然数がもつまったく新しい性質を考えてみよう。ある数 n について E(n) が成り立たない場合にのみ、n について成り立つ性質である。これは幾分奇妙であるが、自然数の性質として文句なしに理に適って（かな）いる。それに対応する表現を満たさない数についてのみ成り立つ性質だ。この性質を指し示す表現は必ずリストに載っている。ずっと下のほうまで探せば、どこかにある。その位置を q としよう。E(q) は、「どんな数 n についても E(n) は真でない」というものだ。

ここですでにパラドクスが一つ忍び寄っているが、あらゆるパラドクスと同じく、これも手が二つある。$n=q$ とし、q について E(q) が成り立つと仮定する。すると、n について E(n) が成り立たないということになる。一方、q について E(q) が成り立たないと仮定する。すると、n について E(n) が必ず成り立つ。となると、q について E(q) が成り立つ。要するに、数 n はリストの n 番めの表現を満たさなければ、そしてその場合のみ、

リストの *n* 番めの表現を満たす。

知性が壁に突き当たったように思える。文字、さまざまな性質のリスト、〝自己言及との運命的なロマンス〟しか用いていないのに。

コード

ゲーデルの定理の核心にあるのは、証明可能性という概念だ。いま述べた議論と同じく、ゲーデルの議論には自己言及が絡んでいる。文がどこからともなく現れて、それ自体について述べる。

私を証明することはできない。

すぐにパラドクスが起こるように思われる。この文が証明できるとすれば、この文が言っていることは偽であり、この場合、証明不可能である。一方、この文が証明できないとすれば、この文が言っていることは真であり、「この文が証明不可能である」という事実は、この文が証明できるということを示す。今の文そのものが、まさにそのような証明になっている。

しかし、パラドクスの海に真理と証明可能性がのみこまれてしまっても、不条理に陥らずに自己に言及する文が、無意味の縁に残っている。

特定の形式的体系のなかでは、私を証明することができない。

この文は、問題となっている形式的体系のなかでは証明不可能かもしれないが、それが真であるという証明はその形式的体系の外、メタ数学の領域でなら可能だ。

驚くべきことに、ここにパラドクスはない。言明が真でありえない理由などない。事実、真なのだから。真理は依然として不可侵である。証明はそうではない。

ゲーデルの定理は形式的算術をめぐるもので、形式的算術は、論理的に簡潔に、すばらしく精密に算術の公理をまとめ、推論の骨組みが半透明の過程によって裸のまま置かれている。通常の算術の場合と同じく、公理と定理があるが、定理は推論規則によって公理から導き出され、記号は並外れた慎重さで指定されている。体系から意味は排除されている。「形式的」という言葉が意味するのは、これまでずっと意味してきたとおりのこと、つまり、論理学者が、いまやお馴染みの階段の昇降と二重思考をおこなっているということだ。

とはいえ、形式的算術から意味を取り除くことができるのなら、体系で用いられる記号

が論理学者の理解によって体系的に探究されるときには、意味を再び導入してもいい。こうしてお馴染みの定理、

1＝S(0)

は、もちろん、「1という数は0という数の後続数である」という意味だが、この定理は形式的算術という体系のなかで算術上の意味を失い、六つの〝形〟が並んだものとして解釈される。

$\underline{1＝S(0)}$

記号のわきの線は、記号の意味よりも記号そのものに注意を促すためのものだ。

この文字列は首を傾けると、算術上の言明として意図された通常の意味を取り戻す。1という数——単なる印にすぎない、数字ではない数——は0という数の後続数である。

論理学者に、記号に意味を注入しては取り除く能力があれば、形式的算術と普通の算術の両方を含むほど広い視野をもって、自己の能力を行使していることになる。論理学者が記号を目にし、その意味をもてあそぶとき、どちらの行為もメタ数学的立場からおこなっ

ているのだ。先に、1＝S（0）は1＝S（0）が意味するものを表す記号あるいは形だと述べたが、そのとき、私は論理学者をまねて、上方のメタ数学の領域に移行していたのだ。そこでは下界にあるものすべてを見ながら記号とその〝形〟を調べるのである。

ゲーデルの定理は、普通の算術にそれ自体について語る力を与えるための図式の発見からはじまる。それは、平面の各点を数の対と結びつけるデカルトの解析幾何学を思い起こさせるものだ。形式的算術の基本語彙には述語計算の基本語彙が含まれているが、それだけではない。次のように分類される記号がある。

論理記号：~, ∀, ⊃, ∨, &, (,), S, 0, =, ʹ, +
命題記号：P, Q, R, S, …
個体変項：x, y, z, …
述語記号：**E, F, G, H**, …

これらの記号はすべて形式的算術で用いられるもので、すべて、まったく意味を含んでいないことを示す潜在的痕跡を帯びているが、傍線を引くのは控えた。活字を組む人に苦労をかけるのを避けるためだ。以下、記号そのものに注意を引きたいときにのみ、傍線のある形に戻ることにする。

この体系の記号に数字が割り当てられる。すなわち、論理記号に1から12までの番号が割りふられるわけだ。

論理記号

~	∀	⊃	∨	&	(	)	S	0	=	・	+
↓	↓	↓	↓	↓	↓	↓	↓	↓	↓	↓	↓
1	2	3	4	5	6	7	8	9	10	11	12

命題記号には、10より大きく3で割り切れる数字を割りあてる。

命題記号	P	Q	R	S,…
	↓	↓	↓	
	12	15	18	21,…

個体変項はどうしよう？　10より大きく、3で割ると1が余る数を割りあてよう。

個体変項　v, x, y,…

→ → →
13, 16, 19, …

最後に述語記号には、10より大きく、3で割ると2が余る数を割りあてる。

述語記号　E, F, G, …
→ → →
14, 17, 29, …

今や基本語彙の記号一つ一つに標識が割り振られた。〝ゲーデル数〟と呼ばれているものだ。

形式的算術では、記号は明示された明確な仕方で組み合わさる。一つの式が形づくられるかもしれない。あるいは、証明に見られるように式がいくつか並んで、式の列が形づくられることもあるだろう。この番号付け方式は、記号に標識を割りふるだけでなく、式や式の列にも割りふる。これまで例として用いてきた式、$P \supset P$に、ここでまた登場してもらおう。この式で記号に対応する数は、12、3、12である。問題の式の記号は三個であるから、2、3、5という最初の三つの素数によって、式は数 $2^{12}\ 3^{3}\ 5^{12}$ と書き表され、この

1.	$\forall x(x+S(0)=S(x+0))$	m_1
2.	$\forall x(x+0=x)$	m_2
3.	$\forall x(x+S(0)=S(x))$	m_3
4.	$\forall x(x+1=S(x))$	m_4

数が $P \supset P$ 全体に割り振られる。

式の列は形式的証明で役割を演じる。第五章にその例があった。(上図参照)

各行の右にある数が、各々(おのおの)の式に付されるゲーデル数だ。四つの式の全体に対して、今や $2^{m_1}3^{m_2}5^{m_3}7^{m_4}$ というひとつの数が割りふられる。これまた、たいへん大きいが文句なしに明確な数である。力強く簡潔な算術的形式で情報を表現したものだ。

この番号割り当て図式には利点が二つある。記号、式、式の列の一つ一つに唯一のゲーデル数があること。そして、どのゲーデル数も、ただ一つの列、式、記号を指し示すこと、の二つだ。ここでは、体系が言っていること、すること、しうることは、算術の基礎理論によって媒介されている——すなわち、どの数字も、いくつかの正の素数の和としてひととおりに表現されているのだ。$P \supset P$ にはゲーデル数として $2^{12}3^{3}5^{12}$ のみが割りふられる。そして、$2^{12}3^{3}5^{12}$ と最初のリストから論理学者は、その数がどんな式を表すかをさかのぼって特定できる。

意外なのは、それ自身について述べる算術の言明をおこなうす

1.	$\forall x(x+S(0)=S(x+0))$	m_1
2.	$\forall x(x+0=x)$	m_2
3.	$\forall x(x+S(0)=S(x))$	m_3
4.	$\forall x(x+1=S(x))$	m_4

べが見つかったことだ。この証明は巧妙なものだが、これは単なる巧妙さの問題ではない。記号に標識を割りふることによって、算術はもう一つ声を与えられる。第一の声は、直接、数とその性質に語りかける。第二の声は、数とその性質についての事実に語りかける。学問分野のなかで唯一、基礎算術はポリフォニックな分野であることがここで明らかになった。その簡潔な記号は、かけ離れているが明瞭な調性を帯びるのだ。

ここにいたってメタ数学者は事態を掌握する。メタ数学者によれば、上図の形式的な式の列は、式$\forall x(x+1=S(x))$の証明である。

だが、言葉の代わりにゲーデル数を用いても、同じことを表現できるのだ。

$2^{m_1}3^{m_2}5^{m_3}7^{m_4}$は$m_4$の証明である。

しかし、ここまでのところ、メタ数学者の言うことはメタ数学の範囲にとどまっている。「……の証明である」という言葉は、算術の言葉ではなく、算術についての言葉であるから。それでも、算術についての議論を、算術そのもののなかで表現することはできるのだ。なんといっても、この場合の「……の証明である」という言葉は、二つの数をめぐる一つの算術上の関係を表している。すなわち、第二の数で名づけられる式の証明に第一の数が対応する場合にのみ成り立つ関係だ。この算術上の関係は、普通の算術の枠内にある算術的述語によって十全に表現されるかもしれない。この述語をPRと呼ぼう。すると、さきほどの表現はこう書き換えられる。

$$2^{m_1}3^{m_2}5^{m_3}7^{m_4}\mathrm{PR}m_4$$

あるいは古典的な記号法に戻れば、

$$\mathrm{PR}(2^{m_1}3^{m_2}5^{m_3}7^{m_4}, m_4)$$

これは、次の文と形式のうえでなんら違うところがない。

より大きい（7，5）

これは「7は5より大きい」ということだ。どちらの文も、算術の文であり、数について語っているが、コードのとりきめによって、前者はほかの事柄についても語っている。すなわち、ある事柄の証明になっている。

あとは第3ステップを踏むだけだ。さきほどの式、

$$\mathrm{PR}(2^{m_1}3^{m_2}5^{m_3}7^{m_4}, m_4)$$

から意味を取り除くと、形式的算術そのものの数限りなく連なる行の一つになる。こうなると、今や〝形(かたち)〟が並んでいるだけであって、算術の言明でも何でもない。

$$\underline{\mathrm{PR}(2^{m_1}3^{m_2}5^{m_3}7^{m_4}, m_4)}$$

自己言及の非常に正確な形を生みだす機械が手に入ったのだ。

帰納

それが重要だとは、しかも決定的に重要だとは誰も気づかないまま、重要な思想が思想史のなかでさまよっているということがよくある。帰納はその一例だ。帰納法とは、例を通してすでにお馴染みのステップバイステップのプロセスを指す（推論の階段を昇って文法的な式を明示する定義がいろいろあったのを思い出してほしい）。ゲーデルはみずからくりひろげた偉大な議論を通じて、帰納が何であるかを認識し、アルゴリズムの本質そのものを数学用語で表現した。

述語（xは金髪である）と関係（xはyよりも金髪である）は、すでに形式的言語に正式に登場している。今や第三の数学上の存在が必要とされる。それは関数だ。関数は数学における生物の神経のような存在で、対象を別の対象に結びつけ、関係を形づくり、ある集合の要素を別の集合の要素と結びつける。関数の性質をはっきり理解しようと努力する数学者は、螺旋をなして連なる定義をたどっていくことを余儀なくされる。だが、最も普通の概念を説明しようとするとき、ほかの人々と同じく数学者にとっても、例が最も役に立つはずだ。私たちが扱う領域は、自然数の世界である。どの自然数も二乗できる。すると、2は4、4は16、3は9、5は25、50は２５００になる。何かが与えられ、何かがなされると、何かが見つかる。与えられるものは数、なされることは掛け算、見つかるのは、その数の平方だ。数を二乗するときの精神の三重の動きは、数学的には、記号がそれ自体に及ぼす作用によって表示される。

$$f(2)=4$$
$$f(4)=16$$
$$f(5)=25$$

は、どれも、ある数からその平方への運動を伝える。すでに普通の言葉で述べられたものが、今度は記号によって述べなおされるわけだ。fは関数そのものを指し示し、ある数に圧力を加えて、別の数を生み出す。

ここでは具体的な数を持ち出さなくてもいい。特定の数値の代わりに変数をおけば、結果は

$$f(x)=x^2$$

となる。これは、いわば万能の指令機構であり、数学者はこれを用いて無数の知的操作を記録する。つまり、この表現はあらゆる数を受け入れ、それを二乗にしようという数学者の意志を記録する開かれた構造なのだ。

算術的関数は、名前が示すとおり、ほかならぬ算術の仕事にかかわっている。足し算は

一つの算術的関数で、二つの数からその和を出すものだ。掛け算も同様、割り算も同様、残りもすべて同様。

証明を組み立てるうえでゲーデルは新しい種類の関数を導入した。原始帰納的関数だ。ゲーデル以外の論理学者もその存在に気づいていたが、ゲーデルはその重要性を証明したのである。原始帰納的関数とは、特殊な種類の関数である。ゲーデルがはじめて厳密に述べた意味で機械的であるかぎり、非常に重要だ。

例を挙げよう。

$$f(0)=1$$
$$f(1)=1$$
$$f(x+2)=f(x+1)+f(x)$$

この関数によって生じる数列の各項はそれぞれ、その背後にある関数から導き出される。ゾウが順繰りにその前のゾウの尻尾にしがみついているように。この数列は、最初の二つの関数により、

1，1

という数ではじまる。三番めの関数によって、数列の次の値、すなわち$f(2)$を確定できる。しかし$f(2)$は実は$f(0+2)$であり、これは$f(1)+f(0)$であるが、ここでは既知のものである。よって、2に対する関数の値は2だ。3では？　きくまでもない。誰でもわかる。

ゲーデルの定義によって、この例は、数を数に写像する関数すべてという一般的文脈のなかにおかれる。この発想の天才的なところは、その方法にある。数学者は、帰納法によって、無限に大きな対象ではなく、有限な構成規則を扱うことができるのだ。数学者がまず列の最初の数を指定でき、次にk番めの数によって$(k+1)$番めの数を定義する規則を提示できれば、私たちは、ある数列の帰納的定義を与えられる。これこそ、帰納法のお馴染みのループだ。

帰納法の概念には、もっと形式的な定義を与えてもいい。原始帰納的関数は三つの単純な関数ではじまる。

1．ゼロ関数Z　どんな数を与えられようと、ゼロ関数は0をもたらす。$Z(0)=0$、$Z(1)=0$、そして同じように$Z(10000)=0$となる。

2．後続数関数S　どんな数を与えられようと、後続数関数は、その数の後続数をもたらす。$S(0)=1$、$S(1)=2$、そして$S(10000)=10001$となる。

3．恒等関数I　どんな数を与えられようと、恒等関数は、まったく同じ数をもたらす。$I(0)=0$、$I(1)=1$、$I(10000)=10000$となる。

これらの関数が帰納の核心を形づくる。

かくして、以下のような定義が出てくる。

原始帰納的関数とは、有限個の明示された機械的操作によって、帰納の核心から導き出せる算術的関数である。

＊詳細については補遺を参照のこと。

関数$f(x)=x+2$を例にとろう。数xが何であれ、この関数はxに2という数を加える。すなわち、$f(4)=6$であり、$f(28)=30$となる。この関数は、原始帰納的なのか。そうなのだ。後続数関数$f(x)=S(S(x))$から導き出せる。関数$f(x)=x+2$は、与えられた数の後続数の後続数をもたらす関数である。

何かが与えられ、何かが定義された。古代ギリシア人から、ライプニッツとペアノ、そして二〇世紀にいたるまで歴史を通じて密かに生きつづけてきた考えが、ここではじめて明るみに出る。帰納法のループはいまや形式的定義を与えられた。

枢機卿、帰納法を考える

ウィーンに住んでいたとき、私は枢機卿の秘書官から手紙をもらった。教会が正式な手紙に使う型押しの施（ほどこ）された便箋に書いてある、ヘル・ドクトル・プロフェッソル宛てのものだった。優雅なドイツ語で書かれていた。私が数理論理学を深く理解しているのを知って、枢機卿に帰納法の概念を説明してくれないかというのだった。そういえば、ときどき大学の同僚が、非公式に枢機卿に話をしてくれないかと誘われていた。枢機卿は概して、卓越した科学者から教えを受けることを好んでいたので、秘書官から手紙がきたのは、枢機卿が私の名声について奇妙な思い違いをしているためとしか考えられなかった。

それでも、私は承知した。引き受けない手はない。

ケルントナー通りにほど近い並木道に面した教皇庁公使館にある、枢機卿の執務室の控室で、枢機卿の秘書官に会った。秘書官はイエズス会士のローブをまとっていた。顔は小さく、ほぼ完璧に左右対称で、顔の造作はくっきりきわだっていた。黒い目のうえに太い横一文字の眉。細い鼻すじの下の小鼻は派手に外に飛び出している。平たく薄い唇。ひげが濃いたちらしく、見るからに剃ったばかりであるにもかかわらず、あごと頬が青々としていた。

控室は、実にバロック的なこの街の基準で見てもバロック的だった。天窓のある円天井でピンクや藤色の天体が戯れていた。淡い色の複雑な模様の壁紙。第一帝政様式の優美な赤いソファーが第一帝政様式の美しいデスクと向き合っている。クリーム色の色あせた敷物には悲しげな目をした一角獣が描かれていた。いかにも古そうで、本物らしかった。一方の壁に教皇ヨハネ二三世の肖像画が、もう一方の壁に壮麗な後期ジョットの絵が掛かっていた。あらゆる美術書に載っているやつだ。部屋は、寄木張りのテーブルに並んだ赤いシェードのランプと、天窓から入る光で照らされていた。

秘書官は第一帝政様式のデスクの前に座り、会見の段取りをざっと話した。「猊下は基本的なことを理解したいとお望みです。もちろん細かいことにも興味をおもちです。さまざまな概念を明確かつ簡潔に説明していただきたいとお望みになるでしょう。猊下から質問をされても、ご自分のほうから猊下に質問することは許されません」

「お訊ねしたいのですが、なぜ帰納法を理解したいと望んでいらっしゃるのですか」

秘書官は仕立てのよい法衣の下で肩をすくめた。「猊下は幅広い興味をおもちです」

優美な振り子時計が時を告げた。三度鐘を鳴らしてから、トリルで短いメロディーを奏でた。

秘書官は立ち上がり、枢機卿の執務室に案内してくれた。彫刻が施された木の扉を開け、すぐに引っ込んで、扉を閉めた。

控室は壮麗でバロック風だったが、枢機卿の執務室は落ちついた感じの書斎だった。どの壁も、古めかしい作り付けの本棚に覆われていて、本はほぼすべて革か模造皮紙でできており、タイトルにはほぼすべてのヨーロッパの言語が見られた。

枢機卿はデスクに座っていた。赤いローブをまとった堂々たるアザラシのように椅子から立ち上がり、体をこちらに傾けて、両手で私の手を握り、満面に笑みをたたえて、またお会いできたのは喜ばしいかぎりだと言った。私は面食らった。枢機卿は、デスクの前にある背もたれの高い木の椅子に座るよう身振りで指示した。

「私の願いを聞き入れて親切にもお越しくださり、感謝いたします」枢機卿は、太い指をロザリオにかけて、慇懃（いんぎん）に言った。「私は学問が容易に習得できる年齢を過ぎてしまっております。好奇心はあるのですが、話し相手の助けを借りずに学問を学ぶだけの素養がありません」

私は目だけを動かして部屋を見まわした。そこにある本を見るかぎり、素養が欠けていることだけはないように思われた。

「猊下、そんなことはないと思いますが」私はもぐもぐと言った。

「しかし、そうなのです」枢機卿は言った。その声はほんのわずか厳しくなった。「ゲーデルが生まれた街にいながら、その業績をあまり知らないというのは外聞の悪い話です」

「猊下、知っている人などほとんどいませんよ。今だって。知性の歴史の車が回っているときには大事な瞬間をのがしやすいものです」

「いかにも」枢機卿はそう言うと、私の言葉を待つように黙った。

私は話すべきことを暗記していた。「ゲーデルの定理は、算術が不完全であることと、その無矛盾性の証明が算術そのものの力を超えていることを証明しました。数学者のなかには――たとえば、ジョン・フォン・ノイマンのように――この証明とその含意をすぐに理解する者もいましたが、ゲーデルの推論はあまりに難解で、証明は簡潔さとパラドクスが織りなす傑作だったので、何か注目すべきことが成し遂げられた、現実が大きく再編成されたのだと数学界全体が理解するまで少なくとも三〇年の時が過ぎることになります」

枢機卿は満面に笑みをたたえ、ふっくらした頰を引き上げようとしているかのように動かした。「それは実にうまい言い方ですな。現実が再編成されうるとは知りませんでした」

「現実に対する認識のことです、猊下」

「私たちが言わんとすることと私たちが言うことのあいだには、常に重大な違いがありますね。そう思いませんか」

「もちろん、そうです、猊下」私は言った。

「では、どうか帰納法について教えてください。フォン・ノイマン本人がこの執務室で前任者にゲーデルの定理の結論を説明しました。そのときのことをよく覚えています。もちろん、先生はフォン・ノイマンを見知っているような年代ではありませんね。フォン・ノイマンは八か国語を話しました。どれもひどいハンガリーなまりで。それでも明晰で冷静でした。ご存じないかもしれませんが、フォン・ノイマンは死に対して強い恐怖を抱いていたのです。最後に、秘蹟を受け入れました。しかし、講義で帰納法は説明してくれませんでした。これを読んでも――」枢機卿はデスクの上にある『ゲーデル、エッシャー、バッハ』を指した。「私にはその重要性が定かでないのです」

「帰納法は、人間が無限の総体を把握する一つの方法です」

枢機卿はこちらをじっと見た。「無限の総体を把握するには無限の精神が必要です。そうではないですか」

「ゲーデル自身、考えました」私は慎重に言った。「人間の精神は無限ではないのだろうかと」

枢機卿は微笑んだ。「それなら、なぜ人間が無限の総体を把握する方法を見つけることが必要だと思ったのですか」

いい質問だった。答えられない質問でもあった。

枢機卿は言った。「無限を把握することは精霊に任せておけばいいのかもしれません。私にとって重要なのは人間のやり方です。私は所詮、ほかの人々と同じく、ただの人間にすぎません」

「自然数はどこまでもつづきます」私は言った。

「そのようですね」

「帰納法は、私たちもどこまでもつづくようにするすべです」

「ここは一つ、実例を挙げていただけませんか？」

「もちろんです、猊下」私は暗記してきた第二の話をはじめた。「数学に現れ、自然界にも現れる神秘的な数列がよくありますが、フィボナッチ数列もその一つです。たとえば、貝殻の渦巻き模様はフィボナッチ数列にしたがっていますし、そういうものはほかにもあります。この数列は次のような数ではじまります。

1, 1, 2, 3, 5, 8, 13,…

明らかに、この数列の数は前の二つの数を足し合わせることでつくられています。最初の数は1。1＋0＝1なので、二番めの数も1。1＋1＝2なので、三番めの数は2。2＋1＝3なので、四番めの数は3などという具合です」

「その〝など〟がひっかかるわけですよ。いったい〝など〟の部分はどうなっているのですか？」枢機卿は言った。

「〝など〟に内容を与えるやり方は二通りあります。一つは帰納法によるのです」もってきたメモ帳を枢機卿のデスクにおき、次のような記号を書いた。

$$f(0)=1$$
$$f(1)=1$$
$$f(x+2)=f(x+1)+f(x)$$

「ここに書いた記号は指針の役目を果たします。0から出発してフィボナッチ数列を一ステップずつ構成するすべを、人間の精神に示すのです。これによって下から上に向かって塔を築くことができます」

枢機卿は重い首を振って頷いた。

「第二の方法は、代数的定義によってフィボナッチ数列を明示的に定義するというものです」私は標準的公式を書いた。

$$x_n=\frac{1}{\sqrt{5}}\left[\left(1+\frac{\sqrt{5}}{2}\right)^n-\left(1-\frac{\sqrt{5}}{2}\right)^n\right]$$

枢機卿はメモ帳を私から取りあげて、二つの公式を検討した。一つ一つの記号を読むにつれて眉を緊張させながら。

「もちろん、どちらの方程式も答えは同じです。$x=1$なら、$f(x)$は1。帰納方程式の場合と同じです。いくつかの代数的操作の問題にすぎません」

枢機卿は片手を挙げた。「計算には自信があります」と枢機卿は言った。「xは非常に大きな数だとしましょう。たとえば、一〇〇万とか」

「代数方程式からすぐに答えが出ます」私は言った。「しかし、計算は厄介です」

「帰納方程式は？」

「答えは出ません。$x=999999$と$x=999998$のときの$f(x)$が何であるかを知らないかぎり」

「ほう」枢機卿は言った。「では、帰納方程式は何の役に立つのですか」

「代数方程式などないか、方程式を解く手順がむずかしすぎるとしましょう。常に帰納のプロセスにしたがい、簡単なステップを何度も繰り返すことによって、非常に大きな数に達することができます」

「お祈りみたいだな」枢機卿はひとりごちた。

「でも、ほかにもあるのです」私は遠慮がちに言った。

「何ですか。教えてください」

「帰納法は機械的プロセスの例です。ステップは単純なものなので、実行するうえで何も考える必要はありません。ただ前の二つの数を足し合わせるだけで、数列はひとりでにできていきます」

「で、その重要性は？」

「それによって、〝有効計算可能性〟という直観的概念に厳密な意味が与えられます」

「有効計算可能性というと？」

「小さな別個の有限のステップでおこなえ、特定の結論に向かって進むものです」

「言い換えれば、機械的ということですか？」

「言い換えれば」

「堂々巡りをしているようですが」

「そのように思われますね。猊下。しかし、〝機械的〟と〝有効〟と〝計算可能〟は日常言語の用語ですから、曖昧、少なくとも不明確です。私が定義した帰納的関数はまったく明瞭です」

「しかし、その意義は、〝機械的〟と〝有効〟と〝計算可能〟の意義をすでに知っている人にとってしか明確ではないのでしょう？」

私は肩をすくめかけ、それが無礼な仕種（しぐさ）だと気づいた。そこでどうにか途中でやめた。

「どこかからはじめなければなりません」

「何らかの謎から？」

「そうです」

「帰納法という主題が私の好みに合うのは、はっきりわかっていました」枢機卿は言った。

その瞬間、枢機卿の控室の時計が時を打ち、チリンチリンと短い曲を奏でるのが聞こえた。私の背後の扉が開き、枢機卿の秘書官が部屋と部屋のあいだの空間に立って、恭しく待っていた。枢機卿は再び席から立ち上がって、大きな手を差し出した。会見は終わった。

証明の結尾

〝不完全性〟はどうなったのか。準備にかなりの時間をかけたにもかかわらず、これまでのところ不完全性には触れていない。では、とりとめのない再現ドラマはやめにして、原始帰納的関数を数学史の舞台に登場させるとしよう。四六個の定義を連ねて、ゲーデルは、基本的な算術演算が原始帰納的関数であること、形式的体系についてのメタ数学的演算のほぼすべてがやはり原始帰納的であることを証明した。ほぼすべてだ。すべてではない。

「形式的体系についてのメタ数学演算が原始帰納的である」というのは、もちろん、こういう演算がゲーデル数によってコード化され、算術の枠内で表現される、ということだ。結果として、一つの予備定理が得られる。数についての帰納的命題とは、帰納的関数ないし帰納的述語が登場するものである。ここには謎めいたところはない。2＋2＝4という命題には、足し算を表す帰納的述語が含まれている。足し算が帰納的なのは、算術の範囲で足し算はお馴染みの推論階段に沿って解釈されることからわかる。したがって、問題の定理はこうなる。

自然数についての帰納的命題はすべて、一つの式を用いて形式的算術の枠内で表現できる。そして、その命題が真であれば、また、その命題が真であるときにのみ、その式は証明可能であり、その命題が偽であれば、また、その命題が偽であるときにのみ、その式は証明不可能である。

5は素数であるという単純な言明は、数についてであること、つまり「5は素数である」ということを述べている。これはたまたま真である。したがって、真理を表現する形式的算術のなかで証明可能な式があることになる。通常の算術上の概念についても同様だし、証明そのもののような通常のメタ数学上の概念についても同様だ。

ゲーデルはこの定理で、ちょうどヒルベルトが期待していたように、純粋に帰納的な体系と見なしうる算術はまったく完全であると証明して、帰納性を証明の概念に直接結びつけた。

今度は決定不可能な命題だ。ゲーデルは、「自分は証明可能ではない」と述べる形式的算術の文を組み立てようと提案した。これは三ステップでおこなわれる。まず論理学者の声をコードによって算術に埋め込まなければならない。次に二重思考によって算術から意味をはぎとらなければならない。それから、二重思考を覆さなければならない。形式的算術の文が自らについてこう言及するようにするのだ。「見ろ、おれを証明することはできないぞ」と。驚くべきポリフォニックな仕事である。

詳細は次のとおり。

自由変項vが一つだけ出てくる形式的算術の式$A(v)$を考えよう。「vは素数である」という式は、その一例であり、vが3などの素数と解釈されれば真であり、そうでなければ偽である。しかし、$A(v)$でvは自由であり、したがって、それがどれほど一般的か、また、あらゆる数について成り立つよう意図されているのかそうでないのか、あるいは、どんな数にも成り立たないよう意図されているのか、私たちにはわからない。

空(あ)いている自由変項があるこうした式は、リシャールのパラドクスと同様に列挙することができる。一番めの式があり、二番めの式があり、三番めの式があり、ついに二二三番めの式がある。これらは形式的算術の式である。したがってまだ意味などもっていない。体系における〝形(かたち)〟以上のものではないのだ。

リスト上のすべての式に独自のゲーデル数が割りふられる。論理学者がこのリストを上から見ていくと、

式（1）↑　式1のゲーデル数
式（2）↑　式2のゲーデル数
式（3）↑　式3のゲーデル数
……
式（223）↑　式223のゲーデル数

リストはどこまでもつづく。

式13が F*v* なら、そのゲーデル数は $2^{17}3^{13}$ である。

次に新しい述語 A(*v*, *x*) が論証に参加する。二つの数 *v* と *x* について成り立つものである。数という言葉に注意してほしい。これは通常の算術の述語である。まったく通常の関係だ。

この述語は、これから述べる二つの条件を満たすかぎりどんな数についても成り立つ。まず、変数 v は必ず、リストに載っている何らかの式 $A(v)$、すなわち、v 自体が自由であるような式のゲーデル数を表さなければならない。これはいまだオープンエンドな関係である。v がどんな数であるか、論理学者にはまだ見当もつかないからだ。そして第二に、x はその式の証明のゲーデル数でなければならない。ここにいたって、自由変数 v は式からはじきだされ、ある数字で置き換えられる。v が何であれ v が指示する数を表現するものだ。

たとえば、リスト上の九三番めの式が Ev だとする。そのゲーデル数は 2^{14} 3^{13} だ。論理学者がこの式に普通の意味を与えると、Ev は「v は奇数である」という算術上の命題を表していることがわかる。v が何であるかわからなければ、式は不確定である。

述語 $A(v, x)$ が活用される。変数 v は、v が自由であるようなリスト上のいずれかの式のゲーデル数である。この場合、$v=2^{14}$ 3^{13} だ。変数 x は、その式の証明のゲーデル数である。すると、v は式から取り除かれ、2^{14} 3^{13} で置き換えられる。その場合、$A(v, x)$ が述べるのは、x は、数 2^{14} 3^{13} を表す数字を v に代入したときに生じる公式の証明のゲーデル数であるということだ。(もちろん、関係 $A(v, x)$ は直観でとらえられるものではない)

たまたま述語 $A(v, x)$ は原始帰納的である。だから純粋に形式的記号によって形式的体系のなかで表現してよい。$\underline{A(v, x)}$ は形式的算術のなかから現れ、意味を与えられると、形式的算術を超えて $A(v, x)$ が意味することを述べる。

論理学者は次にこのまったく普通の形式的算術の式に量化子を当てはめ、$\underline{\forall x \sim A(v, x)}$ を得る。この式を適切に解釈すると（論理学者が記号に命を吹き込むと）まさにそれが言うはずのことを言っているのがわかる。「ゲーデル数が v である式の自由変項をその式のゲーデル数を指す数字で置き換えると、その式の証明は存在しない」ということだ。

さて、以下が、この証明の限りなく巧妙な部分だ。式 $\underline{\forall x \sim A(v, x)}$ には自由変項が一つしかない。したがって、これも、先ほどの、自由変項が一つだけの式のマスターリストに現れなければならない。たとえば、九三三番めの位置に。マスターリストに出てくるのだから、独自のゲーデル数をもっていなければならず、実際にもっている。そのゲーデル数はPで、形式的算術でPを指す記号が $\underline{\mathrm{P}}$ となる。

今度は、述語Aの組み立てを支配してきたレシピにしたがって、数値による呼び名 $\underline{\mathrm{P}}$ を $\underline{\forall x \sim A(v, x)}$ の v に代入しよう。すると $\underline{\forall x \sim A(\mathrm{P}, x)}$ となる。あるいは、同じことだが、マスターリストの $A(v)$ を $A(\underline{\mathrm{P}})$ で置き換えよう。〔$A(v)$ は $\underline{\forall x \sim A(v, x)}$ と同じ式で、$A(\underline{\mathrm{P}})$ は $\underline{\forall x \sim A(\mathrm{P}, x)}$ と同じ式である〕

今や論理学者はこれらの式に語らせ、口笛を吹かせ、叫ばせなければならない。論理学者が形式的記号に意味を与えると、$\underline{\forall x \sim A(\mathrm{P}, x)}$ はどういうことになるだろうか。

「$\mathrm{A}(v)$ のゲーデル数を v に代入したときに生じる式 $\mathrm{A}(v)$ の証明は存在しない」ということだ。けっこう。だが、どの式？　この問いでゲーデルの定理とリシャールのパラドクスは出会い、暖かい握手をして、別々の道を行く。

式 $\forall x \sim \mathrm{A}(\mathrm{P}, x)$ が言っているのは、「式 $\forall x \sim \mathrm{A}(v, x)$ の v に P を代入したときに生じる式の証明は存在しない」ということだ。

しかし、$\forall x \sim \mathrm{A}(\mathrm{P}, x)$ 自体がまさに式 $\forall x \sim \mathrm{A}(v, x)$ の v に P を代入すると成立する式だ。$\forall x \sim \mathrm{A}(\mathrm{P}, x)$ を解釈すると、この式は「自分は証明不可能である」と言っていることになる。

したがって、形式的算術が無矛盾なら、形式的算術のなかに証明できない文が少なくとも一つできてしまう。さらにまずいことに、その文は真である。その文の意味を考えてみよう。

ここにはパラドクスの最も確かな徴候があるが、結局、パラドクスなどない。願望を除けば、算術の真理がすべて算術のなかで証明できると考える理由などないのだ。

ヒルベルト・プログラムは破綻する運命にある。今やおしまいだ。私たちの知的経験の最も基本的な部分が不完全なのである。

これ自体驚くべき事実だ。知的楽観主義への鋭い反駁(はんばく)になっている。だが、奇妙にも驚きが驚きを生むかたちで、いっそう驚くべき事実が待っている。ゲーデルは、不完全性定理を証明して数週間後、自分の出した結論によって、〝完全性〟ばかりか〝無矛盾性〟も危機に陥ることに気づいた。今や推論の道筋は狭くなるが、たどりやすい。もちろん不完全性定理は無矛盾性の仮定に基づいている。矛盾を含む体系のなかでは、何でもありで、したがって何もかも無意味だ。ゲーデルの証明――今ざっと述べたもの――は、強い中心的な前提を含んでいる。それは、「算術が無矛盾であるとすれば、不完全である」というものだ。この前提は仮定文であり、二つの文が組み合わさってできている。前半部分の無矛盾性は、「形式的算術は無矛盾である」という公式で表現されるとしよう。そして、この公式をCONSという略号で表そう。二つめの文は一個の式――$\forall x \sim A(P, x)$――で表される。これは、「自分は証明不可能である」というものだ。したがって、問題の仮定文は次のような形式をもち、ゲーデルの議論に拍車をかける。

$$\mathrm{CONS} \supset \forall x \sim A(P, x)$$

これはまだ普通の言葉の論理学バージョンだ。論理学者のメタ言語に見られるものである。しかし、形式的体系のなかでメタ数学を表現するのに役立ったコードが、形式的体系のなかでこの文を表現するのに使えない理由はない。したがって、

$\mathrm{CONS} \supset \forall x \sim \mathrm{A}(\mathrm{P}, x)$

今や推論がはじまる。算術の無矛盾性は算術のなかで証明可能なのか。そうだとすれば、CONSは証明可能にちがいない。なにしろ、CONSは、「算術は無矛盾だ」ということだ。しかし、CONSが証明可能だとすれば、$\forall x \sim \mathrm{A}(\mathrm{P}, x)$も証明可能であり、しかもこれはわずか一歩の飛躍にすぎない。しかし、$\forall x \sim \mathrm{A}(\mathrm{P}, x)$は証明不可能である。それがゲーデルの第一不完全性定理の趣旨だ。したがって、CONSも証明不可能でなければならない。

これがゲーデルの第二不完全性定理の趣旨だ。算術の無矛盾性は算術のなかでは証明できない。もっと強い方法が必要である。疑いは上のほうに持ち越されたが、解消されたのではない。

ゲーデルは第一定理の仕事を仕上げてすぐ第二定理を発見した。そして自分が出した結論についてフォン・ノイマンと議論した。数週間後、フォン・ノイマンは、ゲーデルがすでにたどっていた不完全性から無矛盾性への推論の道筋に気づき、すぐにゲーデルに手紙を書いて、自分が発見したことを伝えた。しかし、ゲーデルはフォン・ノイマンが見たものをすでに見てしまっていた。

冬のプリンストン

一月末のプリンストンの街を冷たく強く湿った風が吹く。空は灰色に垂れこめ、あたりに満ちた光は青く、たそがれどきの北の空を時として凶暴な黄色い稲妻が貫く。雪はめったに降らない。そのせいで、この冬はいくぶん荒々しい印象だ。私は通りを歩いた。昔の通りの様子を思い出した。

クルト・ゲーデルが餓死したのは冬のことだった。病院の記録には、死因は簡潔に「飢餓性衰弱」と記されている。誰も驚かなかった。ゲーデルの古い友人である狂気が帰ってきたのだった。「肯定的な決断を下す力を失ってしまった。否定的な決断しか下せない」ゲーデルはそう言った。これは、鬱状態に苦しんだことのある者にしか理解できない言葉だ。つまり、誰にでも理解できるということである。ゲーデルは常に病弱だった。真夏のニュージャージーで厚ぼったいオーバーを着て、ひっきりなしに健康のことで悩んでいた。親しかったアインシュタインといっしょにゲーデルが写っている、見事な写真がある。マーサーストリートだろうか、ポーチに座っている。アインシュタインはワイシャツ姿で、体はしわくちゃで、丸々としており、顔は赤らんでいる。ゲーデルはアインシュタインの隣に座っている。きちんと整えた乾いた髪をオールバックにしている。目はグラスの陰に隠れている。そして、もちろん、オーバーコートを着ている。

ゲーデルは、自分に敵意を抱く者に毒を盛られて殺されると信じていた。自分が妄想を抱いていることに気づいていたが、それでも妄想を抑えられなかった。そして、必然的な結論、論理的な結論を引き出した。自分が運命的なパターンに包まれていくのがわかったが、それを避けることができず、妄想のせいでそのパターンを完成せざるをえなかった。

ゲーデルは食べるのをやめた。そして、一九七七年一二月末にプリンストン病院に入院した。ペンシルヴェニアで治療を受けるという話があったが、ゲーデルは医者を拒絶していた。それも当然だろう。安心感を与えてくれるおじさんのような存在で、ゲーデルに理解のある人だったアインシュタインは二〇年以上前に死んでいた。友人であり同僚だったオスカー・モルゲンシュテルンは、その年に死んでいた。母も死んで、異国に骨を埋めていた。ゲーデルが献身的な愛情を捧げた妻は病気だった。ゲーデルは一人きりで生きていたくなかった。ドイツ語との最後の生きたつながりが消え去った。数理論理学の新しい成果についていけない、少なくとも完全にはついていけないと、ゲーデルは何年も前に告白していた。ゲーデルの筋肉は衰えていき、顔の頑丈な骨のせいでフクロウのような顔つきになっていた。一月半ば、ゲーデルは電話でハオ・ワンと礼儀正しく言葉を交わした。そのときのゲーデルははるかかなたから話しているような感じで、すでにあの世に行ってしまったかのようだったとハオ・ワンはのちに語っている。

　今やゲーデルの体重は実に軽くなっていた。六五ポンドほどだったろうか。もはや腹も空かなかった。ゲーデルは時間の流れを信じたことがなく、今や時計の及ばないところで生きていた。肌が薄くなり、半ば透明になった。そして、ある日の寒い午後、降りてくる天に向かって片手をのばし、ゲーデルは死んだ。

補遺　詳細

　この定義を私たちのようなくろうとに完全に受け入れられるものにするには、論理学者は私が本文で軽く触れた機械的操作を明示するだけでいい。言うが早いか、できてしまう。一つめは関数合成、二つめは原始帰納法だ。「原始帰納法」という言葉は今では二重の意味で使われている。形容句として原始帰納的関数を指し示しもするし、原始帰納法という操作を指し示しもするのだ。

　関数合成によって、$h(x)=f(g(x))$ の場合にのみ、関数 f と g から関数 h が導き出される。このようにして関数 $h(x+2)$ は関数 $f(g(x))$ から導き出される。ここで、$g(x)$ は x の次の数、$f(x)$ は x の次の次の数である。

　原始帰納法はもう少し込み入っている。ここまで私は変数が一つしかない関数を論じてきた。関数$f(x)=x+2$は、数を一つ受け取って、数を一つもたらす。関数がおこなう交換は二つの変数によって、ということは、二つの数によって調整されうる。それを形式化すると、関数$f(x, y)=z$となる。関数$Add(x, y)=x+y$はその一例だ。この場合、Addは二つの数を受け取って、その合計を出す関数だ。

原始帰納法は以下の図式にしたがってこのような関数の生成を支配する。（一）$h(0)=c$、（二）$h(S(n))=f(n,h(n))$の場合にのみ、原始帰納法によって関数fから関数hを導き出せる。

これは見かけほどむずかしい話ではない。普通の言葉で言おう。cは定数なので、0に対するhの値はきまっている。ある数nの次の数に対するhの値は、nとnに対するhの値にfが作用することによって決まる。足し算が関数合成と原始帰納法を用いる原始帰納的関数であることを示すのはたやすい。同様に、通常の算術演算が原始帰納法であることを示すのもたやすい。

原始帰納的関数はアルゴリズムの概念を正確に表現している。アッカーマン指数関数（とは何かなどときかないで）のように、明らかに計算可能だが、原始帰納的関数ではないものもある。

論理学者が帰納的関数という広い部類の定義を考えつくきっかけになったのは、こういう状況だ。このため、新たな機械的手続きが必要になる。すなわち、最小化の手続きである。関数 $g(x, y)$ が与えられているとしよう。$f(x) = y$ の場合にのみ最小化によって g から関数 f を導き出せる。ここで y は $g(x, y) = 0$ となるような最小の数だ。そのような y がなければ、f は定義されず、無意味になってしまう。

たとえば、$g(x, y)$ が $Add(x, y)$ だとしよう。

x も y も 0 であれば $0 + 0 = 0$ なので $Add(x, y) = 0$。したがって、0 は $Add(x, y)$ が 0 になるような最小の数である。

したがって定義上、$f(x) = 0$ の場合にのみ最小化によって $Add(x, y)$ から関数 f が導き出せる。同じように、$x = 0$ の場合にのみ $f(x) = 0$。ほかのどんな数 z に対しても $f(z)$ は何も意味しない。

私が述べた関数合成、帰納的関数、最小化の定義は、もっと一般的な言葉で述べなければ、これらがしなければならない仕事をすべてやることはできない。とくに、関数は独立変数がいくつあってもよく、これらの定義は $f(x)$ とともに $f(x_1, x_2 \ldots x_n)$ も含まなければならない。詳細はどの標準的な教科書にも書いてある。たとえば、ジョージ・C・ブーロス、リチャード・ジェフリー著『計算可能性と論理』（ケンブリッジ大学出版会：1974）を見ればいい。

しかし、詳細はどうあれ、重要なのは帰納法の概念である。すなわち、どこかで出発し、有限個の段階を上昇する推論の階段だ。そして、詳細が習得されようが、無視されようが、要点は残る。あらゆる重要な概念と同様に、あの階段、それを昇ろうとするかぎりなく退屈な試みの生き生きとしたイメージを変形する。

以降、本書で帰納的関数法と言うとき、原始帰納的関数だけでなく帰納的関数全部を指す。

第７章　危険な学問

以下の話は、ある晩、ブロードウェーと八五丁目の角にあるカフェでアーヴィング・バシェヴィス・シンガーが語ってくれたものだ。夜遅くのことだった。どういう理由でか、私がたまたま、論理は有力な学問分野だというゲーデルの有名な言葉に触れた。「いいかね、有力かもしれないが、危険なのは確かだ」とシンガーは言った。

「危険？　どうして？」

「ある話を聞かせよう」シンガーは言った。以下は、シンガーがイディッシュ語で話してくれたことだ。

イェフペツという町に、一人のラビがいた。長細い鼻からいつも滴がぶら下がり、黄色いあごひげがもつれて腰まで垂れ下がっていた。このラビは、めったにしゃべらなかったので、村の悪ガキどもからだんまりラビと呼ばれていた。結婚を間近に控えた若者が助言を求めにくることがよくあり、そんなとき、ラビは深いため息をつき、書斎の天井を見つめて、長い指をした手を組み合わせ、怒ったようにブツブツつぶやくのだった。年寄りは、死の天使の翼が羽ばたくのを感じると、ラビを呼んだ。ラビは、祈りを唱えるほかは何も言おうとしなかった。

家では妻は、ラビに普通の会話をさせるのをとうの昔に諦めていた。意味ありげに額を叩きながら、こう言うのだった。「悪魔に襲われて口がきけなくなったのよ」

昔からこうだったわけではない。ラビは独創的なタルムード解釈で有名だった。以前はよく『バヴァ・メツィア』という論文の一節を読みあげ、右手は左手に贈り物をすることができるかと学生に訊ねたものだった。

その目はキラキラしていた。学生たちは、座ったままこの問いを一心に考えていたが、誰も答えないうちに、ラビは論じるのだった。ひとに与えることができるのなら、自らに与えることもできるにちがいないと。

学生たちはうなずいた。

すると、次の瞬間、ラビは、この見方は実は完全に間違っていると論じた。「まぬけどもめ、ある人間が自分自身より背が高いことなどありえなかろう。なら、どうやって自分自身に贈り物をすることができるんだ」

ラビの論法は巧みで、そのテノールの声は説得力があったので、学生たちはまたも納得してうなずかざるをえない。

しかし、ラビは「他方で」と言って、自分がいま言ったこともすべて間違っていることを証明する。じりじりして歩きまわり、頭をさかんに動かして耳の前に垂れ下がった髪の房をひらひらさせながら、ラビは説明する。自らに贈り物をするとしたら、贈り物の贈り手と受け手のあいだで時間が過ぎなければならず、そのあいだに人は、それまでの自分と異なるものになる。

実は、悪魔は特別な計画にしたがって各人を堕落させる。ある日、午後遅く、袋を担いだ行商人がイェフペッツに現れた。背が低く、肩幅の広い男で、重い袋を担いでいるせいで幾分猫背になっていた。頭はカボチャ同様につるつるだったが、人の頭を二つ覆えるだけの毛を鼻と耳から生やしていた。クレチュマで昼食に麦がゆと凝乳を混ぜたものを食べてから、浴場に行った。行商人は手の爪が長く黄色い色をしており、行商人が靴を脱ぐと、イェフペッツの人々は、その足の指が長く、サルに似ているのに気づいた。その夜、行商人はほかの流れ者たちといっしょに教室にある木のベンチで眠った。

次の日、行商人は商品を売り歩くために出発した。家の戸を叩いて、奥様が返事をしたら、ほかの行商人と違って世間話などしなかった。

「鍋がありますよ。ニグロッシェン」と、ぶっきらぼうに言うのだった。

「もう少し愛想を振りまけば、あんたの舌も二つに分かれたりしないだろうにね」奥様がそう言うと、行商人はこう言葉を返した。

「舌に翼があったら、行商人は空を飛びますよ」

行商人は、頭をスカーフで覆ったイェフペッツの敬虔なユダヤ人の奥様方には、ブリキの鍋、ナイフ、かがり針、糸、仕立て用の蠟を売りつけたが、家の戸を叩き、ポーランド人の女中が出てくれば、サルのような手を袋に突っ込み、色のついたリボンや刺繡されたスカーフや鼈甲の櫛を取り出した。

女中は、こうした宝物を見て、頭を振る。

「でも、お嬢さん、支払いのやり方はたくさんあるんですよ」行商人は完璧なポーランド語で答える。

行商人の袋は底なしのようだった。イェフペッツの男性たちのためには、耳垢を取る道具、杖に取りつけられるライオンの首のような形のブリキの玉、ウサギの毛皮の裏を付けた暖かい手袋、しもやけ、寝汗、痔に効くいろいろな塗り薬があった。悪ガキども向けには、ブリキの横笛、キャンディー、カットされたビーズ、女の子向けには、銀の鈴、目が木でできた人形、真鍮を磨いてつくった小さな鏡があった。

ラビのもとでタルムードを学ぶ、声がちょうど嗄れはじめた学生たちのために、行商人は特別なものをもっていた。午後に埃っぽい通りを教室に向かう学生たちに近づいた行商人は、手を挙げて、言った。「メシアはこんなに長く待っているのです。もう少しくらい待てますよ」

学生たちは立ち止まった。行商人は袋に手を入れ、一組のトランプを取り出した。ラビの学生のなかで最年長の、鼻がラビの鼻に似て細長く、喉仏が飛び出したイチェ・ブンゼルという背の高い若者が、トランプをちらっと見て、通りに唾を吐いた。

「お若い旦那、これは特別なトランプですよ」行商人は言った。

「そういうトランプは悪魔が地獄で使っているんだ」イチェ・ブンゼルは言った。

「悪魔のトランプはこんなことができますかね」行商人はそう言って、カードを切った。行商人の手のなかでカードが跳ねると、カードの裏に素っ裸の太った女の姿が魔法のように現れた。

イチェ・ブンゼルの頬にさっと赤みがさした。イチェ・ブンゼルは踵(きびす)を返して立ち去り、ほかの学生もその後を追った。しかし、その日、水車小屋より川上の野原にある岩のうえにイチェ・ブンゼルが座っているのをヤギ飼いのギンペルが見た。イチェ・ブンゼルはカードを切ろうとしていた。

週末に行商人は懐(ふところ)に二コペイカを入れて歩いていた。土曜の朝には礼拝に出席し、救貧箱に五グロッシェン入れた。一日じゅう何も食べていなかった行商人はクレチュマで夕食をとった。カブといっしょに煮たコイの頭、酢漬けのビート、とろ火で煮たタマネギ、ナシにハチミツをかけアーモンドを添えたものを注文した。行商人はもはやほかの流れ者たちといっしょに教室のベンチで眠ってはおらず、クレチュマで寝床を頼んだと学生たちはラビに伝えた。

ラビはレブ・アヴィグトルに、行商人を自分の教室に呼ぶようにと言った。

「すぐに呼んできます」レブ・アヴィグトルはそう言って、走り去った。

ラビが長い木の机に向かって座り、タバコを吹かしていると、レブ・アヴィグトルがノックし、ドアを少し開けた。

「連れてまいりました」

「そのようだな」

ラビは行商人に椅子に座るよう身振りで指示した。行商人はラビと向き合って座り、あごひげをいじり、耳をほじっていた。ラビは咳払いをした。

行商人は、ラビの心を読んでいるかのように出し抜けに訊ねた。「貧しくなければならないとどこに書いてあるのでしょうか」

ラビは言った。「ウシは四つ脚で歩かなければならないとどこに書いてあるでしょう。書いてなくても、ウシは空を飛べません」

行商人は何も答えなかった。しかし、ラビには、そのかすかな微笑みにはひとをばかにしたところがあるように思えた。行商人は袋に手を入れ、革で綴じた本を取り出して、ラビのデスクのうえにおいた。

突然さっと風が吹いて、ラビのロウソクの炎が揺らめいた。ラビは鼻に痛みを感じ、それから耳にも痛みを感じた。手と足がチクチクした。咳をしたくなった。ハンカチを取り出し、激しいくしゃみをした。ラビは小鬼に取りつかれたのだろうかと考えた。すると、すぐに鼻と耳の痛みは消え去った。何もかも順調だとわかった。喜びが魂を満たした。行商人はそのままそこに座りつづけた。


次の日、イェフペツを出発する行商人の姿が見られた。一週間が過ぎ、また一週間が過ぎた。ラビは学生のもとに戻ると、自らに新しい分析力が備わっているのを感じた。長らく謎だった論文のさまざまなくだりの意味が突然、明らかになった。意味の裏にある意味が見えた。ページのうえで言葉が変身した。議論が口から滔々（とうとう）とほとばしり出た。まるでクジラを呑み込んだヨナになったような心持ちがし、歌のなかの歌に秘密のメッセージが暗号化されているように思われた。季節の移り変わりや獣を屠（ほふ）るときの儀礼的な掟について述べたものと学生たちが考えていた文言（もんげん）に、宇宙の目的にかかわる重要な意味があるか、地獄を建設する秘密計画が含まれていることをラビは示した。

学生たちはラビの考えの細部にはついていけなかった。ラビはごく単純な問いを立ててから、ヘブライ語の字面（じづら）の意味の裏にある複雑なものをあらわにする。「天使は翼が二つあると書いてあるのはなぜだろうか。なぜ四つではないのか」

学生たちは答えを探る。ラビはそれを中断させ、「まぬけども」と叫ぶ。「全能の神がたった二つの数で無から存在を創造したのがわからんのか」

やがて、ラビの力についての噂がイェフペツの町からはるかに遠くまで広まった。ヘルムから、またワルシャワからさえ学生がラビの講義を聴きにきた。ラビはもはや学生と議論はせず、ひとりで議論の両サイドを受けもった。二人の人間であるかのように「一方では」、「他方では」と言って。そのうち、タルムードを研究するために議論を明確に表現するというより、むしろ議論を明確に表現するためにタルムードを研究するようになっていった。ラビは何人かの学生を指名して専門的研究をさせた。ほかの学生を帰らせたのち、学校でその学生たちと会い、あらゆる種類の変わった命題を証明する。そして、論理によって言葉にそれが述べているように思われることを否定させ、それが否定しているように思われることを述べさせることができるということを示すのだった。ラビは、気心の通じあった者の前では実に才気にあふれていた。その目には奇妙な炎が燃えていた。

ある夜、ラビはイェフペツの埃っぽい通りを歩いて家に帰ってきた。いつもどおり、夕食にはパンとハチミツをかけたリンゴしかとらなかった。その後、狭い木の階段を昇って書斎に行った。デスクに向かって座り、パイプに火を点けた。煙がもくもくと部屋に満ち、鼻をむずむずさせた。

書斎の窓の外では、果樹が花を咲かせていた。果樹園では鳥がさえずっていた。暖かい晩に虫がブンブン飛びまわり、チーチー鳴いていた。

ラビは書斎のなかの見慣れた事物を眺めた。革で綴じた書物が並ぶ本棚。デスクにのった木の燭台。妻がそこに小さなロウソクを立てて火を灯していた。そして、カシ材の床に敷かれた擦り切れた敷物。鼻に痛みを感じ、さらに耳にも痛みを感じた。心臓のしたが焼けるように熱かった。前のイェフペツのラビだった父から遺言で譲り受けた銀の燭台は、歩哨のように直立していた。ラビには、この世界のあらゆるものは記号にすぎず、宇宙は巨大な議論として構成されているように思われた。窓の外の空に見える青白い星々が「一方では……」と主張し、三日月が「他方では……」と応答していた。本棚に並ぶ革で綴じた本はある主張を話し、漂う煙が別の主張で応えていた。いたるところで事物が論争し、いたるところに議論があった。天空の隅々が話し、観察し、反駁（はんばく）し、定義し、あざけり、驚いたふりをして見まわし、物事を指摘していた。

ラビが目覚めると、ロウソクは燃え尽きていた。

翌朝、ラビは伝授を受けた者たちを呼び集めた。「真理などない」そう言った。「あるのは議論だけだ」

学生たちは不安げにラビを見た。「どこに書かれていようか」ラビは言った。「真理がなければならないと」

それからラビは論じた。この世界に真理があるというのが真である場合にのみ、真理はありうるのだと。

学生たちは頷いた。

「まぬけども」ラビは言った。「真理を見いだすのに真理が要るのなら、真理が何になるか。コイを釣るのにコイが要るのなら、どうしてコイを釣ろうとしたりするのか」

その日からラビは、定まったタルムード解釈の一つ一つに反論することに邁進した。できないことは何もなかった。支持できない立場はなかった。難解な解釈にたどりつくと、予想に反してそれがタルムードの文言やラビ・アキバをはじめとする注釈者たちの言わんとしたことと一致することを証明した。いかに矛盾からあらゆるものが導き出され、いかにあらゆるものから矛盾が導き出されるかを示した。耳の前の髪の房を揺らし、ギャバジンのコートをはだけさせて教室を行ったり来たりしながら、しゃべった。人指し指で突き出し、耳たぶを引っ張った。あんまり早口なので、時折、自分の舌を呑み込んでしまいそうなほどだった。

ラビの議論は、ますます過激になっていった。小鬼か悪魔に取りつかれたかのようだった。ラビは安息日を神聖なものとしておく義務はないとか、神はモーセと契約を結ばなかったとか論じた。食事に関する戒律は犯されるべく定められたと、また、全能の神は人間に豚肉を食べさせようと考えていると、さらに、肉とミルクはいっしょにとるべきだと論じた。けがれた女は清らかで、清らかな女はけがれていると論じた。

弟子たちは困惑するようになったが、ラビの嘲笑とその言葉の力を恐れていた。レブ・アヴィグトルはラビに言った。「私たちが知るべく与えられるものもあるし、知らずにいるべく与えられるものもあります」ラビは振り向き、知られていることは偽であり、知られていないことは真であると主張した。レブ・アヴィグトルは顔面蒼白になった。

実のところ、ラビは自分の伝授を受けた者たちの前に現れるひとときのためだけに生きていた。あまり眠らず、栄養としてはおかゆをほんの何口か食べるだけだった。あごひげはもつれ、眉毛はもじゃもじゃになった。ギャバジンのコートのポケットのなかに小さな虫が湧いた。ラビがイェフペッツの通りを歩くと、ネコどもがシーと言って逃げ去った。夜になると不思議な火がラビの書斎に灯っているように見え、コウモリが窓枠を叩くのが見られた。

今やラビは伝授を受けた者たちの前で、敬虔な人間は邪悪で、邪悪な人間は敬虔だと論じた。何も禁じられていないとすれば何もかもが許されると論じてから、実は何も禁じられていないと証明した。神は人間をあざけるために世界をつくったのだし、人間は神をあざけるほかになすすべはないと論じた。快楽は最高の善で、放縦(ほうじゅう)は一種の正義だと論じた。メシアは到来したと論じ、メシアはけっして到来しないと論じた。律法は人によって書かれ、人は全能の神にできることはすべてできると論じた。……

ここでアーヴィング・バシェヴィス・シンガーは話をやめた。私は相手が先をつづけるのを待った。「話はこれだけだ」シンガーは言った。「人間、黙るべきときを弁(わきま)えていなくてはいけない」

第８章　抽象への飛翔

論理は常に危険な分野だった。自分自身の思考という荒野で道に迷った末に気が狂ってしまった論理学者は数知れない。そうした論理学者たちは、何年か後、常識というヘリコプターに救助されたとき、緊急食料をありがたくつまみ、カメラに向かって微笑んだが、いったい何をしているつもりだったのかと訊ねられると、やせた肩をすくめる以上のことはほとんどしなかった。何か言うとしたら、自分は、ゲーデルのように、見つけられないものを探していたと言うのだった。大論理学者たちは、狂気に向かう衝動を抱え、緊迫した均衡状態で生きている。論理学は、哲学と同じく、今もいつまでも奇妙な営みで、そこで使われる記号は、数学者にとっても馴染みのないものであり、それが適用される用途——思考の法則の描写——のせいでますます奇妙なものになっている。この「思考法則」という言葉は、想像力を発揮して、物理学者の言う自然法則との対比でとらえなければならない。物理学者の任務は、半導体や落ちるリンゴや宇宙の仕組みを解明するというブローカー的な仕事であるが、論理学者は、自然法則がどういう法則によって成り立つのかを探究し、際限のない夜にひとり、自らを追究するのだ。

こうしたことを背景に、一九三一年、シューシューという音をたてて、ゲーデルの重要な定理が火を吹いた。激震を引き起こすその威力のすべてが実感されるまで、少なくとも六〇年かかることになる。この定理が発見された物理的環境——一九三〇年代のプリンストン——と結びつけて考えるべきは、知性が脅威と神秘に直面しているというこの雰囲気だ。もちろん、ゲーデルは自分が出した結論をウィーンで発表したのであり、一握りの論理学者がすぐにその深さと性格を理解した。とくにフォン・ノイマンはゲーデルと話すためにハネムーンスイートを抜け出したほどだった（フォン・ノイマンが奇妙にも高尚な事柄に傾倒していることに花嫁がやるせない思いをしたのは疑いない）。ゲーデルは、新たに設立されたプリンストン高等研究所へと一〇年間に何度か足を運んだ末、一九四〇年、ここに落ち着いた。一九三〇年代に激しくなったヨーロッパの知性の海外離散の諸事情から、必然的にゲーデルの洞察の重要性は米国で最も深く実感されることになる。

当時のプリンストンは、私が知っているその三〇年後のプリンストンと格別、違ってはいなかったと思う。大きな楡（にれ）の木がいたるところにあり、葉が多すぎるほどたっぷりついていた。どこかしらゴシック風の古くて赤い建物。なかには一八世紀にさかのぼるものもあった。草が豊かに生い茂る芝生。気圧(けお)されるほど大人っぽく見える金髪で青い目の学部生が、Jプレスで買ったフランネルのズボンとジャケットに身を包んで、ポーチがついた立派な食堂に出入りする。キャンパスの外には、蚊がはびこる、幾分古びた見事なニュージャージーの田園風景が拡がる。土地が低いところは沼地になっており、そうでないところは、木がこんもりと繁っている。さびれた町がいくつか、バスのルートに沿って点在している。南にはトレントン、はるかかなた、二時間の距離のところに生活の灯、ニューヨークがある。

研究所は大学院の北側にあった。アインシュタインがそこにいたし、ジョン・フォン・ノイマンとオスカー・モルゲンシュテルンも、少なくとも一時的にいた。この研究所は、亡命ヨーロッパ人の最良の人材を集めるための場所だった。しかし、研究所の環境はどうあれ、ここはやはりプリンストンの研究所であり、一〇年ちょっと前にはF・スコット・フィッツジェラルドが行き来していた大学町と、ドイツ語が話される中欧の雰囲気が融合する、さえない木造建築の寄せ集めだった。

ゲーデルは、もちろん自分の成果について講義をおこなった。プリンストンの数学者（それに哲学者）の大部分は、ゲーデルの言うことを一言も理解できなかったが、一団の米国の論理学者——アロンゾ・チャーチ、スティーヴン・クリーネ、J・B・ロッサーほか数人——が聴衆のなかに座り、ノートをとっていた。ゲーデルは、フクロウのような目をして立ち、黒板に自分の重要な定理の詳細を書いて、表記法と証明の難解な細部についての質問に答えていた。のちに数理論理学を壮大な学問分野に仕立てあげることになる男たちは、窮屈な木の椅子に座っていた。ほっそりしたお尻をした学部生のための椅子には、贅肉のついた三〇代の体は大きすぎた。男たちは、黒板を見つめながら、意識していたにちがいない。のちに自分の身に何が起ころうと、ここでこの瞬間、天才の炎が激しく輝き閃くのを見ることができるのだと。

ゲーデルの不完全性定理は、まったく決定的だった。なにしろ、数理論理学を数学的に完全に成熟させる一方で、ヒルベルトのプログラムの概念的重要性を骨抜きにしたのだから。ゲーデルは、あふれる才能と絶妙のタイミングによって、新たな学問分野が発展するのに要する期間を数年間に圧縮してしまった。数理論理学をほとんど一瞬のうちに、ときめく探究のとばぐちから、いまだかつてない精緻さのレベルに引き上げたのだ。

不完全性が論証されたということが発表され伝えられると、数理論理学者が歩みを進めるのに指針としていた関心の軸は、空中で回転しはじめた。ゲーデルが、算術が不完全であることを証明し、さらに算術の無矛盾性の証明が算術そのものの外にあることを証明してしまったからだ。この証明は、一般相対性理論におとらず二〇世紀の知的構造の重要な部分である。

しかし、これらは証明である。わずかの疑いもない証明だ。ヒルベルト・プログラムが、数学者が数学に寄せる信頼に正当性を与えるためのものだったことを考えると、そういう期待を打ち砕いた定理そのものが反論の余地のない見事な数学的確実性の例だったのは皮肉である。しかし、ゲーデルの証明とほぼ同時に、そしてほとんどそれと気づかれぬまま、関心は完成したものから離れ、ゲーデルの証明によって開けた未踏の世界へと移っていった。

プリンストンのアロンゾ・チャーチ

概念が運動を引き起こすというのは、ある程度、人格のゆがみの産物である。不完全性定理を発見したとき、自分が発見しなくてもいずれ誰かが発見していたにちがいないと思ったと、ゲーデルは晩年、論理学者のゲオルク・クライゼルに向かって謙虚に言った。この考えはほぼ正しい。なぜなら、算術の不完全性をめぐる本質的な事実は、形式言語で述べた真理の概念についてのアルフレッド・タルスキーの仕事から導き出せるのだから。このことを考えると、概念とは必然的に形成されるもののように思えてくる。概念が歴史のなかをひとり歩きしているかのように。しかし、一つ、ゲーデルが触れなかったことがある。それは、自分の証明の圧倒的に独特な性格、すなわち優美さと精密さの珍しい組み合わせであり、自らが発見した対応づけの方法の驚くべき性格である。ゲーデルのみが壮大な対象を時の流れに乗せることができた。ちがう方法でこのことを述べたものはほかにいなかった。

一般的観点から見て、ゲーデルの定理は、不可能な物事があることを証明したものである。すなわち、数学者は基礎算術全体を支配する公理を書くことはできない。それが不可能だからだ、ということだ。ここで論理は宇宙のはずれを明らかにした。これにつづいて、一九三〇年代にさまざまな定理が現れることになる。これらは全体として、人間の自己分析の歴史への莫大な貢献だった。少なくとも、論理は確実性に対する要求を満たすことはできないが、要求そのものが欠陥を抱えている、あるいは少なくとも洗練されていないにちがいないと証明され、その欠陥の証明は、要求そのものよりはるかに豊かで説得力があった。本書を貫く観点から言えば、ゲーデルの定理はそれ以上のことを成し遂げている。ある種の数学的対象について自然で説得力のある説明を示すことによって、はじめてアルゴリズムの概念を数学上の普通の主題に仲間入りさせたのだ。論理学者は機械的手続きについて語り、仕事のなかで機械的手続きを実行し、さまざまな論理的プログラムを構築するうえで機械的手続きの概念を用いていたが、そこには緊密さと形式性が欠けていた。しかし、ゲーデルは、あらゆる大数学者と同じく、原始帰納的関数を定義するうえでその論理的核心を掘り出し、これに永続する数学的表現を与えた。

この仕事とそれがもたらした定義は、ゲーデル自身の感受性を強く反映している。すなわち、正確で実際的で常識的だ。ゲーデルは論理学者として右に出る者のない力の持ち主だったものの、控えめな性格で、できるかぎり数学上の考えを馴染み深い言い回しで表現することを好み、異例な状況によって強いられないかぎり、そこから踏み出そうとしなかった。

それだけに、機械的手続きの第二の定義がまったく異なる人格の持ち主によって生みだされたのは注目に値する。

アロンゾ・チャーチはプリンストンでの私の先生だった。考えてみれば、当時チャーチは今の私と同じくらいの歳だったが、今でも一九六六年当時のことを思い起こすと、チャーチが一種の幻想的な時の堆積を体現していたかのように思える。それは、実年齢よりむしろ、チャーチにかかわるある興味深い事実を反映していた。つまり、チャーチのゆっくりした慎重な身のこなしは、純粋に爬虫類的だと思われる脳に制御されており、一方、高次の脳の機能はもっぱら数理論理学に充てられているように見えるということだ。この役割分担のおかげで、チャーチは、半分は未開人、半分は論理学者として生きながら、自分の過ごす数年でひとの数十年ぶん、数十年でひとの一生の何倍ぶんかの生を体験するほど濃密な時を過ごしているようだった。

チャーチは、仕事のうえで慎重で抽象的で超然として几帳面で、チャーチの著した論文や権威ある教科書はプラトン的な学者精神の最も純粋な理想を体現していた。チャーチの教科書には脚注が四〇〇以上あり、その脚注のなかには、それ自身の脚注を二次腫瘍のようにともなっているものがあった。そして、チャーチは日常生活でも慎重で抽象的で超然として几帳面で、普段の滑らかな会話のなかでもまるで論理学をやっているかのような明確さを示した。たとえば、窓のそばに立っていて、雨が降っているかときかれると、そうであればそうであるが、外で雨が降っているのだと指摘するのだった。相手は学部の秘書であることが多かったが、これに面食らい、このよそよそしい几帳面さをただ根深い知性のゆがみの印（しるし）と見た。

　チャーチの仕事の習慣は伝説的だった。噂では、昼の一二時に起き、昼じゅう、また夜の大半のあいだ、仕事をした。常に机に向かい、手で原稿を書き、《ジャーナル・オブ・シンボリック・ロジック》に提出された論文をまったくひとりで編集した。このように勤勉に取り組んだ仕事に振り向けた知的能力は、けっして天才的なものではなかったが、電流をうまく配列したようなものとは言えた。チャーチの根気よさの裏に、時にそれがちらつくのが垣間見（かいまみ）えた。

　チャーチは結婚しており、子供がいた。ということは、数理論理学の外の世界を揺るがす豊かなリズムに加わった——少なくともそれを聞いたにちがいない。チャーチがさりげなくやさしさを見せる姿は想像できる。ゆっくりと身を屈め、秘書が落とした紙を拾ってやったり、大学院生の釈明を威厳をもって無頓着に受け入れる姿。しかし、どんなに知性を働かせても、チャーチの情熱の中心が数理論理学ではなく、純粋に人間的な形の交流にあったなどと考えることはできない。

チャーチは変人ではなかった。ひたすら器（うつわ）の大きな人間だったのだ。だが、今チャーチの仕事を振り返ると、チャーチの学者的な杓子定規（しゃくしじょうぎ）さは自然な装いであるとともに一種の保護色でもあったことが見て取れる。チャーチの心はある意味で抽象に毒され、強力な衝動に支配されていた。凡庸さの残骸と事物の破片を超えるため、またがらんどうで単純で優美で深い宇宙と接触するためにチャーチがしたことすべてにその衝動が表れていた。

ここでラムダ変換の計算をちょっと見てみよう。

変換の計算

ゲーデルが第一、第二不完全性定理で導入した帰納的関数は、有効計算可能性のある側面を体現しているという意味で、アルゴリズムなる概念の存在を高らかに表現したものだ。有効な推論という、まったく人間的な行為が明確に境界づけされ定義され、〝推論は一連の機械的ステップによって神秘をはぎとられうる〟という、狼煙（のろし）のようにライプニッツから二〇世紀へと手渡された概念が、帰納的関数には含まれている。帰納的関数は機械的である。ゼロからステップを踏んで上昇する手続きであり、一九三一年にすでに機械によって実行できた。実行する機械さえあれば。実にわかりやすかった。

アロンゾ・チャーチは一九三六年、少数の学者しかいない論理学界にラムダ変換なる計算方法を導入した。数学には、一見意味もなく複雑で、意味もなく抽象的に思われるため、二重に無用な類（たぐい）の計算があるが、これもその一つである。ところが奇妙なことに、この計算は実際的な意味も目的もあるのだ。この計算は、チャーチが自分の考える有効計算可能性を明確に表現するために創造したもので、何年ものち、さまざまなコンピューター言語の開発に役立つということが判明することになる。純粋の思考がのちに物質的な形をとるという、奇妙で不思議な例の一つだ。

ラムダ変換の計算は格子のように、無限に多くの場所で交差する。理解しにくく、操作しにくい。それでも基本的な考えは比較的単純だ。とくにくだけた形で述べられた場合は。何かが与えられる。たとえば、データの集合、リスト、数のグループが。これをAと呼ぼう。何かがそのデータに働きかける。それをFと呼ぼう。FAは能動的なものFが受動的なものAに作用した結果を表す。かくしてラムダ変換の陰と陽は、昔ながらの人間的なパターンに帰着する。これこそ、〝適用〟と呼ばれるものだ。ラムダ変換の二つの基本操作の一つである。

次は〝抽象〟だ。xは普通の変数で、普通の変数のように変化し、そのときどきで別のものを指示するとしよう。さらに、$M[x]$はxより大きな表現で、何らかの形でxの値に依存するものとしよう。たとえば、

xはタバコを吸う

ここでは表現全体の意味が、xが誰であるかしだいで変わってくる。

数学的表現を用いて$M[x]$を次の式のようなお馴染みの形にすると、この混乱した依存関係が明らかにされる。

$$x^2$$

ここでMの値はxの値に依存する。関係が混乱しているというのは、普通の状況ではこの関係が曖昧だからだ。x^2は10より大きいのか。xが何であるかがわからないうちは、この問いは無意味である。xが3に等しければ、答えはノーだし、xが4に等しければ、イエスだ。

しかし、x^2は常にx^2+1より小さいかという問いはどうだろう。変数はあいかわらず不確定なままだが、問いそのものはそうではない。的確な問いとして明確に現れる。そして、この問いには一個の明白な答えが出る。すなわち、x^2は常にx^2+1より小さい。

何かが少しおかしい。どこかパースペクティブがおかしいと感じられるのは、数学者の言い回しによって、ある関数の値と考えたときのx^2と、関数そのものと考えたときのx^2との予想外の違いが明らかになるからだ。第一の場合、問題にされているのは、x^2が指示するものであるが、第二の場合に問題にされているのは、xが何であるかにかかわらずx^2が指示する数どうしの無限に長く連なる関係そのものである。違いは、ものをとるか、関係をとるかということだ。チャーチの計算が表現しようと意図しているのはx^2の第二の意味である。

ラムダ変換のλは半形式的な形でチャーチの体系に登場する。

$$\lambda x.M[x]^*$$

は、xと$M[x]$との関係を意味する。変化するxの値についてである。

＊これ以降、ピリオドを読点として使う。さもないと、括弧が不必要に増えてしまう。

$$\lambda x.x^2$$

は、あらゆる正の数とその平方の関係を意味する。値ではなく関係そのものである。xとx^2の関係を無限個の対（2と4、3と9、4と16などなど）のリストからなると考えれば、$\lambda x.x^2$が表現するのはこのリストである。λは抽象演算子であり、普通の数式のマトリクスのなかに手を延ばして、抽象的な本質をおもてに引き出す。普遍量化子∀や存在量化子∃のように、λはその支配のもとに変数を束縛する。

純粋に数学的な文脈——何の変哲もない普通の数学——で適用と抽象という二つの基本操作が結びつけられて、非常に柔軟な表記法ができあがる。

$$(\lambda x.x^3)\ 3 = 3^3 = 27$$

で記号が述べているのは、$(\lambda x.x^3)\ 3$がある写像ないし関係を意味するということだ。それは、この場合、3をその立方に結びつけ、次の場合では、4をその立方に結びつける。

$$(\lambda x.x^3)\ 4 = 4^3 = 64$$

ここではx^3はMの役割を演じ、xが変化するとともに変化する。

私たちが当たり前のものと考えているものは往々にしてそうだが、記号も独自の不思議な生命をもっている。慎重であってほしいと私たちが期待するまさにそのときにページのうえですすり泣き、よろめく。あるいは、頼むから何か理解できることを言ってほしいと願うときに、無為に横たわっていたりする。チャーチのλ計算の記号もそうだ。一つには、この記号は形に無関係である。「形に無関係」というのは論理学者特有の言葉で、表記法のなかで矛盾をきたすことなく、ある程度自由であるという意味だ。これは体系の演算が矛盾をきたすおそれなくそれ自体に適用できるときに成り立つ。形に無関係な演算の普通の例は日常言語に見つかる。たとえば、「ジョンは雪が白いと信じている」と言ってから、再び「ジョンは自分は雪が白いと信じていると信じている」と言う場合だ。信念が二度も付随して、一か所から勇敢にも二度、反射していることがわかる。

しかし、日常言語はある点で形に無関係だとしても、別の点で形に無関係でない。矛盾を引き起こす反復もあるし、矛盾すれすれの反復もあることを、さまざまなパラドクスが示している。一方、チャーチの記号世界では、追加に限りがなく、FがAに適用されても、FFAのように再び適用できる。

λ計算が算術上の定義をつくるのに用いられる精巧な道具であるのは、この見事な柔軟性のためだ。適用によって計算は特定の対象に結びつくが、その結びつきが何であれ、対

象は数ではなく関数である。したがって、

$$(\lambda f)[f(f(x))]$$

は、それ自体に作用するような関数fを意味する。さらに適用をおこなうと、この関数を別の関数g、たとえば、$g(x)=x+1$に結びつけることもできる。式$(\lambda f)[f(f(x))]g$はgの二重の作用を指示する。だから、

$$(\lambda f)[f(f(x))]g=g(g(x))=g(x+1)=x+2$$

日常言語は、昔のホラー映画を思い起こさせる言葉でこうした記号の意味を伝える。「反復されるのが本性である」（もの）（ザ・シング）を「与えられたどの数xにも1を加えるのが本性である」ものに適用すると、$x+2$が得られる。

この純粋に言葉による表現で用いられているパターンは、いっそう単純に記述できる。三つの荘厳な言葉で表される〝抽象〟と〝適用〟の操作によって。

（指定）［同定］適用

この三つの操作によって抽象的な世界が確定する。そこでは、空白を背景に関数がたがいに信号をやり取りする。

こう言うと、いま問題にしている事柄が、抽象的であるばかりか不毛なもののように思われかねない。にもかかわらず、指定、同定、適用の三つ組は太古からの人間のパターンの一部である。

誰だ。

私だ。

なるほど。

形式的世界

λ計算の初歩をいま検討したが、λ計算は論理上の道具、ものごとを記述するすべにすぎない。チャーチはλ計算を一つの形式的体系として思い描いた。体系から気取りを取り去ったときはじめて、チャーチの気球は離陸し舞い上がる。述語計算とくらべて、いやそもそも、あらゆる形式的体系とくらべて、λ計算はいわば簡潔な精密さの傑作だ。

そもそものはじまりは、たった三つの記号である。

$$\lambda,\ (\ ,\ )$$

このうち、二つは区切りの印（しるし）にすぎない。明晰さのための止むを得ざる譲歩だ。

さらに変項が無限にある。

$$a, b, c, \ldots x, y, z, a', b', \ldots$$

これらのさまざまな記号は、ひとえに論理学者が言いたいことを制限なく言うことができるようにするためにある。

そしてほかにはまったく何もない。

本当の記号（λ）、いくつかの変数、自分自身の強力無比な想像力を用いて、チャーチは無から一つの宇宙を創造した。

この体系の形成規則は単純で、どういう原始的記号の列が正しいかだけではなく、どの変数が自由で、どの変数が束縛されているかを決定する。論理学者自身の言語と記述している形式的体系の通常の区別は、いまや適切になされている。太字の文字は形式的体系のなかには現れない。体系について語るために引っ張り出されたのだ。形成規則を実行するのはチャーチ自身の意志だ。

1. **x**は適格な式であり、この式に出てくる変項は自由である。
2. **F**と**A**が適格な式だとすれば、(**FA**) は適格で、**F**に現れる変項**y**が自由であるか束縛されているかは、**F**で自由であるか束縛されているかによる。**A**の変数**y**についても同様だ。
3. **M**が適格で、自由な**x**を少なくとも一つ含んでいるとすれば、(**λxM**) は適格で、(**λxM**) に現れる**x**以外の変項**y**が (**λxM**) のなかで自由であるか束縛されているかは、**M**で自由であるか束縛されているかによる。(**λxM**) に現れる**x**はすべて束縛されている。

この規則は帰納法によって進められ、したがって、下から上に向かって進む。論理学者で、恰幅のよい腺病質のチャーチが、ある種の記号を指定する——ここでは、一個の変項はそれだけで適格である。そしてさらに、すでに明示された適格な式によってその他の適格な式を明示していく。

規則は面倒だが、厳密である。一個の変項はそれだけで適格な式である。申し分なく。つまり、

a

は、これだけでラムダ計算の正しい式なのだ。孤立している。自由で束縛されていない。誰かが満たしてくれるのを辛抱強く待つグラスのようだ。

式$\boldsymbol{F}$と$\boldsymbol{A}$が適格なら——

$\boldsymbol{F}$と$\boldsymbol{A}$が適格だと私たちは知っているのか。知らない。しかし、そうだとすれば、(FA)も適格である。そうでないなら、そうでない。

$\boldsymbol{F}$と$\boldsymbol{A}$が適格かどうか、どう確定するのか。下降することによってだ。

$\boldsymbol{F}$は、その各部分が適格であれば、適格である。部分などなければ、孤立した変項であるかぎり、適格である。$\boldsymbol{F}$が、適格である式$\boldsymbol{G}$と$\boldsymbol{H}$からなるか、孤立した一個の変項から

なるかのどちらかだ。どちらも成り立たなければ、$\boldsymbol{F}$は適格でない。その場合、$\boldsymbol{FA}$も適格でない。

最後に、$\boldsymbol{M}$そのものが適格である場合、$\boldsymbol{\lambda}$によって指定された適格な式（$\boldsymbol{\lambda xM}$）が生じる。またしても帰納法と、お馴染みの推論の階段の登場だ。

自由と束縛は相並んで進む。$\boldsymbol{M}$のなかで変項$\boldsymbol{x}$を束縛するのは（$\boldsymbol{\lambda x}$）である。式のマトリクスに手を入れて、変項をつかみ、しっかりもつ。（$\boldsymbol{\lambda x}$）が$\boldsymbol{M}$に先行することによってはじめて、（$\boldsymbol{\lambda xM}$）は孤立した$\boldsymbol{M}$にはもちえなかった特異な意図を達成する。（$\boldsymbol{\lambda xM}$）は手近な演算の面倒を見るが、それは$\boldsymbol{M}$で記述される関数の参照していることを規定するためである。

これがいかに驚くべきことか、考えてほしい。量化子もない、述語もない、何も大したことはない、そういう体系なのだ。大理石のトルーソのような世界である。

変　換

記号世界の空は今や関数で満ちており、すべてが抽象的で、具体的なものがまったくない世界である。法廷を開いても、事件を審理することも、証人を喚問することもないようなものだ。判事の注意は、召喚される証人から証人へとボレーの応酬のように飛び移り、損害賠償に関するディンクレスベリー対コネティカット州の裁判から、ブレバーン対ブレバーンの訴訟へとさまよう。この訴訟は一八世紀初頭に起こった有名な刑事訴訟で——話がわき道にそれた。λ変換の計算には何かをどこかにボレーする過程などない。宇宙は静的である。何も動かない。関数は？　ただそこにあるだけだ。

この世界に種々の力を導入するのは、記号に適用される操作としての変換である。形式的対象が別の形式的対象に変化する力を獲得し、静的関係の宇宙がゆっくり変容を遂げていく。論理学者の目の前で抽象物が性格を変える。まるで論理のラヴァランプを見ているかのように。

変換規則は全部で三つあって、どれも範囲と効果は同様であり、代入がおこなわれる過程で支配的な力を発揮する。代入の際に、論理学者は次のことを許される。

1. 適格な式の任意の部分$\boldsymbol{M}$を、$\boldsymbol{M}$における$\boldsymbol{x}$に$\boldsymbol{y}$を代入することで置き換えよ。〔ただし、$\boldsymbol{x}$が$\boldsymbol{M}$における自由な変項でなく、$\boldsymbol{y}$は$\boldsymbol{M}$に現れないとして〕*

＊ここで自由変項と束縛変項の置き換えに制約がある理由は、述語論理にそういう制約がある理由と同じである。つまり、意味をなさない式が現れるのを防ぐためだ。読者の注意をそらさないよう、前と同じく、規則に課される制約は括弧に入れた。ただし、代入をきちんと

定義するのは非常にむずかしい知的作業である。これにしくじったことのない論理学者はめったにいない。

この規則1によって、

$\lambda x.x^2$

が次の式に変換される。

$\lambda y.y^2$

この規則は論理学者に重要な不決定性をもたらすもので、$\lambda x.x^2 = \lambda x.x^2$ が論理上真であることは $\boldsymbol{x}$ の選択によらず、変項が何であっても成立する。
規則1が変項の明らかな交換を扱うものだとすれば、規則2はラムダ変換におけるより大きなプロジェクトを扱う、すなわち、もっと大きなものを交換する。

2．$\boldsymbol{x}$ に $\boldsymbol{N}$ を代入することで、式の任意の部分（$(\lambda \boldsymbol{x}\boldsymbol{M})\boldsymbol{N}$）を置き換えよ。〔ただし、$\boldsymbol{M}$

の束縛された変項が、$\boldsymbol{x}$ および $\boldsymbol{N}$ の自由な変項と異なっているとして」

$(\lambda \mathbf{M})\boldsymbol{N}$ のなかに閉じ込められた**M**と**N**は、任意の複雑性をもった公式を表している。しばし、$(\lambda \boldsymbol{M})$ を覗き込んで、それが $(\lambda \boldsymbol{x}.\boldsymbol{M}\boldsymbol{x})$ の形であるとわかったとしよう。変項 $\boldsymbol{x}$ はこの公式では束縛されている。その範囲はλ演算子に縛られている。しかし $\boldsymbol{x}$ は $\boldsymbol{M}$ 自身では自由である。妨げる演算子がないのだ。この公式を $\boldsymbol{N}\boldsymbol{x}$ に附属させて、$(\lambda \boldsymbol{x}\boldsymbol{M}\boldsymbol{x})\boldsymbol{N}\boldsymbol{x}$ を生み出そう。すると、規則2の定めるところにより、$\boldsymbol{M}$ の内部で、$\boldsymbol{N}$ は $\boldsymbol{x}$ と交換できて、$(\lambda \boldsymbol{x}\boldsymbol{M}\boldsymbol{N})$ がつくり出される。

ここで初等代数から具体的な例を取ろう（例を取るために形式体系から離れる）。どの x の値に対しても、$M(x)$ は $2^{*}x+1$、$N(x)=3$ であるとする。＊の印は乗法を表す。この記号はコンピューター科学者への友情の印と考えてほしい。適用と抽象の手続きを経て、

$$(\lambda x M x) N x = (\lambda x.\ 2^{*}x + 1)\,3 = 7$$

言葉で言えば、ある数に最初2を掛け、ついで余分の1を加え、最後に3を適用するとちょうど7になる。

規則2によって、記号法のさらなる便利な圧縮が可能になる。

$$((\lambda xMx)Nx) = (\lambda x.\ 2 * N(x) + 1) = (\lambda x.\ 2 * 3 + 1)$$

あるいは、同じことだが、

$$(\lambda xMx)Nx = M[N]$$

三番めの規則は二番めの逆をいく。もしNがMにおいてxに置き変われば、次のことが許される。

3. Mの任意の部分を（$(\lambda xM)N$）で置き換えよ。〔ただし、（$(\lambda xM)N$）が適格な式であり、Mの束縛された変項がxおよびNの自由変項とは異なるとして〕

これらの規則によって公式Aを公式Bに変更することが変換であり、重力が物体に働く基本的な力であるように、変換はチャーチの算法にとって基本的な力である。この点では、λ計算における変換は全然、演繹(えんえき)的体系ではない。この計算法には推論の図式も公理もなく、したがって定理もない。λ計算の変換は公式に適用されるが、そこには一つの活動様相しかない。つまり、一つの公式は冷淡に、しかし滑らかに変換する。

　規則はたいへん細かい。理解するのは難しく、マスターするのも面倒だ。簡単だと言うつもりはない。しかし、規則には深い目的があり、もっと優れた弁別機能を備えているのだ。チャーチ自身が述べているように「規則〔1－3〕には、たいへん効率的あるいは〝的確〟であるという重要な性質がある。すなわち、任意の二つの公式*A*と*B*があるとき、規則の一つを用いて*A*を*B*に変換できるか否か（そして、もしそうなら、それはどの規則か）を、つねに決定する手段がある」。

　一つのまったく抽象的な世界が、機械的演算の制御下にあることが示された。本来人間的であり、人間精神にとってのみ手のとどくものを、いま述べたような式から式へとエネルギーを伝達する機械的規則と並置してみれば、あまりに奇妙で、あまりに長く延びているので、気づかれずにはすまない。

二重世界

事物の核心にひそむ、無視もできず説明もできない二重性というものがある。光は波でもあり粒子でもある。人間は精神でもあり物質でもある。二重のヘビというシャーマンのシンボルも、分子生物学者が解明したDNAの二重らせんに重なる。数理論理学にもやはり、事物をめぐる二重の謎があるのだ。λ変換は今や論理学者のずんぐりしているが誤りを犯さない指でさばかれる一組の記号である。そして、異なる光に照らされたとき、記号の世界を超える世界への窓となる。するとλ計算の形式主義は、関数の宇宙で許される明白な動きを伝えるためのものだ。すると、ちょうど女性たちが長らく望んでいたように、無限に多くの関係があるが、ものはほとんどない、そういう世界に太陽は光をそそぐ。本物のきらめく数学的対象がこうした関数から吐き出されることがあるのは、チャーチの道具がもつ魔力の一部だ。これも事物の壮大な仕組みのなかに見られる神秘的な二重性の例である。関数は体系のなかで優位を保つが、対象は関数によって定義される。ここでは一組の抽象的存在が、それなくしてはほかの数学的対象に頼らねばならない演算のほぼすべてを行なうのだ。いってみれば、かつてのソ連の工業生産のようなものである。規格化された一つのものが無数の役割を演じるという点で。

自然数は以下の定義によってチャーチの体系に現れる。すなわち、λ計算における特定の式がしかるべき役割を演じるべく選ばれた定義だ。

$$1 = \lambda f \lambda x(fx)$$

$$2 = \lambda f \lambda x\,(f(fx))$$
$$3 = \lambda f \lambda x\,(f(f(fx)))$$

などなど、この調子でずっと上のほうまでつづく。*

＊チャーチ自身の議論からはややそれているが、大した問題ではない。

こうした定義は常識の範囲を超えている。1という数が関数と見なされているわけだが、この1という数はどこにあるのだろう。1という数を空集合と同一視すること（すなわち、1＝｛φ｝）には、少なくともある種の視覚的根拠がある。中を覗いてみれば、そこにはものが一つあるのだから。しかし、チャーチの定義は直観的なところがはるかに少ないように思われる。一見――率直に言おう――理解不可能に見える。

しかし、チャーチの定義という容器のなかでも、常識の核はのたうっているのだ。自然数は私たちの想像力を二重に支配する。まず、自然数は事物、あるいは事物に似た事物として受けとめられる。5という数について語ることは、世界のさまざまな数のなかからその数を選ぶことだ。集合論が効率的に表現しているのは、この数値的意味である。

しかし、自然数は、人間のさまざまな行為が数学という領域にあふれでたものでもある。人がハンマーを振り上げ、釘を打つと、ハンマーは音を立てる。ある動作がおこなわれた。

またそうしたいという衝動に駆られて、またそうする。釘を五回叩き、また親指を五回叩いて、諦める。これは一つの表現法、この人がしたことを言い表す一つのやり方だ。

この表現法から、今度は別の体系が編み出される。すなわち、「こののろまは釘を五回叩いた」と言うかわりに、「釘を一回叩いてから、それを繰り返した」と言ってもいい。この繰り返しを論理学者ふうにいえば反復となる。そして、この繰り返しは反復言語によってこう再現されるのだ。ガン！ ガン、ガン。ガン、ガン、ガン。ガン、ガン、ガン、ガン。ガン、ガン、ガン、ガン、ガン。

この素っ気ない響きで用は足りる。何が起こったかは述べられた。だが括弧を使えば表記は圧縮され、もっと明確になる。

ガン（ガン（ガン（ガン（ガン））））

あることがおこなわれ、五回繰り返された。この演算のとりわけ反復的な性格がここに明らかになった。括弧の内側から出発し、ガンガン打ちつづけるのだ。

もちろん、ここではガンガン打つことが本質的なのではない。〝反復という手続きが算術的関数に容易に転化する〟ということが重要なのだ。たとえば、$f(x) = x + 1$ が五回反復されるというのは、こう表記できる。

$$f(f(f(f(fx))))$$

$x=1$なら、6という数がもたらされる。

だが、ガンガン打つことが本質的な点でないなら、$f(x)=x+1$もそうだ。ここでは、関数$f(x)=x+1$が五回反復されたという特殊な状況に反復が結びつけられている。大事なのは反復そのものだ。何に対して何かがおこなわれる。何が誰におこなわれているのかはほとんど問題でない。

ここにいたって、読者はアロンゾ・チャーチが抽象の高みに向かって昇っていく姿を目に浮かべるかもしれない。fは任意の関数、つまり任意の関係だとする。fの五重の反復

$$f(f(f(f(f(x)))))$$

は、数とのつながりを失っており、したがって本質をあらわにした式だ。プラトン主義者ならそう言うだろう。その本質はそれ自体を五回反復することにほかならない。

今や予想外の可能性が明らかになった。数は関数の反復と結びつけてよく、このような反復は、いくつかの式によってλ変換の算法のなかから指定されうるのだ。

これこそチャーチによる自然数の定義から得られる成果である。まず、任意の関数を選ぼう。それが何であるかはまったくどうでもいい。式 $\lambda x(fx)$ はその関数を指定するのに役立ち、それ以外のどんな目的にも役立たない。何であれ $\lambda x(fx)$ は、何らかの作用を変数 x に及ぼす。ここで1という数の定義が出てくる。すなわち、$1 = \lambda f \lambda x(fx)$ である。式 $\lambda f \lambda x(fx)$ は自分自身に一度だけ働く関数 f を表している。しかし、$\lambda x(fx)$ は関数 f を指定するのに役立つだけだから、1という数は λff に等しい。チャーチが用いたのとほぼ同じ表現を使えば、$1 = \lambda ff$ である。

この定義は二重の成果である。自然数に応えるためにつくられたものがある。すなわち、それ自体に一度だけ作用するある種の関係だ。関数が何であるかはほとんどどうでもいい。何であるかという問いに、何をするかという言明が取って代わる。同時に、その関係を指定するためにある式がつくられた。式 λff が。

ほかの数についてもまさに同じ正当化のパターンが成り立つ。数一般が集合のような馴染み深い対象によってではなく、関係の連鎖によって定義される。こうした定義は直観に反するが、数の概念からその本質を残してすべてをはぎとるという結果をもたらす。

足し算、割り算、掛け算、引き算は、関数に対しておこなわれる関数の操作としてこの世界に登場する。だが、いまや記号を通してしみだしている、通常の計算の対象――すなわち自然数――を再創造（あるいは再現）するという効果があり、自然数は、ペアノ公理その他の場で、ある装いのもとに転生したのち、チャーチの体系において別の装いを得て生まれ変わったのだ。この二重の生まれ変わりがあれば、チャーチの新たな高く飛ぶ気球から、地上でお喋りする通常の算術的関係を指し示すのはやさしい。

1と2はすでに変換の算法によって定義されている。もし、定義が意味をもつならば、$1+1=2$が、実在の世界で成り立つだけではなく、$\lambda f\lambda x(fx)$ と $\lambda f\lambda x(fx)$ が融合して $\lambda f\lambda x(f(fx))$ を形づくらなければならない。

ここでチャーチの定義は、反復をいいように利用する。というのも、ほかに利用できそうなものなどまったくないからだ。それに、この定義は、極度に要素を切り詰めながら、驚嘆すべきエレガントさを備えている。二つの数$\boldsymbol{M}$と$\boldsymbol{N}$の和とは要するに自分を$\boldsymbol{M}+\boldsymbol{N}$回反復する関数である。二人の人が釘を打ちはじめたとしよう。一人が五回打ち、もう一人が三回打ち、数えきれない回数、これをつづけた。二人の男は合計八回釘を打ち、その和が八の倍数であることは容易にわかる。

ハンマーと釘のあいだに足し算を捕らえるというアイデアは、λ変換に属する算法で足し算を捕らえるようなものだ。メタ言語はここで有効になる。注意しておくが、私は以下に挙げる公式を解説しているのであって、そのあいだをさまよっているのではないので念のため。さて、$\boldsymbol{M}$と$\boldsymbol{N}$がたまたま同じ数であれば、その和は公式

$$\lambda f(\lambda f((\boldsymbol{M}f)((\boldsymbol{N}f)f)))$$

で表される。ここで記号$\boldsymbol{M}$と$\boldsymbol{N}$は、関数fの反復を集める役目をする。

メタ言語から算法そのものまで下りてくることで、この一般的法則は、常識が要求している決定を強化する。前述の1の定義にしたがえば、〝自分に自分を加える〟、すなわち、自分に働きかけるのは**1**である。都合がいい。$\boldsymbol{M}$と$\boldsymbol{N}$は**1**である。

したがって、

$$\lambda f(\lambda f((\mathbf{1}f)((\mathbf{1}f)f)))$$

定義された記号**1**を、定義をおこなう記号で置き換えれば、得られた公式はλ計算そのものの一項目になる。そしてこの公式はまさに前述の公式、$\mathbf{2} = \lambda f\lambda x(f(fx))$と同一であり、あるいは同じことだが$\lambda fx(f(fx))$あるいは$\lambda ff.\lambda ff$となる。

チャーチは機械的な手段によって操作が進行する体系に対する自分の見方を明確に表現するために、λ変換の算法を発明した。ここには、最も原始的なデジタルコンピューターが、時の落とし穴のなかでまどろんでいた。プログラミング言語は未知のものだったが、それでも、多くの大論理学者と同じく、チャーチも未来に対する超人的な直観をもっていたようだ。自らの編み出したエレガントで難解な算法が、自分には想像できない機械ができるきっかけになるかもしれない、自分には見通せなかった将来の人々の試みにインスピレーションを与えるかもしれないという確固たる自覚だ。これは正しかった。λ変換の算法はいまや、数多くの関数的プログラミング言語に具体化されている。デジタルコンピューターにとって、反復のネットワークはほかのどんな機械的演算にもおとらずたやすい。

二重星

冷たい宇宙空間の奥に、地球上の天文学者の目にはたがいにつながっているように見える星がある。地球から遠く離れているせいで、分離しているとは感じられないのだ。こういう星は、たがいのまわりを回転している場合が多い。そのあいだをプラズマが激しく流れる。二つの別々の対象が、区別がつかず二つの星に見えることもあれば、激しくパルスを発する一つのものに見えることもある。

天文学だけでなく、数理論理学のなかにも二重星は見られる。そして、天文学者が体験するのと同じ、体が震えるような興奮を論理学者に与える。λ変換可能な関数は、λ変換の算法における適格な式からλ変換によって導き出せる関数の集合からなる。これがひとかたまりの関数、つまり一つの星だ。帰納的関数は、機械的方法によって帰納法の核心から導き出せる関数である。こちらがもうひとかたまりの関数、つまりもう一つの星だ。

少なくともそのように思われる。λ変換可能な関数は抽象的であり、帰納的関数は具体的である。その関連はとても想像できない。それでも、λ変換可能な関数と帰納的関数は二重星で、たがいのまわりを回り、アイデンティティーを融合させ、どんな種類の常識によっても明らかにならないものを示唆する。二つのまったく異なる経験のあいだにある深い関連である。

帰納的関数$g(x)=x+1$は、ある数を別の数に結びつける。$x=1$なら、$g(1)=2$である。この取るに足りない命題を簡単にλ計算に変換するすべはない。λ計算には二つの項が等しいことを示唆するものは何もない。

ある星から別の星への直接の変換がうまくいかなくても、$g(1)=2$をλ変換の算法のなかで表現するすべがある。仕事の一部は先ほど済ませた。1と2にはすでにチャーチの体系でλffおよび$\lambda ff.\lambda ff$という解釈が与えられた。

さて、ある公式bがλffに合併されたとしよう。私はいまやλ計算の内部にあり、$b.\lambda ff$はλ計算の適格な式である。

天体間の物質の交換は定義で始まる。$g(1)=2$という言明は、もし$\lambda ff.\lambda ff$がλ計算で$b.\lambda ff$から導けるなら、チャーチの算法内部で表現可能だ。変換は関数を関数に対応させる手続きのことである。一方、通常の関数は数を数に対応させる。いま述べた連想が論理学者の命令を通じてこの二つの手続きを引き合わせるのだ。

私がいま示した定義は、手元の事例をカバーしているに過ぎない。もっと一般的な言明については、再びメタ言語のレベルに登ることが要求される。これとともに完全に一般的な言明が得られる。関数$f(m)=r$は通常の算術的関数である。$g(x)=x+1$に似ており、mとrは代数のありふれたさまざまな数を代表している。太字の記号でλ計算内部の式を表すと、$f(x)=y$ならば、λ変換によって**F.m**から**r**が得られるような式**F**があれば、関数fはλ定義可能である。

$g(x)=x+1$の場合と同じく、変換はλ計算において通常の代数の等号の代替物として機能している。定義における違いはたんに一般性の問題である。

いまや融合が起ころうとしている。チャーチが一九三六年に証明に成功したのはただ、すべての帰納関数はλ定義可能であること、さらに、正の整数についてのλ定義可能な関数はすべて帰納的であるということだけだった。

これは実に驚くべきことだ。そう言うほかない。遠く隔たった二つの星がたがいのまわりを回っていること、そして、予想に反して、二つの星があまりに深く融合しているので、論理学者は首を振って、結局、〝この二つの星は融けた共通のコアのまわりを回っているのだ〟と言うしかないことを、数理論理学は明らかにした。

記念碑

一九六七年、プリンストンで定年に達したのち、チャーチはカリフォルニア大学ロサンジェルス校に逃れた。東海岸から西海岸に移っても、仕事の習慣にも個人的な日課にもほとんど影響はなかった。時々、当時の哲学の状況を見渡して、短いが広い展望を備えた、驚くほど精密かつ簡潔な議論で見解を述べた。《ジャーナル・オヴ・シンボリック・ロジック》の編集もつづけたし、自分の研究もつづけた。その論理理解力はあまりに巨大なため、鋭い切れ味を失っても働きつづけて、あたかも船首が丸まったオイルタンカーが海上を進むように前進していた。私は、ロサンジェルスの暖かい陽射しを浴びてとぼとぼ歩くチャーチの姿しか想像できない。新しい土地に移ったために仕方なく改めたのは、オーバーを着る習慣だけだった。

チャーチは一九六〇年代を平穏に過ごし、さらに七〇年代、八〇年代を平穏に過ごした。年寄りだとはとても思えない暮らしぶりだったが、たしかに年老いていた。それでも、休みなく仕事をした。

そして死亡記事。そのころ、チャーチはオハイオ州ハドソンに住んでいた。長く床にふせっていたチャーチに息子が付き添っていた。中西部の白い家の広い正面入口は芝生に通じていた。芝生は夏の暑さのなかで干からびていた。晩にはホタル。湿った空気にスイカズラの匂い。密度の高そうな大きい体が、日ごとに萎縮していった。やがてそうなるとチャーチは自覚していた——そう私は確信しているが、ついにそのときが訪れた。巨大な整然たる知性は煙のように夏空に消えていった。

第9章　テューリングの仮想機械

なぜそういうことが起こるのか、誰も知らない。ある概念の生まれる兆候が何日か、また何年かにわたって漂い、やがてあるとき、ある場所で、散らばっていた兆候が集まって、入道雲となり、大地に雨をどっと降らせる。

一九三〇年代の事件の衝撃波を受け、バリバリと音をたてて飛び散った入道雲のかけらは、今にして見れば、再結集する運命にあったように思われる。記号と記号体系への関心、論理の推論規則、算術の公理、普遍言語という概念、普遍計算機という発想、有効計算可能性に関する直観的概念。そうしたものがそこらじゅうで科学者たちの心を捉えていた。これらが統一体をなすのか、それとも、雲が雨を降らせる気配を見せながら、そのまま消滅してしまうように、実を結ばないままで終わるのかは、定かでなかった。

クルト・ゲーデルは論理学の議論に帰納関数を、またチャーチはλ計算のメカニズムを導入した。これらは数学上の抽象的概念であり、この二つがアルゴリズムの概念とどうかかわってくるかは、長々と複雑に定義を連ねて規定しなければならない。

　こうした抽象概念の世界に、アラン・テューリングが〝仮想上の機械〟という概念を導入した。この概念は、さまざまな抽象概念を見事なまでに単純な構成概念に変化させた。自分自身が考えている姿をとらえようと試みることで、テューリングは天才にしかできないことをやり遂げた。すなわち、無から何かをつくりだしたのだ。

悲しげな若者

　数学者の人生は、まず小説家の想像力によって創りあげられてから、数学者によって現実に生きられるというところがある。クルト・ゲーデルがフランツ・カフカの小説の登場人物だったと言われても、私は驚かない。アメリカン・ゴシック小説の登場人物として、ということとはアメリカの原型的人物として、アロンゾ・チャーチは明らかにアイン・ランドないしジョン・ドス・パソスの創造物だ。テューリングは米国人ではなくイギリス人だったが、その人格の特殊性には、どこか、F・スコット・フィッツジェラルドを思い起こさせる一種のあこがれがある。フィッツジェラルドが描いた悲しい若者の一人であるかのように。

テューリングは、アロンゾ・チャーチのもとで数理論理学を研究するために一九三六年にケンブリッジからプリンストンにきた。プリンストンでチャーチがすでに数理論理学の未来を先取りする業績をあげており、イギリスにまでその磁力を及ぼしていたからだ。しかし、田園的なプリンストンはテューリングに一つの学問分野の創造過程をわくわくしながら見守る機会を与えたにはちがいないが、チャーチとテューリングの結びつきは、二つのまったく異なる個性が出会ったという奇妙な出来事にほかならなかった。テューリングは他人行儀の、張り詰めた、率直な物言いをする一風変わった痩せた男だった。チャーチはよそよそしい、中世風の、傲然とした人物で、太っていた。

テューリングは、砂色の髪を垂らしていて、穏やかな顔からは、戸惑ったような寂しげな目だけが暗い赤っぽい光を放っていた。その顔は控えめに細くなっていき、外胚葉型の体につながっていた。世間一般の〝規格〟から不幸にもはみ出した人たちにありがちなことだが、彼は仲間とはぐれた蚊が額にとまったところをたたきながら、流麗さとは無縁だが着実な足どりで何マイルもの長い距離を、ニュージャージーの田舎道をとぼとぼ通うことを好んだ。彼は生まれ、なまり、教育、趣味、同性愛という諸事情によってほかの者から隔てられ、孤独だった。

彼が並外れた、それどころか無類の才能の持ち主であることは、最初から疑いなかった。

数学の才能、論理学の才能、さらにはそのどちらともまったく異なるある才能である。その、ある才能とは、同時代に成し遂げられた科学上の成果をより分け、ほかの人たちが見たものよりはるかに単純な輪郭を見分ける、超人的で絶対確実な能力だ。

これがテューリングの才能だった。これは彼が努力を要せず考えられることだったし、そこに疑いはなかった。

黙　読

テューリングマシンは現実の力を備えた仮想上の物体で、もしこれが、数理論理学の楽園をいまだにパラドクスがうろついていることを示唆するのであれば、それは空想上の楽園におけるヒキガエルと同じく、このパラドクスが楽園の絵の一部であり、したがって意匠(いしょう)の一部であるからだろう。物理的に存在するコンピューターのエレガントな青写真を描いたのは、もちろん、このテューリングの仮想上の機械だ。テューリングは自分の偉大な考えが物質的な形で具体化するのを目撃した。優れたプログラマーだったテューリングは、伝説によれば、「物理的なコンピューターがものを考え、人間のとらえどころのない知能を物質的な形で表現することができるか」という問いを立てた。ここで私が〝伝説〟と言ったのは、ただ第一の青写真の下に隠された第二の青写真を見たいからである。完成した油絵の下に隠された珍しい下絵を見つけるように。

そのほとんどすべての論文で、テューリングは自ら「コンピューター」（計算者）と呼ぶものの行為に頼った。つまり、決まった規則に沿って有限個の記号を操作しようとする（あるいは、そう強いられた）人間の動作主がおこなう行為のことだ。テューリングの知っていた世界では、事実、多くの人が〝計算者〟として生計を立てていた。事務員、代書人、会計士、収税吏、公証人、記録係、在庫管理者、銀行員、出納係、レジ係、製図工、早起きして木の机に向かって何時間かを過ごす人たち、列をなす数字の合計を出したり、手紙を写したり、青写真の注釈を付けたりするなど、熟練を必要とすると同時に心くじく活動をおこなう人たちがいたのだ。

テューリングが、考えている自分自身を捉えようとして想像したのは、人間の計算者にできることができる、いまだ実体のない機械だった。この想像は際立った、独創的なものだ。テューリングは、算術的計算にかかわる精神活動といった特定の知的活動に関心をもっていたのではなく、人間による計算の本質に関心をもっていたのである。根本的なものを目指すこの飽くなき意欲に駆りたてられて、テューリングは奥が深く不安をかきたてる憶測を立てるにいたった。すなわち、「人間が何らかの形の思考をおこなっているかぎり、人間コンピューターとして振る舞っているのではないか」という推測だ。レジ係の椅子に疲れた腰を落ちつけて原始的な計算機に数字を打ち込む女性と、マンスフィールド・パークでくりひろげられる無類に面白い出来事を小説として綴る女性の違いは、結局、自意識の問題であり、本質的でない微妙な差にすぎない。

テューリングマシンの青写真は、構造上のものであると同時に手続き上のものである。「構造上」というのは、この機械を構成する四つの部分についての記述であり、あらゆるテューリングマシンに共通する。「手続き上」というのは、したがうべき指示である。この指示は、すべて同じ暗号で書かれ、同じフォーマットにしたがうが、機械によって異なる。

構　造

1　無限に長いテープ：テープはマス目に分割されており、二方向に延びている。

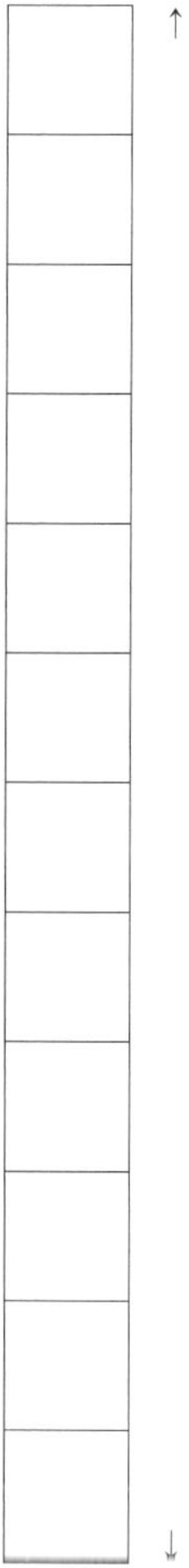

テープが無限に長いとは、チューリングマシンが無限大の記憶容量をもつということだ。それがおこなう計算の性格はどうあれ、チューリングマシンはスペース不足をかこったりはしない。

2　有限個の記号：チューリングマシンは、まったく単純で原初的な演算を実行するために考案されたものだ。必要な記号はささやかなもので、1と0の二つだけ。ライプニッツなら理解したろう。いや、実際にライプニッツはこのことを理解していた。

3　読み取りヘッド：読み取りヘッドは三つの能力がある。（1）一度に一つのマス目を走査する。（2）左右どちらかに一マス動くか、まったく動かない。（3）マス目に記号を書き込むか、マス目から記号を消去する。つまり、読み取りヘッドは、移動能力、安定した視線、目に入るものを書きなおしてすべてをずっとよくしたいという、編集者の欲求の三つが備わっている。

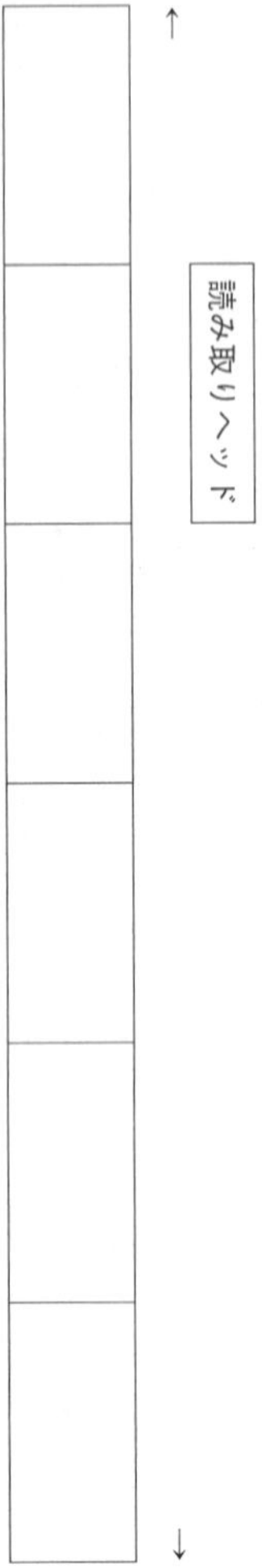

4　有限個の状態：これは、テューリングマシンの読み取りヘッドが有限の内部配置をもっているという意味だ。テューリングは、読み取りヘッドは有限個の部分からなり、したがって、有限個の状態に配置できるとしか語らず、こうした部分がどういうものか明示してくれないかという、論文の読者からの要請を冷やかに断るばかりだった。

与えられたものは、無限のテープ、一組の記号、三つの機能をもつ読み取りヘッド、一組の状態だ。テューリングマシンでは実に大胆に単純化がおこなわれている。

手続き

テューリングマシンの振る舞いは、有限個の指示に支配されている。

指示というものは、常にその対象とそれが発せられる状況に支配されている。「跳べ」という指令は、人間かカエルに向かって下されれば、意味をなすが、教会の尖塔やゾウリムシに向かって下されても、まったく意味をなさない。

テューリングマシンの場合、状況のなかで重要なものは二つしかない。一つは、読み取りヘッドの状態、もう一つは、ヘッドが走査する記号だ。

同様に、テューリングマシンに理解できる指令は二つしかない。一つは、何を書き込み、何を消去すべきかを、もう一つは、右か左に一マスだけ動くべきかどうかを機械に指示する。

つまり、チューリングマシンに与えられる指令はそれぞれ、四つの部分からなり、部分どうしは仮定を表す接続詞を用いて組み合わされるということだ。

機械がこういう状態にあり、こういう記号を走査しているならば、これこれの記号を書きこみ、右か左に一マス動かなければならない。

この例では、状態と記号が、機械が働く状況をなし、書き込みと移動がその活動の内容をなす。

したがって、チューリングマシンの振る舞い全体が「もし－ならば」形式の一組の指示によって制御・支配できる。指示の前件が作用の状況を指定し、後件が内容を指定するわけだ。

一九三〇年代半ばにチューリングが考案したチューリングマシンは、自分自身をひながたとすることによって、のちに初の汎用デジタルコンピューターの設計、さらに組み立てを可能にした。チューリングの考案した仮想的な機械には、概念的モデルをもとにして具体的な機械を設計するのに必要な手掛かり――インプット、アウトプット、状態、決まったプログラム――がすべて含まれている。デジタルコンピューターを実際に組み立てるのに必要な技術進歩は、もちろんこれにくらべたら面白みに欠ける話題だ。エレクトロニクスの知識の増大、トランジスターと集積チップの開発、希少金属と不明なその属性について新しく得られた知識、ものをいじりまわし、一か八か試してみようという気持ち、それに運。テューリングマシンがこれらの補助的な技術を生み出したのか、それとも、この技術はどのみち登場していたのかは、必ずしも定かではないが、この問題に関する形而上学が究極的にどんなものであれ、テューリングのこの発想は、事象どうしを組み合わせると いう営みにおいて小さからぬ役割を果たし、純粋な思考が目的に合わせて物質を形づくる力をまたしても見せつけてくれたのだ。

活　動

テューリングマシンは、その設計という点でラディカルなまでに単純だが、作用の点でもラディカルなまでに単純である。実際、この装置に何かができるとは想像しにくいほど単純なのだ。それだけに驚くべきことだが、ある意味で、テューリングマシンはきっちり明示された知的行為ならほとんど何でも実行できるのである。その不安を呼び起こすほどの能力とうらやむべき単純さは一見、矛盾するように見える。

これは、実に大きく出た、驚くべき主張である。二〇世紀最大の驚くべき主張かもしれない。しかし、読者は、このページの縁においた親指を緊張させて、こう望むかもしれない。この主張を承認する前にまず、「チューリングマシンにできることがある」というもっと控えめな主張の証明が見たい、と。

以下は、どんな二つの自然数をも足し合わせることができるチューリングマシンについての記述である。どんな二つの自然数をもだ。この機械のキャパシティーは無限であり、その点で、その子孫である物理的なコンピューターよりむしろ人間の頭脳に似ている。

この機械はまったく標準的なもの、実際、生産ラインから出てきたばかりのものだ。きらめく無限のテープ、さまざまな状態の部品が組み合わさった読み取りヘッド、一個の記号、つまり1、一〇段階からなるプログラムを備えている。この機械は、自然数nを$n+1$個の1で表し、したがって0は1、1は11、nは1という数字が$n+1$個並んだもので表される。二つの自然数$m+1$と$n+1$の和はしたがって$(m+n)+1$となる。

足し算をおこなうチューリングマシンは、すでにテープに書き込まれた記号を読み取って作業に入る。なにしろ、この機械の仕事は、問題を解くことであって、問題を設定することではないのだ。私はここで、チューリングマシンに記号が図のように四つ記されたテープを与え、「1に1を足せ」と指令した。

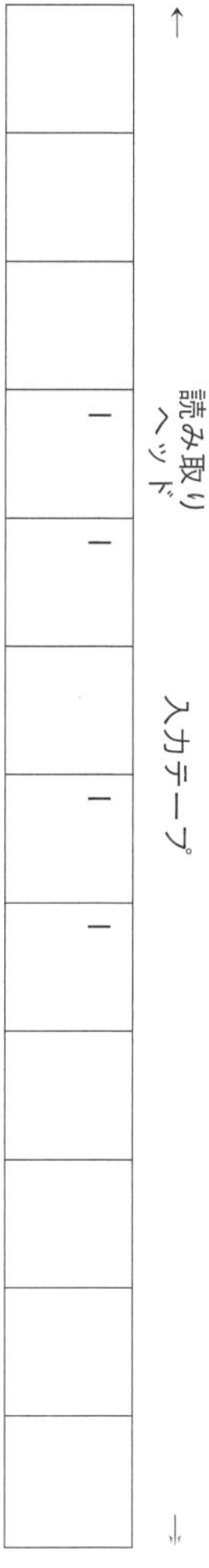

記号どうしのあいだの空白は、両側の数を足し合わせなければならないことを示し、これも私たちの了解事項と考えてほしい（私は、機械の構造にはまったく反映されない知的な共犯行為に読者を巻き込んでいるのだ）。機械の読み取りヘッドが、いちばん左の記号の真上におかれる。ヘッドが記号をいじりまわし、それが完了すると、与えられたものが得られたものとなって現れる。前には1を表す記号が二つあったところに、今や2を表す記号が一つだけのっている。

プログラムは単純だ。太古より人間にしかできなかったことを今や想像上の機械がおこなっているという事実を除けば、驚くべきことは何もない。私の後ろから覗き込んでいる人は、ある代数上の事実にすでに気づいているにちがいない。つまり、二つの数 $m+1$ と $n+1$ が $(m+n)+1$ になるというのは、$m+1$ に1を足し、$n+1$ から2を引くことで得られるのだ。$(m+1)+1+(n+1)-2=(m+n)+1$ というわけなので。したがって、この機械のコードは機械に記号を一つテープに加え、二つ削除させるように考えら

状態と記号	何をし、どこへ移動するか	
1．状態1、1	右へ移動し、状態1のままでいる	チェック
2．状態1、B	1を書き込み、状態2へ移る	チェック
3．状態2、1	右へ移動し、状態2のままでいる	チェック
4．状態2、B	左へ移動し、状態3へ移る	チェック
5．状態3、1	1を消去し、状態3のままでいる	チェック
6．状態3、B	左に移動し、状態4へ移る	チェック
7．状態4、1	1を消去し、状態4のままでいる	チェック
8．状態4、B	左へ移動し、状態5へ移る	チェック
9．状態5、1	左へ移動し、状態5のままでいる	チェック
10．状態5、B	停止	チェック

れている。

プログラムの各行は、二つの部分に分かれている。一つめの部分は、それが走査している記号とそれがおかれている状態を述べ、二つめの部分は、機械が何をすべきか、どんな状態に移るべきかを述べる。記号Bは、〝マス目が空白である〟という意味だ。この機械の作用は、お馴染みのチェックリストにきちんとしたがう。（図表参照）

チェックリストとそこに反映されている指示には、明らかに一貫性がある。機械は空白を見つけるまで右に進み、空白を見つけると、1とプリントし、mに1を足す。状態2に移り、右に進んで、また空白を見つける。今度の右側の空白は、〝状態を変え、進む向きを変えろ〟という合図だ。その後、次の二つの1を消し、そこを空白にして、nから2を引く。それから左に進んで、最初の左の空白を見つけ、思索を終える。

機械が仕事を終えると、前には1という数字の書き込みが分離して四つあったところに、1という書き込みが三つ隣接している。予想どおり、機械は1＋1＝2と判断した。そして、この結果を（1 1）＋（1 1）＝（1 1 1）と表示する。

読者は1と1の和を確定するのと同じ一組の指示で、どんな大きさのどんな二つの数の和も確定できる。無限なものを有限なもので制御するには、一〇行の簡単なコードで十分なのだ。

ある種の灯台

あらゆる偉大な発明や考えは、ほかに変えようのない形で決定的に時間という連続体を分割するが、同じようにテューリングマシンは現在を過去から切り離してしまった。今ではそれがない世界を想像するのは不可能だ。ハムレットやニュートン力学のない世界が想像不可能であるように。現代世界をつくった因果関係は、テューリングの考えから、いつまでも存在し、つねに動きつづけている現在という地点まで一直線に延びている。世代から世代へと受け継がれるのは遺伝子による指令だけでなく、概念のなかにもはるか未来に浸透することができるものがあるのだ。

テューリングの想像上の機械は、テクノロジーの発展においても重要な役割を演じたが、思考の歴史でさらに重要な役割を演じてきた。すなわち、アルゴリズムという古い概念の、単純で生き生きとした説得力のある数学モデルをもたらしたのだ。テューリングマシンが何をするにしろ、できることは効果的にやる、というわけである。

一見、これはゲーデルやチャーチの抱いた関心とかけ離れているように見えるかもしれない。だが、パッと見の印象にだまされてはいけない。ゲーデルとチャーチは、有効計算の概念を明示し、アルゴリズムという概念に内容を与えるために、いくつかの関数に目を向けた。一方、テューリングマシンは記号のインプットから記号のアウトプットを生み出すものだ。この、一組の記号を別の一組の記号に変換するという行為は、一つの転換作業を形式的に記録することにほかならず、それは同時に普通の関数を完璧に表現するものといえる。

プログラムによって11を1111、111を11111、1111を111111に変換することができるチューリングマシンは、そのような計算をおこなうことで関数$f(x)=x+2$を表現している。すでに大雑把に述べたようなプログラムをもつチューリングマシンは、関数$f(x,y)=x+y$で表される計算をせっせとおこなっていたのだ。チューリングマシンがおこなうこととそれが計算する関数との関連は明白であり、次のような定義で言い表せる。「普通の算術関数は、その引数をインプットとして受け入れ、その値をアウトプットとして送りだすチューリングマシンがある場合にのみ、チューリング計算可能である」

この定義が与えられたいま、チューリングマシンは晴れて原始帰納的関数とλ変換可能関数の仲間入りをした。それが、アルゴリズムの権威に服従する種類の関数を実現するために考えられたものだからだ。そしてもう一つ、ここでアルゴリズムについて不可欠な概念の定義が導入された。アルゴリズムはまず、原始帰納的関数として登場した。次にλ変換可能な関数として再登場し、さらにチューリング計算可能な関数として三たび登場した。

三つの定義、三つの表現、しかし、概念はただ一つである。

　テューリングマシンは抽象的な数学上の対象であり、論理的姿勢の厳格さという点で群や環やイデアルと同じ概念的カテゴリーに属するものだ。しかし、テューリングマシンは何かをする装置でもあり、したがって人間活動のための道具である。予想に反して、時間の流れが作用、意図、思考によってそらされる世界のなかに位置を占める、そんな〝もの〟の一つなのだ。ここでは奇妙にもパターンが逆転している。ビロードに逆向きにブラシをかけたように。西洋の数学の目的は常に、神の視点から創造物を眺めることにあった。物理学は、宇宙は秘密の数学的法則によってのみ理解できるのであり、神は時がはじまって以来、苛立たしく測り知れない形で事物の体系を設計して楽しんできたのだと公言してはばからなかった。何もかもに説明をつける一組の輝かしい法則を物理学者が見て取るとき、壮大な探究としての科学は、目標に達する。そこで得られるのは、時間を超越した厳格さを備えた冷たい静的な展望であり、探究そのものは、素人が昔から察していたように、ある種の深い感性上の混乱をともなっている。テューリングマシンは自然法則ではなく、ものである。利用できるが、説明の役には立たない。この意味で、テューリングマシンの創造は、歴史的離脱の過程における第一歩だ。

エニグマ

才能豊かな人たちというものは、私やみなさんとは違う。いち早くものを手に入れたり楽しんだりできるせいで、私たちがきびしいところで優しく、私たちがひとを信頼するところでひとの誠意を疑う。その点は、才能をもって生まれないかぎり、理解しがたい。人生において埋め合わせや避難所を自分で探さなければならない私たちのことを、そういう人たちは心の奥底では見下している。たとえ私たちの世界のなかに深く埋もれ、あるいは私たちよりも下に沈んでいても、私たちよりも優れていると依然考えている。とにかく、違った人たちなのだ。

アラン・テューリングは、たいへんな才能の持ち主で、たいへん変わっていた。その才能、ひととの違いは、論理的思考をめぐる状況をどれほど根本的に変えたかという点に表れている。テューリングの仕事以前には、ゲーデルとチャーチがもたらした、雲に包まれまったく人を寄せつけない山頂があるのみだったが、今や道がある。冷たい雲は消え失せ、山頂は崩れ、果樹が花を咲かせているかぐわしい谷になったのだ。ゲーデルの不完全性定理は登るのがたいへんな山で、これを見て感嘆する者は、これを見て困惑しもする。そこへいくと、テューリングの機械は理解しやすく、有効計算可能性を解析するという目的は、この機械において実現されているだけでなく、私たちがこの機械を理解することでも実現される。テューリングマシンは、そのからくりの単純さと効果の華やかさにおいて、奇術師がシルクハットを用いて行なう奇術のようなものといっていい。テューリングの才能、むずかしいものを整理しなおし、それが理解可能で当然であるように思わせる才能は、テューリングの性格の奥底にある自信を反映していた。それは複雑なもののうちに単純なもの、つまり重要なものを見る能力だ。

テューリングは一九三〇年代の終わりに論理学における偉業を完成させ、その後、イギリスに帰った。そこで興味深くもあり奇妙でもある物語がつづく。ここでもこの人物の奇妙さ、世界の本質的なものを抽出する能力が明らかになる。

今や世界は戦争に巻き込まれており、軍隊がヨーロッパとアジアを荒らしまわっている。悲しき若者にふさわしいことを考えるためにプリンストンやケンブリッジに集まった悲しき若者たちはみな、今やカーキ色の服に身を包んで、閲兵場を行進し、数理論理学や英文学やルネッサンス期の詩について何も知らない厳しい軍曹から命令を下される身だ。

概念を扱う者が生きているのは、私たちが交換する商品以上にすべてが評価される世界である。しかし、戦時の世界では、突然、厳しい軍曹に命令を下す政治家が知性に価値をおき、平時なら私たちに一杯おごろうなどとけっして考えない人たちが、突然、手を延ばして私たちの肩に触れながら、バーテンに向かって気安く合図することがある。

アラン・テューリングは、プリンストン時代にその思想を見事に花開かせていたが、今や軍隊がぶつかりあう世界にいた。新たな支配者たちはテューリングの夢には無関心だったが、テューリングの夢が生み出した作品の仕組みを利用したがった。テューリングはもはやさほど若くはなかったが、それでもまだ若いと言える歳——一九四〇年で二八歳——だった。才能ある人はいつまでも完成を見ないもので、テューリングも、まだ成長の途上にあった。力と断固たる決意のある人々がはじめて自分の奇妙さを大目に見てくれるという環境の激変を目の当たりにしたテューリングには、自分の才能が天気にかかわらず役に立つ一種の防護服、一種の絶縁体だと思われたにちがいない。

テューリングは軍情報部に雇われた。軍情報部の興味深いところは、透明であるとともに不透明でなければならないということだ。諜報活動が透明であれば、もはや諜報活動ではないし、不透明なら役に立たない。そこでは、窮屈で風通しの悪い部屋に集まった人員が最高機密と印されたメモをたがいに送りあい、味方には役に立っても敵には役に立たない暗号化の方法を考案するという難問に挑んだ。アラン・テューリングは、ニュージャージーの田園の道を歩いていたとき、のちに運命の車輪が回って、人間がおこなう計算を機械で実現するという自分の夢が実用に供され、船を救い、都市を空爆から救うことになるかもしれないとは想像もしなかった。この話の皮肉の一つだ。

一九四一年にはドイツがヨーロッパに君臨していた。広大な帝国の各地に軍隊を送りこんでいたドイツ最高司令部は、エニグマと名付けられた暗号機に多大な信頼をおいていた。精巧なタイプライターによく似たこの機械は、つめ車のついたシリンダーを連ねたもので、キーボードを押すと、一つの文字を何百通りにも暗号化できる。一九二八年、ポーランドの暗号局BS4がエニグマを調べる機会を得て、モデルを組み立てて、イギリス情報部に提供した。そこで、興味をそそる問題がもちあがった。イギリス情報部はドイツの暗号文を傍受することはできた（誰でもできた）が、機械と暗号文を結ぶ暗号化のセッティングがわからなかった。それさえわかれば、暗号は解け、メッセージが明白になるのだが。

これは非常に複雑な組み合わせ問題で、これを解くには洞察よりも創意工夫が必要である。ドイツ人は暗号化の方法を毎日変えたので、解法はその都度必要だった。この問題のむずかしさを実感するには、問題を単純化してみればよい――意味をなすとわかっているが、見たところわけのわからない文字の連なりを与えられ、それを素早く解読して、そこに含まれる情報に基づいて行動しなければならない。しかし、それを解くには、必ずしも非常に才能があるわけではないが、それなりの知識がある人材、および、この人たちが知る必要のあることを教えてやることができる人材に頼らなければならない。

イギリスはこの難問に取り組んだ。いわばやけくその試みだが、暗号解読者と数学者のチームがブレッチリー・パークに集められたのだ。仕事の細部はいまだに秘密になっている点が多いが、何カ月かのうちにアラン・テューリングは、おおむね単独で仕事をして、本質的な暗号問題を解いてしまった。その後、イギリス情報部はドイツ最高司令部が軍に送った暗号文を読むことができた。ウィンストン・チャーチルは解読された暗号文によって、コヴェントリーが爆撃されることになっているのを知っていながら、こちらが暗号を解いてしまったことをドイツに悟られないために爆撃を許さざるをえなかったというエピソードがある。諜報活動がそれ自体を無効にしてしまったという面白い例だ。しかし、他の戦域、とくに北大西洋では、テューリングの暗号解読によって得られた情報はたびたび決定的な役割を演じた。浮上するナチスのUボートの真上に、不思議にもイギリスの爆撃機が現れるということがあったのだ。

しかし、私たちの関心は、戦争ではなく、一人の人間がその才能のせいでひとといかに違っていたかにある。

テューリングは戦時の任務から退いた。ロンドンの国立物理学研究所の一員となり、オートマティック・コンピューティング・エンジンを設計するチームを率いた。その後、マンチェスターの計算研究所の副所長にまでなっている。その燃えさかる才能の火は衰えなかった。米国のフォン・ノイマンと同じく、抽象的思考と具体的細部のあいだをたやすく行き来して、新しいプログラミング手法を開発し、〝コンピューターはこうなるかもしれない〟というものから〝コンピューターはこうなるだろう〟というものへと手さぐりで進んだ。また、形態形成について刺激的な論文をいくつか書いてもいる。さらに、人工知能について歴史的に重要な論文を書き、コンピューターが人間と会話して相手をだますことができたら、まさにそれだけの理由で知能があると考えなければならないということを巧みに論じた。

テューリングは自分が同性愛者であることを隠すのを潔(いさぎよ)しとしなかった。自分は才能という堅固な防壁に守られており、同性愛も単なる無分別な行動、あるいは特異な性癖といったものにすぎず、個人的でしたがって無害なものと見なされると思ったのかもしれない。だとすると、この点でテューリングは間違っていた。並外れた才能の持ち主の常で、自分が敵の多い世界に住んでいることをついに理解しなかったのだ。そして、自分が同性愛者であることを隠そうとしなかったために、自分の才能が形づくる鎧(よろい)に致命的な裂け目を開けてしまった。鎧がなければ他の人とおなじように生きるしかないことを知ったときには遅すぎた。

ここから話は暗くなる。機密の漏洩(ろうえい)を懸念したのか、イギリス政府の役人がテューリングに性的衝動を抑えるために考案されたホルモン治療を受けさせた。テューリングの肌はすべすべになった。声の高さが変わった。ばかげた治療はテューリングを意気阻喪(いきそそう)させただけだった。テューリングは意気消沈し、彼の偉大な才能もついに生きるための途(みち)にならず、一九五四年六月七日、シアン化物を加えたリンゴを食べて、一人きりで死んだ。リンゴは食べかけでベッドのわきに転がっていた。

この物語から差している、一条の光がある。どんな実際的な仕事をしたにしろ、アラン・テューリングは何よりまず大論理学者だった。その最も深い才能を理解したのは、同じ才能をもち、それが意味するところを知っている者だけだった。世間は、テューリングが死んだことを知っていたが、論理学者は、なぜ死んだのかを知っていた。テューリングは結婚したかったのにできなかったので不幸だったのかもしれないとゲーデルは述べている。この発言は、驚くべき無邪気さの発露か、でなければその逆であるととるほかないが、いずれにしろ一片の真理を含んでいる。テューリングは自分がひとと違うことに自信をもっていて、才能を除けば、ひとと少しも違わないことに気づくのが遅すぎたのだ。

これで十分だ。スコット。これで十分だ。

第10章　遅すぎた後記(ポストスクリプト)

門外漢にとっては、論理学ほど無味乾燥な学問もあるまいと思えることが多い。論理学の式といい、奇妙な几帳面さを要求されることといい、のびのびした自然さと自由を抑圧するものだと。だが、これは見かけだけだということを強調しておく。実際には、数学はすべてそうだが、その表面のすぐ下には実生活の川が流れており、そこに注がれる情熱は人間的な情熱である。論理学の場合、数学のほかの分野以上にそう言える。論理学は言語というとらえどころのないものと、また〝言語に何ができ、何ができないか〟ということと分かちがたく結びついているからだ。大論理学者の生涯を研究すると、その人となりと業績との関連にいやでも気づかされる。ゲーデルは、成果を生むのに必要なエネルギーを得るために強い向精神薬を服用し、一九三〇年代を通じて各地のサナトリウムを転々とせざるをえなかった。チャーチは自分の生活を記号の追求に従属させ、自分の記号論理研究孤独の一環として人生をおくった。〝単純さ〟ということについて急進的な意識をもち、孤独に生きたテューリングは、最後には、生きるより死ぬほうが単純であることを受け入れた。深遠かつ強力で、論争を引き起こす学問分野として数理論理学が誕生しようとしていた時期を調べると、論理学をつくった人々は、ほとんど例外なく、生みの苦しみを人格に反映させていた。神経衰弱になる者もいれば、完全に狂ってしまう者もいたし、アルフレッド・タルスキーのように鋼で被った人格で防備する者もいれば、酒や薬に逃避する者もいた。

世界各地の論理学者が同じ概念領域を探った結果、アルゴリズムを体系化する作業はわずか数年で完了した。ゲーデル、チャーチ、テューリングが何よりも天才の圧縮能力を示しているとすれば、この物語には別種の才能をもったほかの人々も登場する余地がある。たとえば、エミル・ポスト。ポストは、正気の沙汰ではないほどハイレベルで競争が激しい領域に足を踏み入れ、あらゆる障害に耐えた。その頭脳は活発にして機敏で、訓練され、創意に富んでいた。だが、ゲーデルに見られた優美さと力の絶妙な組み合わせ、チャーチの偉大さ、テューリングの急進的な単純さに対する感覚といったものを欠いていたため、その根本的な才能には限界があった。偉大ではなくとも才能はあったポストは、今から見るとどうでもいいように思えるような慎重さをもって、自分の才能を統御した。

エミル・ポストは一八九七年、ポーランドに生まれた。東ヨーロッパからのユダヤ人移民の波がヨーロッパ大陸をのろのろと横切り、大西洋を渡るなかで、その一人としてニューヨークにきた。若くして片腕を失ったため、障害者として、また外国人として世間と向き合うことになった。家族がニューヨークに落ちつくと、ポストは、自分の才能と勤勉によって両親の犠牲を償った。タウンゼンド・ハリス高校とコロンビア大学で教育を受けたポストがおこなった数学の仕事すべてに、ニューヨークという街そのものの格別に強烈なリズムを反映するかのような、どこかひねくれたエネルギーの発露が感じられる。ポストは生涯、躁鬱症に苦しみつづけた。躁状態は残酷にも知的興奮によってもたらされ、鬱状態は躁状態によってもたらされた。しかし、二〇世紀前半のニューヨーク――私が知っているニューヨーク――にポストという人間をおいてみると、ポストが、自分を取り巻く騒がしいこの街のきらめく光を何らかの形で吸収したのは明らかだ。ポストの思考は、ブロードウェイをガタガタと一目散に走り抜けるIND特急のように、各駅停車の駅を横目に怒号をあげながら一二五丁目から五九丁目まで駆け抜けたかと思うと、雨の降る日曜日の晩の六番街のように、灰色で陰鬱で動きがなく、まだ開いている数少ないバーからコーンビーフとビールのにおいが漂う、といった風情をかもしだす。

ポストは、ラッセルとホワイトヘッドの『プリンキピア・マテマティカ』の影響のもとで数学者として成熟した。ポストがプリンストン大学にいたときにおこなった初期の論理学研究は、まぎれもなく予言的な雰囲気を漂わせていた。ポストは一九二〇年代に、実質的に〝不完全性〟という事実を見抜いていたのだ。ゲーデルがあの画期的な論文を発表するまるまる一〇年前のことである。ただし、ポストが見たものはまるで整理されておらず、推論の筋道はぼんやりしていて、しばしば混乱していた。これらさまざまな筋道を収斂させた光り輝く証明は、ポストの手の届かないところにあった。

一九四一年、偉人たちの目ざましい成果が記録に留められると、ポストは当時《アメリカン・ジャーナル・オヴ・マセマティクス》の編集者だったヘルマン・ヴァイルに、いわくいいがたく痛切な手紙を送った。「不安を抱きつつ、同封の論文『絶対に解決不可能な問題と比較的決定不可能な命題、ある予想』を貴誌にご掲載いただきたく、お送りいたします」。つづくパラグラフで、ポストは自分の予想に注目するよう求めている。

ヴァイルの返事は、無駄のない手紙の模範例というべきものだった。「ご論文は二〇年前なら、ある程度まで、それが当時では革命的なものであったために、正当な評価を受けなかったにちがいないと思います。しかし、時計の針を逆回しにすることはできません。その後、ゲーデル、チャーチらがあのような成果をあげていますし、《アメリカン・ジャーナル》は歴史叙述を発表する場ではありません」

しかし、ヴァイルは、ちょっと言いすぎたと思ったのか、調子を和らげ、いっとき論理学者の仮面をはずしてこう付け加えた。「個人的な考えを言えば、少なくともこの国では指導的な論理学者の大半が貴殿の予想について知っているのは間違いないことが、慰めになるかもしれません」

ポストが投げかけた影が、ほかの者が投げかけたもっと大きな影に呑み込まれてしまうという人間ドラマが、このやりとりから浮かびあがるが、話はこれだけでは終わらないし、ポストの生涯もこれだけでは終わらない。ポストは論理学においてまったく独自の、非常に重要な仕事をおこなった。ポストのエンジンは一九四〇年代から一九五〇年代はじめにかけてバスンバスンと鳴りつづけた。今では〝ポスト生産方式(プロダクション)〟と呼ばれているものについての仕事は、現代言語学の流れに大きな影響を及ぼしている。ポストは奇妙な予知能力をもっていて、ポストが授かったビジョンのなかには、ほかの者がもっと完全に実現したので自分では実現できなかったものもあったが、完全に実現し、自分のものとしたものもあったのである。

ダーヴィット・ヒルベルトが創設した専制的な宮廷であらゆる論理学者がそうしたように、ポストは一九三〇年代に〝機械的手続き〟という概念に形式と内容を与えることに関心を抱いていた。その攻め方はテューリングによく似ていた。想像の世界に存在する何かについて思索をめぐらしたのである。今から振り返って、テューリングとポストは同時に同じ考えを思いついたと言われることがある。二人による発明の功績をテューリングが独り占めしつづけていることも、ポストが自分より偉大な者の投げかける影のなかで生きる運命にあったという証拠だと。

しかし、これは正確ではない。二人のあいだには微妙な違いがあり、二人が抱いた未来についての洞察は、それぞれ異なる道筋と異なる手段によって得られたものだった。たしかにポストはテューリングと同じく、マス目に分割した無限のテープを想像したし、やはりテューリングと同じく、記号の空間を考えた。しかし、テューリングがマス目のうえに読み取りヘッドをおき、そのヘッドに有限の数の内部状態を与えたのに対し、ポストの機械からは読み取りヘッドが消え去っており、そのかわり、〝計算をする人間〟が利用される。有限個の指示にしたがって行動するよう命じられた人間である。

計算する人間、あるいはポストの命名にしたがえば「作業者」は、以下の行為をおこなうことができ、しかも、その人の知的能力は、これに尽きる。

（a）自分がいるマス目に印をつける（空白だとして）。
（b）自分がいるマス目の印を消す（印がついているとして）。
（c）右のマス目に移る。
（d）左のマス目に移る。
（e）自分がいるマス目に印がついているかどうかを判断する。

さらに、作業者は内なる耳によって、高度に形式化された指示にしたがい、行動を起こすことができる。まず第一に、次のような全般的指示がある。

出発点から出発し、指示にしたがう。

これらの指示によって作業者は次のようにしなければならない。

A　操作（a）（b）（c）（d）のいずれかをおこなうか、

B　操作（e）を行なうこと。そうしたら、

C　操作（a）（b）（c）（d）のいずれかをおこなうか、

D　ストップすること。

これはテューリングマシンによく似ている。ここでは〝指示〟が〝状態〟の役目を果たしているわけだ。実際、二つの概念の違いは些細なものにすぎない。

しかし、ポストの機械には触れるに値する興味深い点がある。現在の時点から振り返るとわかるように、テューリングマシンは理想化されたコンピューターであり、テューリングマシンにはハードウェアとソフトウェアのあいだにはっきりした区別がある。テープと読み取りヘッドはハードウェア、指示はソフトウェアだ。しかし、ポストの機械はまったく象徴的なものである。ハードウェアは極限まで縮小してしまっている。人間の作業者は

指示にしたがうためだけにいる。この点から考えれば、ポストはデジタルコンピューターよりむしろそのプログラムを先取りしたものをつくりだしたのだ。

だが、チューリングマシンとポストマシンは同じような能力を備えている。ということは、ハードウェアとソフトウェアの区別は、ある意味で錯覚であると考えていいのかもしれない。普通考えられている機械は物質の世界に属し、物質を統べるさまざまな法則にしたがう。ポストとチューリングが考案した機械は、プラスチック、シリコンチップ、銅線、電子回路の世界に実体をもつ。そして、現代世界では、コンピューターは自動車や旋盤と変わらぬ一つの機械と見なされる。だが、私は言いたい。そうとらえるのは、ピントはずれだし、見当ちがいもいいところだと。ポストとチューリングは物質世界ではなく、思考の世界に属する機械を創造したのだ。これらの機械が物質的対象として実現するしかないのは、物質のみが一種の永続的な安定性をもつ世界では、精神が物質に譲歩せざるをえないからである。ポストとチューリングの機械の本質は、記号で表される規則にしたがって、記号が記号によって衝き動かされる宇宙にあるのだ。

これらの機械の安住の地は、人間の精神である。

学生たちの証言によれば、エミル・ポストは厳しく、几帳面な、優れた教師だった。そして、見事に研鑽を積んだ学者であり、困難な条件のもと、不屈の精神で仕事をした。秘書の助けも執務室もなく、教師としての責任はきりがなかったし、家では、自分のためのスペースが少なく、小さな娘が邪魔になった――娘は娘なりに〝父親が居間で仕事をしているときは騒いではならない〟という規則を守ろうと精一杯頑張っていたが。ポストを苦しめていた躁鬱症は、二〇世紀の前半にはまだ薬によって抑えられなかった。そこで、ポストは、節度ある仕事の習慣を身につけ、食事と睡眠に注意を払い、気晴らしに長いあいだ散歩することによって病をある程度押さえつけた。研究活動のスケジュールを分刻みで立て、革綴じの小さな日誌に自分の考えを几帳面に書き込んだ。研究に割り当てた時間が終わると、もう自分の考えを結論にもっていこうとしなかった。自分の感性の微妙なバランスを乱して、まぎれもない躁状態に陥らないためだった。

それでも病に圧倒されてしまった場合、苦しみを取り除く見込みのある治療法は電気ショック療法だけだった。大勢ががやがや言っているときに誰かが大声を出すと静かになることがあるが、それと同じように、電気エネルギーの流れによって神経の興奮が静まったのだろうか。一九五四年に躁状態が手に負えなくなり、ポストは、忌まわしいが効果的なこの治療に頼った。ところが、今回は電気ショックで興奮が静まるだけではすまなかった。治療の直後、ポストは激しい心臓発作で死んだ。電気ショックで躁状態といっしょに命そのものが消え去ってしまったのだ。

一九五〇年代初期に撮られたポストの写真が残っている。ポストは座っている。幾分ぐったりした感じだ。妻と娘がポストを挟んでいる。二人とも美しく気働きのよさそうな女性だ。そして、カメラのほうを向きつつも、並外れた気づかいを示している。いわば〝張りつめた空気〟のなんたるかを教えてくれるような写真である。こうした記録には愛情を超える何かを明らかにするものが多いが、この写真もそうで、ポストが二人の生活の中心であることがよくわかる。二人ともポストを深く愛していること、ポストがかけがえのない存在であることがはっきり伝わってくる。そして、それ以上の何かを語っている。

二人が恐れを抱いている、ということを。

第11章　理性の孔雀

アルゴリズムの概念は少なくとも一七世紀以来、世界の数学者の意識にあった。そして、一九三〇年代にいたり、この厳密な説明を欠いていた概念は四つの定義を与えられた。言ってみれば、魅力的だが一風変わった女性が、以前はプロポーズなどされなかったのに急に四人の男からプロポーズされたようなものだ。このまったく異なる四つの定義は、ゲーデル、チャーチ、テューリング、ポストによるものだった。ゲーデルは、ある種類の関数について、チャーチは、ある種の変換にかかわる算法について書いた。テューリングとポストは、有限な数のアルファベットからとった記号を操作できる機械を想像した。この物語は、一九三〇年代の終わりまでに少数の有能な論理学者の集団が、この四つの定義は〝四つの言い回しによって一つの概念を定義している〟という意味で等価であることに気づいた時点で、劇的な統一を迎えることになる。ゲーデルの帰納関数は、まさにλ変換で実現できる関数である。これらの関数によっておこなわれる演算はまさにテューリングマシンやポストマシンで実行できる関数である。論理学者はこれら等価の定義をまず想像し、そののちに証明することができた。

このことが認識されたときには、アルゴリズムはついに姿を現していた。

チャーチ、推測をおこなう

一つの概念について四つの定義がなされたという事実は、一九三〇年代の論理学者にとって非常に意味深長（いみしんちょう）に思えた。ある表記法と結びつけられる論理概念は多い。妥当な推論と見なされるものは、たとえば、その推論が組み込まれている形式的体系に依存する。「ミス・ブロンド・ワールドがブロンドであれば、ある人はブロンドである」。疑う余地はない。だが、複数の完全なセンテンスのあいだの関連を承認するだけの命題計算に推論が限られていれば、「ミス・ブロンド・ワールドがブロンドであれば、ある人はブロンドである」は一個のセンテンスに飲み込まれてしまうわけだから、ミス・ブロンド・ワールドとその髪の色のあいだの興味を引く関連はすっかり消え去る。

アルゴリズムの概念はまるで違うように思われる。なにしろ、定義にかかわらず同じなのだ。さまざまな定義のあいだで等価性が成り立つということは、定義どうしがまるで違うだけになおさら驚きである。「その定式化の細部に左右されない概念は絶対的である」とゲーデルは主張した。そして、論理学者に向かってこの概念について語ったとき、四つの定義からたった一つの概念が浮かびあがったという事実は、ちょっとした認識論上の「奇跡」だと述べた。論理学者が使う言葉としては奇妙だが、ゲーデルが「奇跡」なる言葉をもちだしたというのは、アルゴリズムの概念が数学的概念の目録のなかでいかに奇妙な位置を占めていたかを表している。アルゴリズムは完全に適格な数学上の対象である。しかし、人工物でもあるので、実数値関数の導関数やフックス群とは違う意味で、人間のニーズを表現したものである。数学は常に、自分には現実世界と一致する概念を創造する神秘的な力があると主張してきた。アルゴリズムの場合、その神秘的な支配力は、いまや現実世界から想像の世界に引っ込められてしまった。そのため、人間が数を数え計算する古来の能力は、はじめて、自らが生み出したさまざまな思索が織りなす絹のような領域に閉じ込められている。

人間が願望を行動に結びつけようと努めるとき、形式的慣行、法典、追加条項、レシピ、ラブレター、祈禱書、戦争マニュアル、税表といったものに頼ってきた。一瞬一瞬の行動の流れを調整し、人間の意識の網を気まぐれなものの外にまで拡げるための、さまざまな、ありとあらゆる装置だ。

にもかかわらず、〝効果的に何かをおこなう〟という純粋に人間的な概念と、ゲーデル、チャーチ、テューリング、ポストが定義したような〝計算可能性〟という純粋に数学的な概念のあいだには、相当な違いがある。人間的な概念は計算可能性の概念より大きいが、厳密ではない。

アロンゾ・チャーチはその歴史的にたいへん重要な論文で、これら四つの定義という糸を結んで〝劇的な推測〟という一つの結び目をつくろうとした。すなわち、一つの考えが持つ二つの面を奇妙なやり方で一致させようというものだ。片面には、有効計算可能性という直観的概念、すなわちそれに対応する非形式的アルゴリズムをもつ一群の行為がある。その裏面には、帰納的関数かλ変換の算法、もしくはテューリングとポストが考案した機械の四つがある。チャーチが提案した一致は単純だ。すなわち、数学がある非形式的概念を表現できるかぎり、この四つの等価な数学上の定義のどれによっても完全にそれを表現できるということである。なかでも、テューリングマシンは、明確さと直観的魅力を備えていたため、美的観点からいえば数学者の特殊なビジョンを表現するのに最も適していると思われるようになった。かくして、チャーチの唱える一致は、さらに単純に定式化されることになった。すなわち、「効果的にできることはすべて、テューリングマシンにできる」

チャーチの定理はこのようなものだ。もちろん、これ自体は証明できない。二つのまったく異なる種類の経験、人間的で非形式的なものと数学的で精密なものを一個の図式に結びつけているからだ。ポストはこれを自然法則と見た。ニュートンの万有引力の法則とまったく同じ種類の法則だと。しかし、自然法則は本来、数学的な量のあいだの関係として表現される。一方、チャーチの定理は数学的でないものと数学的なものの関係を描いている。論理学者はチャーチの定理を受け入れているかぎりで、何かにつけその証拠を見つけてきた。この定理がおこなう予言は、少なくともある程度まで自己実現的なのだ。

どんな地位にあるにしろ、チャーチの定理は論理学者、哲学者、心理学者の想像力を強力に支配し制約してきた。その理由は明らかだ。人間のおこなう多くの活動が有効計算可能性と無縁でないからである。自然数の足し算、割り算、引き算、掛け算は、その典型例だ。だが、決定し、計画し、自然言語を話し、聴き、理解し、製図し、考案し、創造し、もてなし、避け、ものを見、見つけ、記憶し、助言し、推測することはどうか。

それを言うなら、恋に落ちること、税金を計算すること、四〇〇メートルメドレーを泳ぐこと、教科書を読むこと、買い物をすること、法律を発案すること、料理をつくること、政治活動をおこなうこと、選挙に出ること、死体を洗うことはどうか。

時間の流れを断片に割くように思えるものが多数ある。それに必要な手続きは、人間的なものであるから、記号という道具一般の統制下にあるように思われる。アルゴリズムはいまや、時間をその手に収めるために人間が用いる究極の装置であるかのようだ。

関数G――不可解なもの

テューリングマシンは何かをするために考案されたものなので、建設的な仕事をおこなうあらゆる装置に共通する性格を備えているが、テューリングマシンが最もうまく成し遂げた仕事は、それにできない仕事だ。こんなことを言うと、思考のリボンを常識とは逆に引っぱられている気がするかもしれないが、だとすればそれは、論理学の歴史がファン・ルイス・ボルヘスの創造物のようなものだからだ。ボルヘスは、自分がけっして書かなかった物語を書く特異な能力をもっていた作家である。

一九二八年にドイツの数学者ダーヴィット・ヒルベルトは、ボローニャで開かれた会議で他の数学者たちに自分の考えを伝えたとき、一つの希望を表明した。すなわち、アルゴリズムの登場で数学者たちは数学全体（つまり生活全体）の決定手続きを発見するかもしれない。そうすれば、新たな推測を立てた場合、その推測が真であるかどうかを、その手続きによって機械的に確実に決定できる、と。

ヒルベルトの志（こころざし）はいまだ実現されていない。ただ、信奉者のなかには、ヒルベルトの仕事を引き継いでやりつづけている者もいる。ヒルベルトの志が実現されていないのは、それが実現不可能だからだという、立証されて久しい事実を完全には受け入れたくないらしい。

今では〝帰納的解決不可能性〟と呼ばれるものの詳細を、私は一九三六年の冬のある日、マサチューセッツ州ケンブリッジで見知らぬ人から教えられた。その人は不遜にもファン・ルイス・ボルヘスと名のった。ウステッドスーツと青白い肌から判断して明らかにイギリス人だったが、当時ニュージャージー州プリンストンに住んでいた論理学者のアラン・テューリングとは何の関係もないと言った。にもかかわらず私は、テューリングとボルヘスのあいだには何らかの関係があるという印象を抱いた。そして何年ものち、あることを知ってその印象を強めた。ボルヘスがケンブリッジを訪れたのと同じ頃に、テューリングが長距離レースの最中に不可解にもプリンストンから姿を消しているのだ。

「アルゴリズムの領域を超える課題があるのでしょうか」次から次へとフィルターなしのタバコに火を点けては消しながら、ボルヘスは訊ねた。

これは確か、一二五七年にカタリ派の異端者リュー・ド・セルヴァンテが投げかけたのと同じ問いで、彼は神の能力に限界があるかどうかを判断しようとしたのだった。ド・セルヴァンテは、その問いを思いつきはしたが、答えは出せなかった。イノケンティウス三世がはじめた異端審問で命を落としたからだ。

「そう考えられています」ボルヘスは答えた。「ところが、ド・セルヴァンテは死ぬ前にトゥールーズにいる何人かの信奉者に自分の結論を伝え、信奉者たちはド・セルヴァンテの議論の要点をプロヴァンス語で記録したのです。ゴットフリート・ライプニッツがフランスのイエズス会士で暗号作成者のジャン・リュック・ブリースにあてて書いた覚書に、アラビア語訳の要約が出てきます。一九〇六年には、モスクワの有名なバレリーナで高級娼婦だったアナ・シュパタルコヴァのトランクのなかから、ド・セルヴァンテの議論のロシア語版が見つかりました。イギリス、ケンブリッジのキングズカレッジの食堂では、この議論のさまざまなバージョンが回覧されていることが知られていました」

私はこの奇妙な話に論評を加えようと思ったが、ボルヘスは、論評は余計だとほのめかすかのように、上品だがニコチンの染みついた指を振った。

「ド・セルヴァンテの関心が何だったにしろ、数学のすべてを算術によって統御しようという意図をもって考えられたプログラムは、今では、算術的方法によって解けない問題があるという逆説的な結論に達しています。

このわかりにくいが意味深い結果の証明には、意外にも歓迎すべき単純さがある」

「その証明は……」と私はつぶやいた。ボルヘスは、また手を振った。今度は、それまで見せていなかった、焦りないし苛立ちを示すジェスチャーだった。「議論はまずリュー・ド・セルヴァンテによって未来に伝えられました。証明が現れたのはもっと最近です」

私は何も言わず、聴きつづけた。

「論理学者アラン・テューリングが考案した想像上の機械は、関数を計算するためのもので、考慮されるのは、ある自然数に別の自然数を対応させる関数$f(x)=y$だけです。ベルリンでレオポルト・クロネッカーが看破したとおり、自然数だけが神からの賜り物で、他のものはすべて人間がつくったものなのです。

ある数を別の数に結びつけるテューリングマシンを、これからマスターリストに配列していきます。一つめにM_1、二つめにM_2、三つめにM_3等々と並べていき、四六四番めにM_{464}それからきらめく星のような数多くの点が並ぶ。それぞれの機械はそれと結びついた関数fを指定する。たとえば、機械M_{23}は数xを二乗するが、機械M_{143}はそれが扱うどんな数にも1を加える」

ケンブリッジでこの話を聞いたことを、いまもありありと思い出す。のちに書くことになる話の内容をあらかじめ示すものだったからだ。

ボルヘスはつづけた。「ここで新しい関数gが導入される。のちに〝不可解なもの〟と称されるはずだとド・セルヴァンテが言った関数です。ほかのあらゆる関数と同じく、gは数を数に結びつける。神聖なもののあらゆる側面に秘密の性格があるが、関数の秘密の性格は単純な規則で決まる。ただし、これは長年、少数の論理学者を除いてあらゆる人から隠されていたものだ。奇妙なことに、この規則そのものがアルゴリズムとして組織化されている」

ここでボルヘスは指先で宙に問題のアルゴリズムを書いた。

数 x での g の値を確定するために、
まず関数のマスターリスト f_1、f_2、f_3……f_n を見る。
次に x に対応するリスト上の関数 f を考える。
次に $g(x)=f_x(x)+1$ とおくことによって、x での g の値を計算する。

「$x=10$ なら、$g(10)=f_{10}(10)+1$ となる。もちろん、x で $f(x)$ が定義されないかもしれない。$f(x)=x-1$ の場合にそれが起こり、この式は $x=0$ のとき整合ではなくなる」

そうであれば、g の値は0である。

「関数 g はあらゆる数について定義される。しかし、これだけ明確に定義されているのにおかしなことですが、計算可能な関数のマスターリストをいくら吟味しても、リストに g が載っていることは明らかにならない」

静かに雪が降りだしていた。

ボルヘスはビクーニャの毛のコートの襟を閉じて、眉をなでつけた。

「証明は矛盾によって進みます。トマス・アクイナスが『異教徒反駁大全』第二巻で支持した戦略です。

gがマスターリストに載っているとします。すると、fは何らかの計算可能な関数、たとえば、一七番めと同一でなければならない。あらゆる数 xについて、やはり$g(x) = f_{17}(x)$となる。

あらゆる数についてgが定義されているので、$g(17) = f_{17}(17)$となる。

ところが、gを定義するアルゴリズムから、$g(17) = f_{17}(17) + 1$でもある。$f_{17}(17)$が定義されていなければ、$g(17) = 0$である。$f_{17}(17) + 1$と0のいずれに等しくても、$g(17)$は$f_{17}(17)$に等しくはない」

「矛盾が起こった」

ここでボルヘスはひと休みし、自分の言葉についてじっくり考える時間を私にくれた。それから、言った。「いま述べた事実と矛盾しないただ一つの結論は、gがマスターリストに載っていないということだ。したがって、gは計算可能ではない。また、マスターリストにはすべてのテューリングマシンが載っているので、どんなテューリングマシンにも計算できない。神そのものと同じく、gは不可解だと考えなければならないのは、そのためだということをド・セルヴァンテは理解していた」

「ド・セルヴァンテが罰せられたのは、そのせいだったんですか」私は言った。雪が激しくなった。

「十分な理由だった」ボルヘスは謎めいたことを言った。そして、公園のベンチから立ち上がり、すたすたと歩いて、たちまち影のなかに消え去った。

ボルヘスの言葉の筆記者として、ボルヘスが語った議論は、カントルの有名な対角線論法の一変種にすぎないと学者ぶって指摘しておこう。さて、この論証に腹立たしいほど謎めいた雰囲気を与えるのは、まったく普通のアルゴリズムに見えるもの——まさにgを定義するアルゴリズム——によって不可解さが証明されているという事実である。これは悩ましい状況だ。私としては、それはそのままにして満足し、ボルヘスが知らなかったが理解していたらしい論証の帰結を解きあかすことは、ボルヘスに任せることにする。

どんな性格のものであるにしろ、計算不能な関数は知性の限界を示す。これを超えると人工物は——アルゴリズムが人工物でなくて何だろう——事象を調整し統御する力を失う。このような限界の存在は今ではお馴染みの事実になっている。物理法則は知的世界の縁をなし、その向こうには何もない。しかし、一九三〇年代に数理論理学が提示した強力で衝撃的な分析によって、私たちは別の種類の限界を知る。理由はよくわからないが、この種の限界は透明で、これを通り抜けることができなくても、これを通して向こうを覗き見ることができるという見通しを抱かせてくれるのだ。ゲーデルは、算術が不完全であることだけでなく、その不完全性を主張する文が真であることも証明した。不可解な関数の存在は、数学的推論の結果を立証するための手法が立証されないことを証明するが、その証明はまさにその同じ手法を用いてなされるのだ。

こうした結果には、科学の歴史およびほかならぬ科学の本性と矛盾するきまぐれの兆候が見てとれる。しかし、一九三〇年代半ばに論理学者たちが挙げた成果は、否定的だとしても、パラドクスのいましめをゆるめ、錯覚の体系の支配力をゆるめてくれる。達成されたものは達成されたのだから、光が闇を凌がないと誰が言えよう。

第12章　時間対時間

有効性を増していくさまざまなコンピューターによってテューリングの想像上の機械が具現されていく過程は、幾度も語られている話だ。あるときは、この仕事に携（たずさ）わった人によって、また、あるときは、この仕事に携わった人を観察した人によって。この話自体がかなり退屈であるのは、歴史上の奇妙な事実である。最初のコンピューターは、のちにトランジスターがおこなう仕事を真空管がおこなっていたので、計算が遅く、不格好だった。ストアドプログラムは一九四〇年代の終わりに、また集積チップはその一〇年後に登場した。その後、四〇年のあいだに、コンピューターは計算速度が上がり、性能がよくなり、当然の予想に反して、信頼性も高まった。現代のコンピューターは、突然機能しなくなることはあっても、間違えることはまずない。

米国では、デジタルコンピューターの構造ははじめからハンガリー人数学者ジョン・フォン・ノイマンの影響を受けていた。フォン・ノイマンはいつも投資銀行のバンカーのように三つぞろいのスーツに身を包んでいたが、二〇世紀の傑出した知性の一人だった。その頭脳が驚くほど多才であることは誰もが認めるところであり、どんな問題も、ほとんど超自然的なまでの速さと正確さで把握し解くことができた。フォン・ノイマンには、ゲーデルがもっていたような最高の天才的才能も、テューリングのような想像力に富むラディカルな単純さも、アロンゾ・チャーチの重々しい偉大さすらもなかったが、その深みのなさを速さと守備範囲の広さと数学上のテクニックで補った。また、自分が抱くデジタルコンピュテーションのビジョンを知性の力と如才なさで擁護し、米国の高級官僚にも軍の将軍たちにもかなりの説得力を発揮したようだ。前者を恐れ入らせ、後者をおだてたのだ。

しかし、こうしたことは、周知の事柄だ。真に興味深く、想像をかきたてるのは、アルゴリズムの登場、およびそれにつづく技術革新によって、経験というものの性格が一変したことである。なぜなら、世界を支配するのはアルゴリズムなのだから。あらゆる装置、あらゆる議論と診断に割り込み、助言を与え、決定を下し、あらゆる取引に介在し、目もくらむような計算をおこない、巡航ミサイルを発火準備状態にし、その狙いを定め、映画で恐竜を生き返らせ、ジョン・F・ケネディーがトム・ハンクスと握手する映像をつくり、天気と地球全体の気候を予測し、盲目の予言者テイレシアスのように宇宙の消滅を予言し、ビッグクランチが起こるか、あるいは事物が次第に消え去っていくと述べることによって、アルゴリズムは世界を支配するのだ。

私たちがつくった世界

事物がばらばらになるのは明白な事実だと考えた一九世紀の物理学者ルートヴィッヒ・ボルツマンは、自分が見て取ったと思ったものを説明するために熱力学を考えだした。そして、宇宙についてウィーンの人々を混乱に陥れ、自分自身の理論から導き出される予測に絶望し、宇宙全体が歓迎すべからざる熱死にいたるずっと前に自ら命を絶った。ボルツマンが自分の自殺を自己実現的予言と考え、熱力学の第二法則と出会ったことを自分の理論の結果と考えたとは思わない。なにしろ、事物がもっとましに組織化されている世界が無限にあるのだ。子供が生まれる。記号とインクと想像だけから本ができあがる。物理世界のエントロピーが減っているとすれば、かつて増えていたことがあるにちがいない。いろいろな世界があり、物理学はその一つを記述する。しかし、たった一つを記述するにすぎないのだ。

想像の産物――物語、詩、絵画、音楽――は別の世界を描き、私たちはそこに息抜きを求める。しかし、アルゴリズムも想像の産物で、無類の力をもつものであり、まともな科学で用いられるようになると、新たな場所を切り開き、時間そのものを新たな仕方で曲げるにいたった。

時間をさかのぼって、自分のひいおじいさんと心のこもった握手をすることは論理的に可能だろうか。ウラジーミル・ナボコフはかつてそういう問いを発した。もちろん、私には見当もつかない。一八五〇年代はじめの世界に現れて、ひいおじいさんの背中を叩こうと考えることなど、私にとって知的に耐えがたい。それでも、エロイーズとの交際がつづくあいだ、私はいつもある感覚につきまとわれていた。将来、エロイーズの過去を目にすることができるのだという感覚だ。こんな情景を見ることになるように思われた――現実のエロイーズが私の前に立ち、じりじりして足を踏み鳴らし、その横にもっと若いエロイーズがいる。明るい虹のように時間が反りかえっている宇宙のなかで、二人の女は並存しうる空間を占めている。

私はその秋フランスの最も豪華な船に乗ってニューヨークを出発した。優美な船で、赤い煙突が三本あった(タバコの広告に出てきたことのある煙突だ)。船は、前の年に入念に改装されたにもかかわらず、多くのものを見すぎたし、長く航行しすぎたという雰囲気を漂わせていた(しばらく後、不名誉にもニューヨーク港に停泊中、内部を謎の大火災で焼かれて沈んでしまった)。船のホーンが悲しげに鳴る。ウシガエルの鳴き声のような深い音だ。それまでアイドリングしていたエンジンが低く深いうなり声をあげはじめた。デッキの金属板が震えた。まもなく、明るい赤い色の愛想のよいタグボートの群れが、巨大な船を深水部にうまく引っ張りこんだ。濡れた灰色の雲のカーテンが船と岸のあいだに垂れ込めた。

寡黙なフランス人、それに騒がしく男らしい、運動選手タイプのクリスチャン——実は有名なシャツのモデル——と同室だった。クリスチャンは私と顔を合わせるなり「主をたたえよ」と叫び、いっしょに祈るよう誘った。四つのベッドのうち、一つは空いていた。しばし、使用者の不在をかこっていたこのベッドにはやがて、私たちの身繕いの道具と使用済みのタオルと〝ボンジュール・メザミー〟という楽天的な紙名のついた船上の新聞がたまることになる。浴室には三つの言語(フランス語、英語、イタリア語)による掲示があって、蛇口から出てくる水を飲まないよう警告していた。最初にシャワーを浴びたとき、熱いお湯と冷たい水がちょうどよく混ざり合ったものが一瞬出てきたが、すぐに北大西洋の激しく冷たい水に変わってしまった。その後、例のフランス人が真顔で忠告してくれた(パントマイムのへビのように手を振りまわしながら、断言した)。私が浴びていたのは、船上の廃棄物、おもに尿だと。間隔がせまくビーズのように膨らんだ目、ずいぶん後退した生え際というご面相にもかかわらず、多くの秘密に通じている人のように自信たっぷりに話した。

スコールが通りすぎた。空気は灰色のつやを帯び、空は湿り気を帯びて海に溶け込んでいた。船の安定装置を最大限に働かせていると船室係が重々しく告げた。夕食は入れ替え制になっていて、私たちは二組に分かれて食べた。一品目を食事全体と勘違いして食べすぎ、中甲板で激しく船酔いし、咳をした拍子に、バミューダの方向にだと思うが、ソース・ベルネーズを吐き出してしまった。

その夜遅く、ぶらぶらと船のラウンジに行った。バーの端にバラ色の唇をした輝くばかりに美しいエロイーズが、落ちついたたたずまいで座っていた。エロイーズに気づいた瞬間に、かぐわしい香りがかすかにほとばしった気がした。といっても、どこぞの文豪の向こうを張ろうというわけではない。私のこの物語には、テラスのわきのガーデンも、花を咲かせているライラックも、取り戻せないものを失ってしまったと感じながら「ラシェル」と叫ぶ甘美で深い声も出てきはしないのだ。

年の頃なら如才なさの身につく四〇ほどだったろうか。落ちついた澄んだ灰色の瞳をし、銅色がかったブロンドの豊かな髪をまげのように束ね、ダイヤモンドの留め金でとめていた。そして、エレガントな灰色のスーツに身を包み、その下には襟の開いた黄緑色の絹のブラウスを着ていた。エロイーズは船のバーテンと話していた。船の横揺れに耐えるべく腰を緊張させて、カウンターのすぐそばに立ったバーテンは、一つのグラスを何度も何度も磨きながら、ときどき重い首を振ってぼんやりとうなずいていた。女の手が引き止めようとするようにバーテンの前腕に軽く置かれた。その身振りは強引さと落ち着きの中間にあった。

女は私と目を合わせて微笑んだ。

バーのもう一方の端にいた私は、女に近づき、いっしょに踊ってくれませんかと言った。前に会ったことはなかった。だが、私にはすべてが馴染み深かった。その背格好、微笑み、体の力を抜いて私の腕のなかに滑り込む様子、腰のくびれのところに寄ったしわ。あごの線がたるみはじめているのを見て、私は幻滅を感じた。女は香水をつけていた。後で気づいたのだが、クロエの香水だった。

私は女の首のくぼみに鼻を滑り込ませた。女は首を後ろに反らせた。女が顔に振りかけているおしろいの匂いが頬から香った。私はひらりと身をかわすダンスの動作をはじめながら、ターンを終えず、女の体を自分の体にうまく押しつけた。

「何をしているの」女は心からの驚きを表して訊ねた。ナボコフの物語のエロイーズは考えていた。自分では後ろ向きに歩いているつもりなのに、時間の軸に沿って前に向かって歩いている、この見知らぬ人は誰だろうと。

もちろん、あらゆる世界がそうであるわけではない。一九世紀に、ある種の経験の最も明らかな特徴となっている事柄に、熱力学がはじめて知的な秩序をもたらした。事物は、実に多くの、まったく局所的な状況で崩壊し、秩序を失うように見える。トランプの親がカードをきると、カードはごちゃごちゃに混ざる。コーヒーは冷める。愛もそうだ。クリスタルの小立像を落とせば、もう元には戻らない。無秩序は容赦なく進行する――とくに部屋や暮らしのなかで。そして、物理学者は、小説家におとらずこの世界に関心をもち、これを説明したいと望む。話はけっして単純ではない。だが、構成のしっかりした物語の大詰めでいくつかの込み入った筋が解決するときのように、大団円は単純だ。時間の矢は確率によって説明される。事物は、ばらばらになりやすいというだけの理由でばらばらになる。

よく語られ教科書に載る例は、理想気体の振る舞いについてのものだ。一定の閉じた空間――たとえば、箱の内部――で気体の分子が運動する。分子はたがいに独立しており、その空間のなかをほかの分子とは無関係に、ランダムに動く。

わずかに分子一〇個からなるこんな気体が箱に入っており、箱は仕切りで半々に分けられていると想像しよう。どの時点でも、一つの分子だけが箱の右部分から左部分に、あるいはその逆に移れる。仕切りの両側への分子の散らばり具合を「配置」という。

ここで時間が絡(から)んでくる。分子は箱のなかを飛びまわり、ランダムに配置を変え、時が過ぎたあとで配置はどう変わっているかという問題が持ちあがる。それを分析するにあたっては、直観が驚くほど強い力をもつ。たとえば、一〇個の分子すべてが仕切りの右（あるいは左）にあれば、直観的に考えて、ある程度時間がたてば、系全体が均衡に向かい、分子は両側におよそ半分ずつに分かれるはずだ。ただ、直観に頼っているだけでは、説明は得られない。

時間の流れはじめる時点で、一〇個の分子はすべて右の区画にあるとしよう。可能性は一つだけだ。分子が一個、仕切りを越えて左に移るかもしれない。時点ゼロで、仕切りの右側に分子が一〇個あるとすれば、次の瞬間に九つしかない確率は一〇〇%である。したがって、その時点で仕切りの左側には間違いなく分子がちょうど一つある。

次の瞬間、事態はまた変わる。分子がもう一つ左に移るかもしれないが、最初の分子が右に移って、左側の区画をからにするかもしれない。右側の分子のどれかが左に移る確率は九〇%、左側のただ一つの分子が右に移る確率は一〇%だ。

さらに数ステップ、計算をつづけると、まるで意外でない結果にいたる。この計算を長くつづけていくと、仕切りの両側にある分子の数の平均は、五に近づくのである。

しかし、ここが面白い点である。さまざまな記述体系が一つの波動に収束しなくなるところだ。計算はすぐに手に負えなくなるし、分子の数が大きければ、メインフレームコンピューターをいつまで働かせても計算は不可能になる。

このため、物理学者は、ほかに何もない箱のなかをさまよう分子の熱力学的振る舞いを

1．帽子（あるいはランダムな数を生み出す任意の機構）からランダムに数Rを引く。

2．Rとn/Nを比較する。

3．もしRがn/Nより小さければ左から右に一つの粒子を移し、Rがn/Nより大きければ逆のことをし、Rがn/Nに等しければ何もしない。

判断するために、シミュレーションに頼る。簡単な方法として、物理学者のあいだで〝モンテカルロ法〟と呼ばれるものを紹介しよう。この方法を用いるときに物理学者が腕まくりをして使うテクニックは、いわば〝二正面作戦〟とでも言うべきものだ。まず、ありうる分子の動きのランダムサンプルをつくる。次に、そのサンプルは何らかの理由で箱のなかの分子すべてを代表していると想定する。さらに、細部を扱うためにアルゴリズムが導入され、細部のみを扱うことに甘んじている者の常として、アルゴリズムはまもなく主要な部分を扱うことになる。このアルゴリズムがうまく働くのは、一つのかじとり役ともいうべき前提の存在によっている。すなわち、「ある粒子が仕切りのもう一方の側に移る確率はn/Nである」というものだ。ここでnは仕切りのどちらかの側にある粒子の数、Nは粒子の総数である。

上図にこのアルゴリズムをおおまかに述べる。

このアルゴリズムの詳細は次の通りである。（次ページの図表参照）

```
PROGRAM box
RANDOMIZE
CALL initial(N,tmax)           ! input data
CALL move(N,tmax)              ! move particles through hole
END

SUB initial(N,tmax)
  INPUT prompt"number of particles=": N    ! try N=1000
  LET tmax=10*N
  SET window-0.1*tmax,1.1*tmax,-0.1*N,1.1*N
  BOX LINES 0,tmax,0,N
  PLOT 0,N;
END SUB

SUB move(N,tmax)
  LET nl=N                     ! initially all particles on left side
  FOR itime=1 to tmax
    LET prob=nl/N
    ! generate random number and move particle
    IF rnd<=prob then
      LET nl=nl-1
    ELSE
      LET nl=nl+1
    END IF
    PLOT itime,nl;
  NEXT itime
END SUB*
```

＊プログラム・ボックス・アルゴリズム。Harvey Gould and Jan Tobochnik, *An Introduction to Computer Simulation Methods; Applications to Physical Systems*, vol. 2 (Reading, Mass.: Addison-Wesley, 1988): 487.

このアルゴリズムはアルゴリズムがつくる宇宙で働いて、やはり直観と一致する結果にいたる。想像上の仕切りで分割された想像上の箱のなかで、いくつかの確率論的法則にしたがって動く想像上の粒子が、アルゴリズムによって生命を与えられると均衡に向かう、という証拠が、原初的だが説得力のある推論から得られた。

少なくともある物語のなかで。その間の詳細は省くとして、一二年ほどのち、私は晩秋の身を切るように寒い晴れた日の朝、マンハッタンの八七丁目を渡った。一度結婚し、また独身になっていた。タバコを一箱買わなければと思っていると、私よりずっと若い人らしい、きびきびした迷いのない足取りでこちらに歩いてくる女性がいた。エロイーズだ。背丈は半インチほど伸びていたろうか。その顔はこわばっていた。あごの縁のあのかすかなたるみは消えていた。口紅はつけておらず、リップグロスをつけているだけだった。ジーンズをはき、赤いフランネルのシャツの襟を開けていた。もちろん私は後を追った。エロイーズは八六丁目まで行き、さらにウェストエンドアヴェニューまで行った。そして、まさに私の住まいがある建物に入った。

二週間後に本人が話してくれたのだが、エロイーズは歌手、リリックソプラノで、人生の黄昏（たそがれ）を効果的に演出しているある太った女詐欺師の弟子だった。六月にメトロポリタンオペラのオーディションを受けるのだという。喉が痛みがちで、パンダのぬいぐるみがお気に入りだった。私は、エロイーズの肩から喉のてっぺんにまで及ぶ繊細な骨の縁に唇を押しつけたいばかりに、おもねるような言葉を並べた。ところが、私が身を乗り出すと、むこうは身を引いて逃げた。私たちがともに住んでいたビルの一二階から、一〇階にある私の寝室へとエロイーズを導くのに、さらに二週間近くかかった。

その秋、私たちはニューヨークからキャッツキル山地北部にドライブした。レンタカーでオクスブラッド、カタースキル、フィニシャなど、オランダ人がつくった古くさびれた陰鬱な町を通った。古い馬車道の端に位置する町々で、なかでも、フィニシャは、木造の店、郵便局、鍛冶屋の小屋の残骸、ポンプが一つだけのわびしいガソリンスタンドのわきに非政府組織のマーケットがあるだけというありさまだった。私たちは、公共事業促進局がつくったコンクリートの橋を渡り、山中を激しく流れる小川を越えた。フィニシャを過ぎてから、芳ばしく気まぐれな空気に包まれ、山腹を昇る古い道を二、三マイル進むと、一群の荒れ果てた小屋に出くわした。小屋は木だけでできていた。タール、かすかな下水のにおい——疑いもなく排水区だ。小屋は石灰岩の土地に沿って散らばっていた。

土地の所有者は、粗野な感じの男で、小さい頭には髪の毛がほとんどなく、目が小さく、わしっ鼻で、頬の皮が厚く、大きなヘラジカの頭（にらみつけ、責めるような目でどんな人をも釘付けにしてしまうやつ）の前に立ち、先の太い人指し指で緊張した唇をなでて、言った。「二、三日、小屋のどれかを使ってかまわないよ」エロイーズは、ひどくきまり悪い様子で車のフロントシートに座っていた。私は、この不快な儀式をなんとか終えるや、エロイーズを連れて、小屋に入るつもりだった。男は、この若い女に興味をもったとしても、それを口には出さなかった。私たちがそこに滞在しているあいだの男の振る舞いは、田舎紳士のお手本そのものだった。小屋の借賃（三〇ドルという小額）を受け取ると、家の裏に姿を消した。後から考えると、そこに事務室があったのだ。そこから強い油っぽいにおいが漂っていた。男はそれっきり姿を現さなかった。

「私、とても落ち着かないの」小屋に入ると、エロイーズが言った。狭い芝生から見た外見より、内側はいっそうみすぼらしかった。電気はなかったが、主人が灯油ランプを貸してくれた。さらに、このハンクだかハイラムだかホレスだかという男は、伸ばした手を優美に振って向こうの森を指し示すことで、トイレもないことを教えてくれた。鉄製のベッドに載せてある古びたマットレスは、進取の気性に富んだネズミの一家の根城となっているのが明らかだった。ネズミのふんがいたるところに散らかっていた。そこで、私たちは車に戻り、寝袋を取ってきて、軋むスプリングの上に間に合わせのマットレスをこしらえた。

私たちは暗い小屋のなかで並んで立ちつくしていた。かびくさい森林特有のにおいが立ち込めていた。エロイーズは内にこもり、ピリピリとして、ある種の完璧な均衡状態にあった。

熱力学で、「均衡」とはある種の釣り合いを意味する。左に引っ張る力と右に引っ張る力が釣り合うことで、粒子の系、あるいは一対の特性が均衡状態になるわけだ。しかし、大物理学者は自分たちの理論にそれ以上のもの、すなわち、深いところを流れる形而上学的意義深さといったものを要求する。事物がばらばらになることは否定しようがない。そして、この事実は、もっと重大な謎めいた事実とかかわっているようだ。それは、〝時間には方向があり、進むとすれば前に進む〟という事実である。こうした事実が劇的に登場するとともに、熱力学はエントロピーという概念に迫った。

道具立ては先ほどと変わらない。調和しない見知らぬ者どうし――確率、アルゴリズム、イマジネーション――に支えられたものだ。箱のなかに分子が二つしかないとしよう。この二つの分子をA、Bと呼ぶ。時間は止まっており、物理学者が歯止めをはずしたときだけ前進する。この二つの分子は実質的に区別できない。位置が違うだけだ。そのため、箱のなかの系がとりうる配置は四つしかない。AとBはどちらも仕切りの右側にあるかもしれないし、どちらも左側にあるかもしれない。あるいは、両側に分かれるかもしれない。意味が明瞭な表記法で、この場合の配置の可能性を列挙すると、AB、A―B、B―A、BAとなる。

さて、AとBがランダムに動いており、したがって仕切りのどちらの側にある確率も等しく二分の一だとすれば、四つの可能性は、起こる確率がまったく同じ、つまり四分の一だ。

それでも、ボルツマンが気づいたように、ある意味で、分割された箱のなかで四つの配置をとりうる二つの分子が織りなす世界は、自らが記述上不適当な部分を抱えていることを非常に微妙な形で示している。なにしろ、AとBは事実上同一だから、この四つの配置のうち二つは事実上区別できないのだ。

温度や圧力やエネルギーを測定する巨視的視点から、この系を見ると、物理学者にはA―BとB―Aのどちらの配置が生じているのか、区別がつかない。そこで物理学者は、ボルツマンにしたがって、急進的で意外な結論にいたる。すなわち、この系には微視的に見れば四つの状態（AB、A―B、B―A、BA）があるが、巨視的には三つの状態（AB、BA、A―BないしB―A）しかない。これは精妙きわまりない認識だ。

配置と巨視的状態がどう変化するかは、純粋に組み合わせ論に属する簡単な数学によって表現できる。はじめに分子がN個あるとする。Nは10でも10000でもよい。そして、

nはこれらの分子のうち仕切りの右にあるものの数、n^*は左にあるものの数を表すとすると、巨視的状態に対応する配置の数は以下の二項分布によって与えられる。

$$\frac{N!}{(n! \times n^*!)}$$

数学や科学一般の公式の多くがそうだが、この公式がスペクトルのあらゆる色を放ちながら振動しはじめるには、私たちが注目してやらなければならない。だが、ともかく今は振動している。私自身が即席でつくった先のケースでは、分子が二つあった。AとBだ。ある数の階乗（$N!$）とは、その数以下の数すべての積である。$0!$は1と定義される。したがって、この場合$N!$は$2 \times 1 = 2$だ。そして、分子が仕切りの左右に一個ずつある場合、$n!$は1でなければならない。nとn^*がともに1なら、$N!/(n! \times n^*!) = 2$で、巨視的に見てAとBが両陣営に分かれる、いわば〝民主的な〟配置は二つある。一方、AとBがともに仕切りの左右どちらかにあれば、$n = 2$か$n^* = 2$のどちらかであり、いずれにしても$N!/(n! \times n^*!) = 1$だ。この二つの巨視的状態それぞれに対応する配置は一つしかない。

ここでさらに想像力豊かな行為がなされる。これまでのところ箱の内側にあるのは飛び跳ねるボールと壁とランダムなエネルギーだ。ほかに何がありうるだろうか。ところが、ボルツマンは、自分の意のままになる独創的な小説家たちの作品という後押しを得て、そこにはほかに何かがあるのだと説いた。すなわち、あの閉ざされた容器にまったく抽象的な何か、増えたり減ったりしうるもの、量的属性として表現できるもの、測定できる属性という高貴な階級に属するものを与えたのである。

系のエントロピーとはそのようなものである。

系のエントロピーと系の配置の関係を、ボルツマンは数学的法則という形式主義によって表現した。N個の相互作用する粒子の系のどんな巨視的状態nについても、nのエントロピーはΩ_nの対数に比例する。ここでΩ_nはnと両立する配置すべてである。（ボルツマンは系の記述をゆるやかにするために対数を選んだ。対数関数は増加の程度がはじめはゆるやかだからだ）

記号で表すと、

$$n\text{のエントロピー} = k \log \Omega_n$$

ここでkはボルツマン定数である。本質的な数学的操作を単純にするために考えられた定数だ。

この法則から、ボルツマンは限定された物理的関係を広範に一般化することを思いついた。まず、エントロピーは無慈悲に増大すると予想できる量だ。無秩序は、何通りもの形で実現するというだけで、増大するとわかる。ここで広範な一般化がなされる。熱力学の構築にかかわった例は理想気体の理論からとったものだが、その根底にある肝心な考えが物語っていたのは、〃外部の影響から系を隔離する〃ということだった。ボルツマンは考えをめぐらして、宇宙そのものがまさにこのような孤立した系だと悟ったのである。存在するものすべてが宇宙なら、その振る舞いに影響を及ぼす外部の影響などありえようか。閉じた系でエントロピーが増大するなら、ほかのどこでも増大するにちがいない。日の光を浴びているあらゆる場所、太陽系、銀河系、それ以外のさまざまな銀河、どのつまりは、広大な時空の構造全体で。これらもすべて、それが最も陥りやすい状態に向かって確実に進んでいくにちがいない。つまり、エントロピーが極大である状態に。時間の果てには、宇宙は空っぽで動きがなく面白みがない、活気がなく単調なものになる。

その夜、私たちはたがいの腕に抱かれながら寝た。しばらくは目覚めていたが、やがて眠りに落ちた。森や野原で奇妙で異様な騒がしい音を立てているのは何なのかと時々いぶかり、結局こういう結論を下した。フクロウかほかの夜の鳥か巨大な大顎をもつ昆虫かアライグマか、あるいはこうしたものではなく何か不吉なもの、スターリンのようなさらりと光る黄色い目をしたトラかユキヒョウだと。

私たちが目覚めたころには、太陽は空の高いところにあり、実に苛立たしいハエが汚れた寝袋のまわりで円を描いていた。私たちに見られていないと思ったときに、夕べの残りのカップケーキのくずに飛びつくのだった。

午後になると、じめじめしてきた。夕方までに入道雲が山の上に湧き起こった。雨が夜どおし降りつづけた。私たちは二人とも便秘をしていて、体が汚れていた。ニューヨークに戻ると、エロイーズは長い指をした手で私の頭を抱き、感情をまじえぬ激しいキスを瞼（まぶた）にくれた。

閉じた系のなかにありうる配置の数とその系の巨視的状態のあいだになりたつとボルツマンが唱えた関係は、形而上学的なものだ。なぜなら、現実のどんな系についても、重要な配置を物理的に数えあげるすべはまったくないのだから。アルゴリズムが登場するまでは、古典物理学の多くの部分がそうだったように、熱力学は説明のための強力な手段たりえていたが、詳細な実証の図式を示さなかった。事物は崩壊する。そのことは見て取れる。無秩序が秩序に取って代わる。そのことも見て取れる。エントロピーそのものは、適度に大きな系では、感じとれるが細部は確認できない形で大きくなる量を意味するので、たとえ数式による定義を与えられていても、私たちに把握できるものではない。

コンピューターの能力が現在どのくらいであれ、また、将来どうなるにしろ、エントロピーをじかに扱うことはできない。粒子の集まりがとりうる微視的状態の数が大きすぎるのだ。現実世界をシミュレートできるのは、現実世界のほかにない。これは、おかしな、また不安をかきたてる事実であり、もっと広く理解されるべき事実だ。にもかかわらず、アルゴリズムの登場で、相互作用する粒子の系の微視的な振る舞いを慎重に観察することによって、間接的に熱力学を探ることができるようになった。

見えない系をいかにシミュレートするかという問題は、けっして取るに足らぬことではない。物理学においても芸術においても。一つの物語ともいうべきアルゴリズムは、間違いなく一つの世界を創造する。物理学者のシャンクン・マが〝回帰〟の概念に基づいて創造したのは、まさにそんな世界だ。時間のなかで錯綜する分子のつくりあげる系が、あるときはある配置をとり、またあるときは別の配置をとる。系の規模はどうあれ、その配置は有限個しかない――有限個しかありえない。したがって、回帰は、有限の動的な系の特徴である。すなわち、閉じた容器のなかではるか未来にある分子の配置が再び出現すべく運命づけられているという事実だ。この単純な事実は、「かつてあったものは遅かれ早かれ再び現れる運命にある」という、ポアンカレの有名な回帰定理の基礎になっている。人によっては不安感を抱くような展望である。

マの単純だが独創的な着想とは、関連のない微視的状態どうしの一致を探すことによって、コンピューター・シミュレーションのもつ観察可能な属性としてエントロピーを測定するというものだ。デジタルな時間が進められる。一致を求めて探索が断続的におこなわれる。一致が起こらないまま時間が過ぎるほど、必要な微視的状態は少なくなり、したがって、問題となっている系のエントロピーは小さくなる。一致の数が多いほど、必要な微視的状態の数も大きく、よってエントロピーは大きくなる。

マは、エントロピーを、ということは現実世界をじかに扱うのではなく、シミュレートされた分子の集まりの一致率R_nと名づけた量を定義する。シミュレートされた時間の流れを調べる用意のある物理学者にとって、R_nは同一であった微視的状態の数と、探索の過程で比較対照された微視的状態の総数の比を意味する。したがって物理学者が微視的状態を一〇〇個調べて、二つが同一であることを発見すれば、R_nは2／100である。

マは、この独創的な考えを用いて、ボルツマンの法則に代わる法則を考えだし、自分自身のイマジネーションを並ぶもののない地位に引き上げた。

$$\text{シミュレートされた}\,n\,\text{のエントロピー} = k \log \frac{1}{R_n}$$

私たちは、この法則に表現される関係と、ボルツマンが自然法則と考えたものとが同じものだと考えてしまいがちだ。マは古典的な熱力学方程式の解法を提示しているにすぎないと片づけてしまいがちだ。しかし、そうではない。シミュレートされたエントロピーはシミュレーション世界の属性だ。この世界では、マが支配者であり、時間と事物の崩壊を完全に統御しているのである。このような世界は〝仮想世界〟と呼ぶのが普通である。あたかもそれが現実世界の火の冴えないイミテーションでしかないかのように。しかし、この世界に仮想的なところはまったくない。多くの点で、もう一つの世界、すなわち、私たちが生き、そして死ぬ世界、未知のものの雲に粒子を隠し、大きすぎてわからない数のなかに最も明白なプロセスさえおおい隠してしまう世界より、はるかに手の届きやすい世界と言っていいくらいだ。この世界は完全に理解可能で、その法則はまったく明瞭であり、それが記述するプロセスは自分を記述する法則に完全にしたがう。

すでに述べたプログラムボックスアルゴリズムは、いくつか修正を加えれば、シミュレーションに使える。マの定義は、先に挙げたnのような、ある特殊な巨視的状態の指定に依存している。この依存関係をシミュレートするために、仮想上の仕切りの左右にある仮想上の粒子の数を一定としよう。これで、ここで扱われる諸状態に必要な明確さが与えられた。すると、系の動的な振る舞いがせりにかけられているかのように、系は粒子のやりとりによって変化していく。

346～347ページのプログラムはシミュレートされた系のエントロピーを計算するものだ。その結果は、熱力学の標準的な予測と完全に一致する。

＊プログラム・エントロピー（コンピューター言語：True BASIC）。Harvey Gould and Jan Tobochnik, *An Introduction to Computer Simulation Methods ; Applications to Physical Systems*,

```
  FOR iexch=1 to nexch
    ! randomly choose array indexes
    LET lindex=int(rnd*nl+1)            ! left index of array
    LET rindex=int(rnd*nr+1)            ! right index of array
    LET left_particle=left(lindex)
    LET right_particle=right(rindex)
    LET left(lindex)=right_particle  ! new particle number in left array
    LET right(rindex)=left_particle     ! new particle number in right
                                          array
    LET micro(iexch)=micro(iexch-1)+2^right_particle
    LET micro(iexch)=micro(iexch)-2^left_particle   ! new microstate
  NEXT iexch
END SUB

SUB output(nexch,micro())
  ! compute coincidence rate and entropy
  LET ncomparisons=nexch*(nexch-1)/2   ! total number of comparisons
  ! compare microstates
  FOR iexch=1 to nexch-1
    FOR jexch=iexch+1 to nexch
      IF micro(iexch)=micro(jexch)then
        LET ncoincidences=ncoincidences+1  ! number of coincidences
      END IF
    NEXT jexch
  NEXT iexch
  LET rate=ncoincidences/ncomparisons     ! coincidence rate
  IF rate > 0 then LET S=log(1/rate)
  PRINT"estimate of entropy=",S
END SUB*
```

```
PROGRAM ENTROPY
DIM left(10),right(10),micro(0 to 2000)
RANDOMIZE
! input parameters and choose initial configuration of particles
CALL initial(nl,nr,left,right,micro,nexch)
CALL exchange(nl,nr,nexch,left,right,micro)    ! exchange particles
CALL output(nexch,micro)    ! compute coincidence rate and entropy
END

SUB initial(nl,nr,left(),right(),micro(),nexch)
  ! fix macrostate
  INPUT prompt"total number of particles=":N
  INPUT prompt"number of particles on the left=":nl
  LET nr=N-nl              ! number of particles on the right
  LET micro(0)=0
  FOR il=1 to nl
    LET left(il)=il        ! list of particle numbers on left side
    LET micro(0)=micro(0)+2^il      ! initial microstate
  NEXT il
  FOR ir=1 to nr
    LET right(ir)=ir+nl    ! list of particle numbers on right side
  NEXT ir
  INPUT prompt"number of exchanges=":nexch
END SUB

SUB exchange(nl,nr,nexch,left(),right(),micro()
  ! exchange particle number on left corresponding to lindex
  ! with particle on right corresponding to rindex
```

vol. 2 (Reading, Mass.: Addison-Wesley, 1988): 493.

マの法則は、ある一つの模型宇宙における微視的状態に光を投げかけるべく考えだされたが、その模型宇宙は、ボルツマンの模型宇宙の微視的状態の代用物となるよう意図されたものだった。しかし、さまざまな世界が奇妙にも満足のゆく形で対応を見せているという状況は、〝理に適(かな)っているように見えているこれらの世界は、実はなんら根拠のないものである〟という想定によってもたらされたものだ。私たちの実体験を扱うために一連の数学理論が導入されたが、この一連の理論がすべて同じ一枚の布から断たれたのではない。私たちの個人的不平、同情、あるいは祝賀の主題をなす経験は、切断され刈り込まれ描写を改められるので、もともとひとつの物語に登場したものが別の物語にも登場するようになる。一つの成果を挙げようと思うなら、物理学者は、自分が記述しようとしているどの活動にも似ていない人工物である〝アルゴリズム〟なるものに頼らざるをえず、その結果、この手近にある世界、一つの記述体系であり、経験を分析した結果である世界に存在する無垢(むく)な確信が損なわれる、それも致命的に損なわれてしまう。

　物理的過程が想像されているほど明確に規定されていないのならば、支配者は誰で、支配されているのは誰なのだろうか？

エロイーズのキスから一二年後、いまだに瞼に燃えるような熱さを覚えながら、私はサンフランシスコにいた。エロイーズのために退屈な大陸横断の旅をしたのに、エロイーズは私がカリフォルニアに着いた二カ月後に姿を消してしまった。アシャーフェルドという私立探偵が、オレゴンにあるヒンドゥー教の僧院にエロイーズがいることを突きとめた。私はその前に再婚し、離婚していた。先妻たち（三人）は小さな社交サークルをなし、そこでは大陸を横断して愚痴が飛び交っていた。

私はバークレーの数学部から講演をするよう誘われており、考えを整理しなければならなかった。パシフィックハイツにある私のアパートからゴールデンゲートパークの東の端まで、なぜそうしたいのか自分でもわからぬままに歩いた。穏やかな日だった。空はカリフォルニア特有の腹立たしいほどとらえどころのない青。真冬の草は緑色で生気にあふれ、中西部から逃げてでもきたのか、メロドラマの書き割りのような妙な積乱雲の連なりが、地平線に積み重なっていた。公園のなかを通りぬける道は浜辺で終わる――サンフランシスコのこの地区でも、若い麻薬の売人がうろつき、あてもなく歩きまわる野良イヌが黄色い砂の上に排泄物を落とす最悪の場所である。そこは車の乗り入れが禁じられていた。ちょうど植物園の前で道は動脈瘤のようにふくらみ、それがいくつもの横丁に分かれて、毛細血管のごとくに細切れになって消えていく。週末にローラースケーターが集まってこれ見よがしに走りまわる場所だ。誰かが道端に大きなスピーカーを一セット据えつけていた。

スピーカーはさわやかな空気にヘビーで狂ったように単調なリズムを送り込んでいた。手足のひょろ長い黒人の若者が二人、ずっとスケートでバックして道の両側のあいだを行き来しながら、絡(から)みあったループを路上に描いた。力(りき)みまくった筋肉もりもりの中年の白人男性が、治療中の歯医者のような真剣な表情で、優美なアラベスクに荒っぽいぎこちない動作を浸透させようと努力していた。

私は足を止め、しばしこの情景に眺めいった。白人の男はローラースケートをがらがら鳴らしながら路肩に寄り、カメラをもっているガールフレンドに汗の滴(したた)るジャージーを渡した。両手で映画監督がやるように四角をつくって（両親指をたがいちがいの向きに向け、人指し指を立てて）、自分が思い描く見事なパノラマを相手に示す。遠景に緑色に輝く草が広がり、近景には狂えるニジンスキーのように踊る自分自身がいる。二人の黒人が煙のように右に左にと滑っている。

ほかには何が？　どれどれ。ローラースケートサークルの外にホットドッグの屋台があり、ずっと若い目立ちたがり屋の一団がスクワットバイシクルに乗って芸を見せ、おなかの大きくなった若い母親が乳母車を押し、その後についてイヌがハーハー言いながらドタドタ歩き、あごひげをたっぷり蓄えた男が緑色のオウムを肩にのせていた。

一八歳くらいか、怒ったような顔をした背の高い娘が道端にいるのに私は気づいた。真珠光沢の燃えるようなピンクのショーツをはいて、腰から下だけを揺らしてローラースケートをしている。濃淡の縞になったオレンジ色の髪をし、パンケーキでたっぷり化粧をしていた。何かに憤っているようだった。ふらふらとすべりながら、抑揚のない外国語で立てつづけに悪態をついていたからだ。

若い娘の憤りの対象は縁石の上にうずくまっていた。もちろん、それはエロイーズだった。年齢は姉の四分の三ほどか（姉妹だと推測する）。しかし、座っていてもわかる、その滑らかですべすべした服に包まれた手足の長さから察するに、背丈は姉に負けなかった。ピンク色をしたサテンのパンツをはき、うねのあるシャツを着ていた。細い腕には四角い磁器の板をつなげたブレスレット、貝殻のような耳には小さなボタンイアリング。脚はアンテロープのような繊細な膝で折れ曲がり、レースがついた白いローラースケートブーツに足がおさまり、ブーツは腿の下にあった。愛らしいあどけない顔は、耐えがたい悲しみの発作でゆがんでいた。目は灰色で、下の睫毛はすすで汚れていた。唇は噛んでいたかのように皮がむけ、緊張した鼻孔の皮膚はひびが入っていた。

エロイーズは顔の前で手を振ったかと思うと、膝で手を組み、また手を挙げ、汚れた目を無造作にこすり、栗色の髪をなで、再び膝に手を下ろした。肩を落として。

エロイーズは抑揚のない言葉（おそらくスウェーデン語）で始終何かを愚痴り、鼻をすすっていた。愚痴はときどき途切れ、またすすり泣いて細い肩を震わせ、悲しみがメロドラマチックな高みに達すると、あごを上げ、肩をいからせて、空気をめいっぱい吸い込み肘を鼠蹊部の窪みに、前腕を胸に当て、しなやかな腕、長い指をした手を振りまわす（おそらく、姉に向けて）。

姉はそこに立ち、その光景に心を動かされもせず愚痴を言いつづけた。

私は心に痛みを覚えながら、そこに立っていた。この女を腕のなかに抱きかかえ（子鹿のように脚を折り曲げ、腕を内側に向けて）、優しく揺らしてあやしてやりたかった。麝香の香りのする、金色の後光をなすつややかなうなじの髪に温かい息を吹き込みたかった。

「どうかしたのかい」私は場違いなほど気取った調子で訊ねた。

エロイーズは私を見上げた。一瞬戸惑い、目を潤ませていた。そして、このうえなく弱々しい笑みを浮かべた。

それから、立ち上がった。腹立ちまぎれのしゃっくりはまだ止まらないが、さっきよりは落ち着いていた。姉に向かって何か適当なことを言ってから、東のほうに滑りはじめ、取り乱した若い娘の乱れた足取りで去っていった。

それだけだ。私は道にたたずみ、エロイーズが小さくなっていくのを見守った。やがてエロイーズは何か秘密の方法によって、遠ざかるにつれ、脚の長いうら若い娘からぼんやりした色のかたまりへと変わり、さらに私の目が届く限界まで遠ざかると、震える（まだ栗色の髪をきらめかせている）一個の点になった。

補遺　衝突する世界

物理学者が三〇〇年以上にわたって飽くことなくさまよってきた世界は、通常の微分方程式および偏微分方程式という偉大な数学上の道具によって成立した世界だ。言うまでもなく、物理学者は興味深い微分方程式の大半が解けず、微分方程式の大半は解析的には解けない。

解析的に解けない方程式は、解析的に扱えない。そこに含まれる情報は、私たちが〝数学能力の不足〟という混濁部を眼球のなかに抱えているせいで読めない。だから、〝扱えなくて解けない方程式は解けなくてもシミュレートすればいいのだ〟と知るや、私たちは胸をなでおろすが、この解決策は私たちに与えられた警告でもあるのだ。ここでの要点は、どの教科書にも載っている単純なケースにもはっきり現れる。科学上の事例の常として、このケースの第一歩は簡単に解けそうな問いではじまる。たとえば、ペトリ皿の上で成長する細菌のコロニーの振る舞いに典型的な形で見られる、一様な成長（ないし崩壊）のプロセスをどうやって記述するのかといった問いかけだ。数えるというのは一つの戦略だが、前より細菌が多い、あるいは少ないとわかるという域を出ず、科学的に言って、すべてを網羅していないがゆえに不満が残る。細菌はあまりにも多く、時間はあまりにも少ない。

望ましいのは、現在の細菌の数だけにもとづいて未来（あるいは、時間はどちらにも進むので、過去）のある時点の細菌の数を計算する記述的方法だ。ここで、〝理論と数値のみですべてを片づけなければならない〟という二重のきつい制約があることは忘れてはならない。この問題は、このように言い表すと、数学ではお馴染みの初期値問題の様相を帯びてきて、以下のごときごく単純な普通の微分方程式で表現される。

$$\frac{df(t)}{dt}=Af(t)$$

式$f(t)$は、時間を細菌の数あるいは量と対応させる関数を表す。tが特定の時間だとすると、$f(t)$は特定の量を表す。この表記の天才的なところは、任意の時点における細菌の量ないし重さを示す、限りない長さの巻物のような役割を果たすことだ。それが関数としてもつ数学的性格は、当座のところ、わかっていない。記号Aは比例定数で、生殖をおこなう細菌の比率を示す。〝どの時点でも一定の割合の細菌が生殖に携(たずさ)わる〟という意味で、ペトリ皿にある細菌の数が一〇であれ一万であれ、この比率はずっと一定だ。

式$df(t)/dt$は比に見えるが、比ではなく、一個の式、すなわち、関数$f(t)$の導関数(どうかんすう)である。導関数とは、微積分の体系のなかでは、たゆみなく前進する時間のなかでのfそのものの変化率を意味しており、〝経過時間（Δt）が0に近づくときの問題の量（この場合、細菌の数）を時間で割った比の数列の極限値〃として表される。

$$\frac{df(t)}{dt}=\lim_{\Delta t\to 0}\frac{f(t_2)-f(t_1)}{\Delta t}$$

極限値という概念は、微積分の体系のなかではいくつもの精密な制約によって厳密に定義されているが、無限のプロセスである。極限値は無限に連なるステップの列の終わりにある。要するに、ある関数の導関数とは、〝あるプロセスが各時点でどのくらい速く、あるいはゆっくり進行しているか〃という問いに答えるものだ。

こう説明されると、先ほどの微分方程式の意味が明らかになる。

$$\frac{df(t)}{dt}=Af(t)$$

が述べているのは、〝時点 t における細菌の数 $f(t)$ の変化率は、$f(t)$ そのものに比例する〃ということなのだ。

これなら納得がいく。つまり、細菌のコロニーが成長する速さは、そのときどきの細菌の絶対数、および生殖をおこなう細菌の割合によって決まるというわけだ。実際にはどれだけいるのか。それは実人生の問題、生命の問題である。

方程式とは本質的に、〝暗闇のなかでの特定〟である。何かが何らかの条件に答える。条件は与えられている。見つけなければならないのはその何かだ。〝暗闇のなかでの特定〟は、〝文に含まれる代名詞の指す主体が判明したとき、その文が特定のものとなる〟という、お馴染みのけっして神秘的ではないプロセスに相当する。たとえば、「彼は煙草を吸う」の「彼」の指す人物がウィンストン・チャーチルだとか、禁じられた煙草をもってバスルームに閉じこもる人だとわかると、この文が特定のものになるように。

一様な増大を記述する先述の微分方程式は、指数関数を用いることにより、単純だがまったく一般的な形で解ける。

$$f(t) = ke^{At}$$

数eは2と3のあいだの無理数で、πのように数学のあらゆる領域において、奇妙で、本質的に不可思議な役割を果たす。eは、この場合、数Aとtによって決まる数で累乗される。定数kは問題の初期値、すなわち、細菌の数（重量）と理解してもらえばいい。ke^{At}が最初の方程式の解だという証拠は？　$Af(t)$の導関数がke^{At}以外にないことを証明すればいい。

微分方程式は未来（あるいは過去）を見通す不思議な力を備え、まさにそのために物理学者の神殿にその座を与えられた。変数 t は時間を値(あたい)としてとり、物理学者の想像のなかで時間が前か後ろに進むとき、ke^{At} は商法で言うところの利得ないし損失の継続勘定、したがって変化の継続勘定を提示する。

これはそれ自体、注目すべきことだ。言語や経験知、あるいは法律という領域のいかなるものとも違う、単なる記号によって、時間的な制御が成し遂げられたのだから。しかし、この「暗闇での特定」流の手法による経験の分析は、かりに成功すれば、どんな予測も超えて、舞台裏に慎み深く潜んでいる可能性の領域全体をカバーすることができる。

一四個の記号で形づくられる

$$\frac{df(t)}{dt} = Af(t)$$

という方程式は、無限につづく時間を量的に制御するすべを提供するだけではない。時間が示すさまざまな振る舞いについて、性質にかかわる観点からも、広範かつ予言的な評価を下してくれるのだ。ものが増えていくなら、減っていくこともあるだろうし、数が変わらないかもしれない。こうしたさまざまな可能性は、過去・現在・未来という想像上の三分割に対応する。これらを、A という記号を用いて図示してみよう。プラスなら、A は増大を意味し、マイナスなら、A は減少を意味する。$A = 0$ なら、何も起こらない。増大も

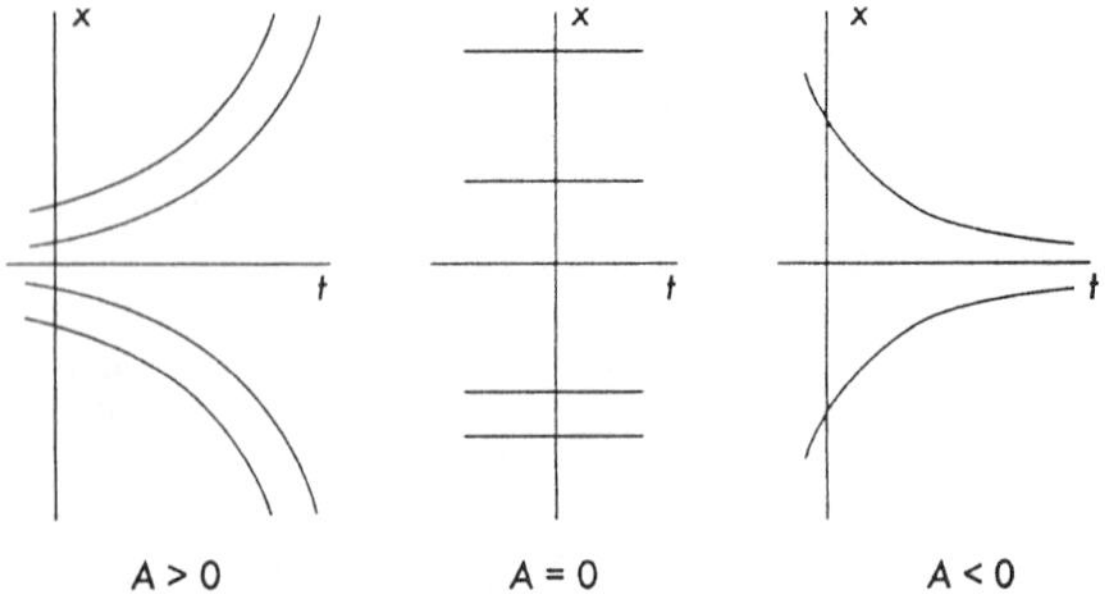

12.1 $\frac{df(t)}{dt}=Af(t)$ についての3フェイズのポートレート

減少もない。増大、減少、無はデカルト座標系上のグラフとして現れる。グラフの曲線のグループはそれぞれ、指数関数全体のなす大グループのなかに、何らかの位置を占めている（上図）。

今や未来はカラフルな光を投げかけ、私たちの想像を超える華やかさを備えるにいたった。増大、減少、無という生き生きした色合いが、未来の形についてだけでなく未来の安定性についても情報を伝えてくれるからだ。安定性という概念が導入されることによって、議論は、小さな変動のもとで根本的な性格を変える状態、状況、解決といった話題に向かう。

一様な増大を示す微分方程式は、時間を三フェイズのポートレートに分割する。そのうちの二つ、〝増大〟と〝減少〟は安定した状態である。ペトリ皿を支配する定数Aがわずかに変動しただけでは、速度が変化するだけで、進行する作用の本質が変わるわけではない。「変化があるところ、安定性あり」というわけだ。だが、均衡状態については事情が違う。$A=0$であれば、値がほんのわずかずれただけで、解の性質が変化する。それもまったく変わってしまうのだ。時間の流れのなかで静かに眠っていた何かが、突然、増大ないし減少する能力を獲得する。多色の宇宙像とは、たとえて言えば、供物のなかに供物が隠れているようなものだ。卵のなかに卵がおさまっている、精巧で美しいファベルジェの卵に似ている。

解析的に解けない方程式も、シミュレートしてやればいい。解析的シミュレーションの手法はさまざまだが、すべて、それぞれのケースに応じた純粋に数値的で、純粋に不連続で、純粋に有限な計算手法によるアルゴリズムを用いることによって組み立てられている。最も基本的な手法は微積分そのものから導き出される。

明確な積分

$$F=\int_a^b f(x)\,dx$$

は、微積分のかかわる領域に、解析式の源としても、点aから点bまでの曲線より下の領域を指し示す手段としても登場する（Fはもちろんある関数だ）。この積分を幾何学的に表現したものは、和の数列の極限値を表す次の式と同じものだ。

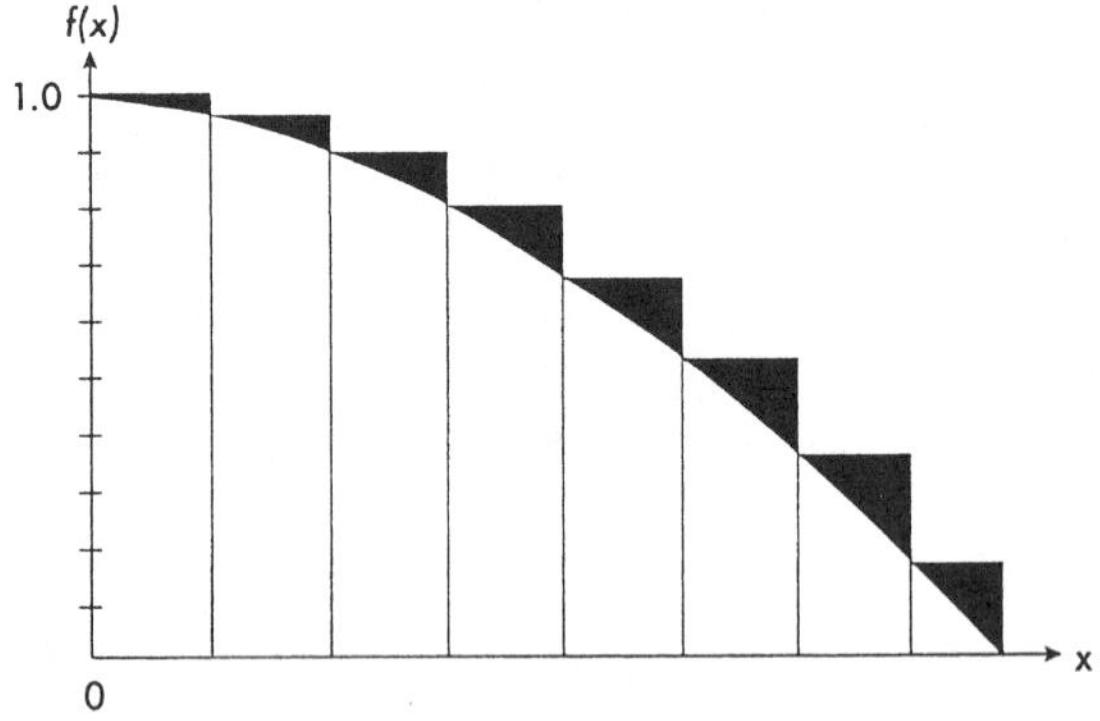

12.2　数値的積分

$$\lim_{\Delta t \to 0} \sum_a^b \Delta t_i f(t_i)$$

教科書的な例で要点は伝わる。曲線より下の領域は長方形に分割され、長方形が小さくなるほど、長方形の面積の和は、この領域の面積にますます近づく。ますます近づく、とはどういうことか？　長方形の幅が狭まるほど、近づくということだ。そして、極限値は、この領域の面積の近似値であるだけでなく、その本当の絶対的な値を示す（図一二・二）。

もちろん、何を得るにも支払わなければならない対価があるように、数学的完璧さのために支払わなければならない対価もある。極限値──数学用語とはなんと奇妙な響きを備えていることか──に向かうには無限個のステップを踏まなければならない。それには、何がしか経験と妥協すること、想像上の天空に入ることが必要とされる。そんなに長いレースを走りきれるものなどいないのだから。

にもかかわらず、積分

$$F=\int_a^b f(x)\,dx$$

は、たとえ$f(t)=e^{-t}$でも単純なプログラムによって数値的に（すなわち〝近似的に〟）計算してよい。読者にはとっくに見当がついていたにちがいないが、数値的積分の公式は、積分そのものの公式から〝極限への経過路〟を省(はぶ)いたものにすぎない。したがって、

$$F=\sum_a^b \Delta t f(t)$$

結果として得られるのは、もちろん曲線より下の領域の面積の近似値である。これは、近似というものに必然的にともなう誤差を十分わきまえて採用されるものだ。

この〝近似の度合い〟は、よくなるにはよくなるが、有限個のステップしか踏めないので、純粋に人間的な計算手法の力の及ぶ範囲にとどまる。

以下の簡単なアルゴリズムは、まさにこの近似値を求めるという課題を実行するものだ。

```
PROGRAM integ
! compute integral of f(x) from x=a to x=b
CALL initial(a,b,h,n)
CALL rectangle(a,b,h,n,area)
CALL output(area)
END

SUB initial(a,b,h,n)
  LET a=0                  ! lower limit
  LET b=0.5*pi             ! upper limit
  INPUT prompt"number of intervals=":n
  LET h=(b-a)/n            ! mesh size
END SUB

SUB rectangle(a,b,h,n,area)
  DECLARE DEF f
  LET x=a
  FOR i=0 to n-l
    LET sum=sum+f(x)
    LET x=x+h
  NEXT i
  LET area=sum*h
END SUB

SUB output(area)
  PRINT using"####.#######":area
END SUB

DEF f(x)=cos(x)*
```

*積分をおこなうプログラム。Harvey Gould and Jan Tobochnik, *An Introduction to Computer Simulation Methods: Applications to Physical Systems*, vol. 2 (Reading, Mass.: Addison-Wesley, 1988): 321.

解析的な解をもたず、したがって多色の輝きを生み出すことができない普通の微分方程式に、同じ手法を用いることで、数値的な解を与えることができる。

$$\frac{df(t)}{dt}=g(t, y)$$

がそのような方程式だとしよう。ある変化を表現した式だが、アクセス可能なものはどれも$f(t)$に答えない——（yは$g(t, y)$のなかで$f(t)$を表し、方程式の右辺に変数としてもっと形式的に現れる）

解析的な答えは得られないことが明らかになった——ここではそう仮定させていただく——ので、残る解決策は数値的積分による手法のみだ。文献にはこのような手法がたくさん出てくるが、そのすべてに共通するキーファクターは〝近似〟である。微積分では、導関数は接線の傾きを示す。求めるべき近似は、このことを念頭において構成される。

$$\frac{df(t)}{dt}=g(t,\ y)=\frac{f(t_i+\Delta t)-f(t_i)}{\Delta t}\doteqdot g(t_i,\ f(t_i))+O(\Delta t)$$

そうは見えないかもしれないが、この式の細部を見てしりごみする必要はまったくない。方程式を左から右に読めば、〝同じものが三つある〟と言っているだけなのだから。これは既知の事実だ。私はすでにそう説明したし、読者もそれを受け入れているはずだ。次にくるのは、近似を示す記号 ≒ である。関数 $f(t)$ の導関数は、$g(t_i, f(t_i))$ の値および $O(\Delta t)$ が指し示す誤差項によって近似的に表される。

しかし、初等代数を用いれば、これは、

$$f(t_i+\Delta t)\doteqdot f(t_i)+g(t_i, f(t_i))\times\Delta t$$

と言うに等しい。誤差を含んでいるのは前のとおりだ。

数学的観点から言うと、極限値という概念に依存していたもともとの微分方程式は、別の方程式によって置き換えられている。そこでは、導関数は極限値をまったく含まない差分指数で近似的に表される。

この手続きの大きな利点は、アルゴリズムによって実行できることにある。それぞれの新しい解は、その点における接線の値で示される微分方程式で示される。それがオイラー・アルゴリズムだ。次ページに理解しやすいコンピューターピジン語でこれを述べる。

オイラー・アルゴリズムは、最も鋭く効率的な道具というものではけっしてないが、単純なケースではうまくいく。そして、最も鮮やかな光を投げかけるのは、この単純な場合なのだ。このアルゴリズムが「うまくいく」というのは、有限の時間内に幾何学的な二点のあいだで機能させると、もともとの微分方程式を満たす解をステップバイステップの仕方で——それも、ある特定の誤差の範囲で——もたらしてくれるということである。

しかし、普通の微分方程式に対する解析的な解とアルゴリズム的な解の違いははっきりしており、無視できるものではない。解析的な解は完全に未来や過去を見通す。アルゴリズム的な解は有限の時間と空間で作用する。微分方程式を、解析的な解は連続的な世界に、アルゴリズム的な解は不連続な世界に送り込む。解析的な解は無限で、アルゴリズム的な解は有限である。解析的な解から得られるのは多色の世界像だが、アルゴリズム的な解からはモノクロの世界像しか得られない。安定性の問題については、ここでは触れないでおく。

こうした違いは概念の上だけのものではない。現実の違いでもある。解析的な解は発見されなければならず、アルゴリズム的な解は実行されなければならない。微分方程式の解析的な解を得るには「暗闇での特定」流の手法を用いなければならないが、アルゴリズム

```
BEGIN Euler
INPUT x0,y0,xf,h
x:=x0
y:=y0
WHILE(x<xf)DO
  y:=y+h*f(x,y)
  X:=x+h
  OUTPUT x,y
ENDDO
END Euler*
```

*オイラー・アルゴリズム。John W. Harris and Horst Stocker, *Handbook of Mathematics and Computational Science*（New York : Springer, 1998）: 677.

は、短冊のような長方形の狭い幅に人間的な光を投げかける。

アルゴリズムの登場により、通常のコンピューターで方程式の世界に手が届くようになった。いまや物理学者は、アインシュタインの一般相対性理論の場の方程式を完全には解けなくても、オイラー・アルゴリズムの改良バージョンを用いて、宇宙モデルが一組の明示された初期条件からステップバイステップで発展するのを見ることができる。アルゴリズムに、創造を再現する能力があるように思われ、もちろん、見ていて非常にわくわくする。しかし、このいかにも華やかな万能ぶりには代償がある。微分方程式とその解析的な解は同じ言説の世界に属する。すなわち、同じ規則にしたがい、同じ法則によってうめき、連れ添うものだ。一方、アルゴリズムはこの世界で異質な存在である。不連続で有限で、回り道をしながら定められたステップを踏んで進み、創造者である人間の痕跡を生涯背負いつづけなければならない。

第13章　精神の産物

　世界がどのように見えるかは、私たちの考え方しだいで変わる。なんと言っても、私たちはイデオロギー的に物理科学の陣営にいるのだ。どんなイデオロギー上の党派への所属とも同じく、これも理由抜きのコミットメントであり、コミットメントが根拠をつくりだすのであって、その逆ではない。私たちがそうするのは、存在するのは否定しがたいが正体の特定しにくいある心理的プロセスによるのだ。こうしたコミットメントのうち最も大きなもの、すなわち、私たちがあまりに強くそう思い込んでいるので、ふだん検討されることがないのは、「宇宙は物体の体系にすぎない」という考えだ。この体系の外(そと)には——何もない。おおかたの人にとってこのような宇宙は不快に思われるかもしれないが、多くの物理学者が、自分は原子と虚空のほかに何もない世界に満足していると述べ、原子が構成要素へと分解するのを朗(ほが)らかなニヒリズムで待ち望む。

にもかかわらず、ずっと以前から、ある不安感が拡がっている――〝純粋に物理的で物質的な宇宙の展望は不完全である〟という不安が。日常生活で経験する馴染み深く、また避けようのない事実がこの展望のなかにおさまらないからだ。男がしゃべり、空中に音波を送る。女が聞き、内耳の小さく繊細な骨が男の声に同調して振動する。純粋に物理的なやりとりがなされると、単なる音だったものが、発言となる。意思を伝える差し迫った必要に熱せられて、音は意味を帯びて輝きはじめ、空気の波が抒情詩を伝え、宣戦布告を発し、あるいは「戦争が終わった」ときっぱり述べる。音から意味をつかむことは、あらゆる人間がおこない、しかも人間以外の何にもできないことだ。三世代以上の数理物理学者が年老いてしまってからようやく、その後継者が熱力学でいう黒体放射を理解できた、という歴史上の前例もある。物理学において音と意味の関連ほど神秘的なものはない。そして、私たちも後継者を待っているところなのだ。

現代の正統

数理物理学に途切れなく浸透する数学の壮大な体系は、その存在自体が精神のもつ力のあかしであり、前途に難問が待ち構えていることを暗示するにもかかわらず、人間（ある

い は動物）の心を説明あるいは記述するうえで大した役割を果たしていない。しかし、今も人々が鮮明に覚えているように、〝人間の心は計算装置、つまり、デジタルコンピューターと同じく、ルーティーンが形式的体系に従属していることを特徴とするものだ〟という強烈でショッキングなイメージは、抽象的で連続的な物理科学の古い世界と張りあう明るい新世界を切り開いた。

A・M・テューリングが考えた単純な計算機モデルは、その原型(プロトタイプ)が力業(ちからわざ)によってそれ自体のプラトン的理念となったという意味で、人類最大の知的産物かもしれない。テューリングマシンは記号を操作するための装置であり、記号は抽象的なので、テューリングマシンは記号が書き込まれるどんな媒体においても実現されうる。

記号、すなわち、人をしつこく駆りたてて何かをさせる力をもった概念のことだ。

こうしたことを考えると、世界を統(す)べる新たな秩序が生まれつつあるという確信が強まってくる。すなわち、自然科学に見いだされるものとは違う原理に動かされる秩序だ。どんな計算体系も、人間の精神そのものと同じく、〝何らかの物理的手段によって非物質的な何かを伝える〟という意味で、超越的対象である。ここで伝えられる非物質的なものの例として、情報が挙げられる。蓄えられ、記録され、電送され、ファックスで送られ、やりとりされるもの。国境を通り抜ける、触ることのできない流れ。物質を活気づける放電作用。形而上学的に言うと、〝生気に満ちた世界に形態と内容を与える本質〟とでも言えようか。メッセージそのものからその媒体を取り去ったときに残るもの、媒体とは別にあるメッセージだ。

この情報という概念に現代の形をまとわせたのが、米国の数学者、クロード・シャノンである。シャノンは、古くからあるお馴染みの概念に、先見の明のある数学的構造を与えたのであり、シャノンによる定義は、現代思想というアーチの要石の一つである。〝情報とは記号に備わる属性だ〟とシャノンは悟った。そのため、シャノンの理論は、はじめから言葉という手段によって限定されていた。シャノンが必要としたのは、質量や距離のように実数で表現できる連続的な属性のカテゴリーに情報を組み込むすべだった。シャノンは、この記号が機能しているのは、事物そのものが混乱と疑いでかすんだ視界を通してのみ見える世界であることを理解していたが、メッセージがほかにどんな役目を果たすにしろ、その最も重要な機能は不確実性を取り除くことだ。たとえば、「祝え。われわれは勝利する」という言明によって、一方が負け、一方が勝ったことがはっきりするように。このすばらしい洞察によってシャノンは、人間の感情というアコーディオンが疑念を抱いては小さく縮み、確信を抱いてはのびのびと拡がるなかで、記号が果たす役割と、確率論という偉大な古典的概念とを、明瞭な円のなかで統合させたのだ。等しい確率で起こりうる二つの状態（オンかオフか、0か1か、イエスかノーか）のあいだで宙ぶらりんになっている単純なバイナリー記号は、初期状態における不確実性を半分にしてしまう可能性を秘めている。したがって、ある記号の情報はビットで表せば〇・五だ。

エントロピーと同じく、情報も時間の経過と結びついた量である。あるメッセージを受け取るまで、私はそれを知らない。受け取ったあとは知っている。隠されていたものが明らかになるには、時が流れなければならない。情報の定義とそれが支える定理が送りこまれるのは、さいころが投げられるたびにその目の秘密を明かし、コインがおもてをあらわにし、手紙や電子メールが送られて読まれると、不安をかきたてる暗い内容を明らかにする世界だ。

シャノンはベル電話会社の大研究所で働いていた。研究に取り組むにあたって会社からの圧力がなかったにもかかわらず、電話を支える原初的な通信モデルに秩序をもたらすことに関心を抱いていた。誰かが話し、誰かが聴き、そのあいだでメッセージを伝える何かがある。電話が最も明白な例だったのである。シャノンが想像した仕組みでは、有限で不連続なアルファベットから選んだ記号という形で、情報源と送り手のあいだを信号が伝わる。

そのアルファベットが記号S_1、S_2、……S_nからなるとしよう。記号には自然数が標識として付されている。第一の記号、第二の記号、第三の記号というように。記号は送り手によって情報源から受け手に送られる。各記号は先験的に決まった確率で現れる。メッセージに記号が五つあり、各記号が帽子のなかから無作為に取り出されて送られるとすると、それぞれが現れる確率は五分の一だ。シャノンはメッセージに含まれる情報を単純な公式によって定義した。きまった確率で現れる記号を与えられたとしよう。その対数の和が情報の基本的尺度とされる。

$$\text{情報} = -\sum_{i<k} \log \text{確率}\ S_i$$

対数は数が爆発的に増える見苦しさを解消するために使われており、対数の和にマイナスの符号がついて、正の数が得られるようになっている。しかし、細部がわからなくても、この式の意味は透けてみえるはずだ。ロウソクの光がガーゼ越しに見えるように。これでさもなくば深遠でつかみどころのない情報の性質に、ごく一般的で明白な数学的性質という形で、厳密な数学的表現が与えられた。確率すなわち運、対数関数、足し算。これらが記号の人工宇宙で代わる代わる遊び、二つの場所のあいだできらめく。

シャノンのこの定義は豊かで生産的な独特の数学理論をもたらした。シャノンは、自分の定義のほかに、直観的に情報の属性と考えられるものを表現する定義はないということをはっきりと示すことができた。しかし、この定義が投げかける光の輪は半径がたいへん小さい。定義はメッセージの内容に左右されず、「祝え、われわれは征服する」と「コインの表が出た」を、それによって伝わる情報の観点からまったく同じように扱う（同じ程度の不確実性を測っていると想定して)。

また、この定義が明らかで説得力のある意味内容をもつのは、〝記号列によって伝わる情報量の尺度〟として用いられる場合のみのことである。このような記号列は一次元の世界にしか存在しない。一方、文化における一般的な用語としての「情報」という言葉は、生きた有機体、三つの空間次元と一つの時間次元で生きる生物の複雑性の代用物として用いられている。卵がひよこやチンパンジーに育つたびに生命がいかにして一次元から四次元に移り、次元の障壁を越えるかということは、たいへん大きな謎だ。解くどころか、表現することすらままならない謎である。

情報という概念の活用は、心の本性をめぐる広範囲に影響を及ぼす推測の三本柱の二本めをなす。この推測は、急速に現代の正統になりつつあるものだ。「心は何をおこなうのか」という問いの答は「計算」であり、「心は何を用いてそれをおこなうのか」という問いの答えは「情報」だ。まだ説明されていないのは、「知的能力をひけらかす有機体がそもそもその知的能力をどのようにして獲得したのか」である。いよいよ思考という椅子に第三の脚を取りつけなければならなくなったところに、ダーウィン理論が驚くほど効果的な再登場を遂げ、〝計算〟と〝情報〟というぐらぐらした脚を補うことによって、実に堅固に思われる構造を完成した。

人間や動物の心は、ランダムな変異と自然選択という古来の気まぐれな手段によって生まれた。視覚、発話、運動、聴覚、触覚、味覚、記憶、パターン想起、性的関心、性的嫉妬といった行動において強力な計算ルーチンが働いているとすれば、それは、偶然の積み重ねによって起こったそのようなルーチンが、それを備える有機体にとって価値があったからだ。

人類の場合、自然選択が最も決定的に働いたのは、人類が狩猟採集生活をしていた長い期間のことだ。人類はサルではなかったが、サルに似た奇妙な生物で、サバンナを歩きまわり、たがいの体にノミがついていないかどうか調べ、私にわかるかぎりでは、孤独で貧しく汚く野蛮で短い人生を生きたが、それでも、生活を高度なものにしていった。自然選択の見えざる手が何か新しいサブルーチンの出現のあらゆる利点を見て取り、迅速に利用した。そして、木の実を集めて不平を言う運命だった生物が、「ブリーチーズはやわらかい？」とウェイターに訊ねるような生物に変身した。

ここに浮かびあがる展望のもっともらしさから、理論は完成に近づいていると考えられる。匿名の集団がついに見つけ出すべきものを見つけたのだろうか。

知的産物

晩年、チューリングは神秘的な形の宇宙的増幅によって、自らの内なる対話を一般的な会話の一部へと仕立てあげた。一九五〇年一〇月に発表した論文で、「機械はものを考えることができるか」と問うたチューリングは、自らの問いに条件つきの肯定で答えた。人間と会話して、これは人間なのだと思い込ませることができれば、イエス、そうでなければ、ノーだと。

これがチューリングのテストである。このテストをおこなうことは近年、一種の儀式になっており、カーテンをひいた一連のブースに向かって、印刷された謎めいたメッセージ――私の名前はバーサで、私は愛に飢えています――を見せられ、そこから判断を下そうとする。バーサは巧妙にプログラムされた機械なのか、それともカーテンの向こうには感傷的なバーサという女性がいて、足を踏み鳴らしながら、メッセージかマッサージが返ってくるのを待ち望んでいるのか。

チューリングのテストの細部はどうあれ、心についての計算理論は両刃使いで、左の機械にも右の人間の心にも当てはまる。どちらの場合も指示を発するのは、プログラム、ないしアルゴリズムだ。この理論が発揮する、人を説得し深い不安に陥れる力は、知能の一側面を一組の形式的な記号に押し込めてしまうという非現実的な感覚から生じているのである。だが、〝心は計算をおこなう存在だ〟という不完全だが興味をそそる見方は、結果として数理物理学の大きな流れに逆行している。概念的状況は変わり、今や世界は、実数ではなく有限の言葉、整数、記号の渦のなかに具現される。物理科学では、時空は連続的な性格を備え、実数によって表現される。一方、コンピューターは、時間が通常の整数によって表現される世界に存在している。アルゴリズムもそうだ。ここでは時間は柔軟な連続性を失い、有限でぎくしゃくした整数のステップを踏んで進む。チューリングマシンは本質的に不連続である。その理論における基本的な対象は記号であり、電子やミューオン、グルーオン、クォーク、湾曲した時空などではない。そして、いくつもの概念が断固として放棄される。微分方程式はない。微分との関連もない。世界を定義する空間と時間の対称性もない。自然法則が物理学者を現在から未来へと導くときのような解析的継続もない。量的な奇跡もない。物理的世界の一部が活気づくお馴染みの奇跡のほかは、そもそも奇跡などない。

新しい概念上の秩序のもとで、支配的な思考の方向が逆転する――極性の変化によって突如、電流が活気づけられるように。数理物理学では、ものごとは基本的な対象や基本的な属性および法則に向かって下向きに進む。このようにして明らかにされる宇宙はいかなる意味ももたず、基本法則が支配しているのは、広大で到達不可能な不毛の領域である。これは、ひどく蒸し暑い夜、蛍光灯に照らされたボーリング場で、クォークサイズのボールがいつまでもぶつかりあって跳ね返りつづけるのに似ている。そこでは人間の声は聞こえない。

しかし、こちらでは事情は違う。意味と解釈の豊かな体系を用いて、人間は自分が何を望み何を信じるかという観点から自分自身を説明する。〝欲望を充足し、何かを確信したい〟という太古からの本能は、一つの世界を生み出すのに十分だ。いわば、人間の神聖なおしゃべりによって宙づりにされた世界である。この「おしゃべり」は、たいがい循環している。小さな町の噂話が顔を赤らめながらその出どころに戻ってくるようなものだ。〝アルファルファの芽は帯状疱疹(たいじょうほうしん)に効く〟と、ある人が信じているとしよう。このことは、その人の言うこと、なすこと――アルファルファの芽を食べること――に反映され、そういう行為は、この人の信じること、望むことに反映される。それぞれの事柄が、それに反映されるものの説明になり、反映の道筋は反(そ)りかえって環状になっている。この環のもつ力は、意味によって注ぎ込まれるきらびやかなエピソードに宿るものであり、この力があればこそ、この環が、また、この環がなくなれば消え去ってしまうものが光り輝くのである。〝意味〟は物理学に無縁で、思考のような実体のないものに対応するすべとして、この世界に現れる。いわば、心のなかで肩をすくめるようなものだ。

この環を断ち切って根本的な物理的事実に達するすべはない。達するべき物理的事実などないのだ。どうしてありえようか。この世界の純粋に物理的なことがらはどれも、この環のなかに入るには解釈され意味を与えられなければならず、意味を与えられてしまえば、もはや純粋に物理的なことがらではなくなる。ただ、心についての計算理論のもとでは、この概念上の環は空っぽにされない。それどころか、環は拡大され、形式的対象は、結婚式で踊りに加わるよう誘われたゲストのように、友好の環のなかに位置を占める。

コンピューターが示す諸状態は〝表象的〟なものである。それらは物理学を超える意義を帯びており、言葉と同様、意味の節約に一役買っている。そして、この意味は、事物を考察し解釈しようとする人間の視線の先にのみ現れる。

この点で、心理学者とコンピューター科学者は、六〇年以上前にアルゴリズムの登場を可能にした微妙な発展パターンを忘れがちである。コンピューターは装置、テューリングマシンは知的産物であり、どちらも、記号が意味を奪われると同時に与えられもする論理学者の二重の視野に支配されている。コンピューターの観点から見ると、それが実行するプログラムは結局一連の二進法記号であり、記号は結局、一連の不連続な物理的〝印〟にすぎない。アルゴリズムは意味を気にかけることなく、こうした印を操作し、二重の視野をもつがゆえに分裂している論理学者の行動様式の片方だけをまねる。

しかし、二重の行動様式の片方だけに注目しても、アルゴリズムについての完全な説明どころか、一貫性のある説明すら得られない。〝アルゴリズムが何をしているか〟を理解するには、〝なぜそれをしているのか〟を理解することが必要なのだ。そのためには、意味をはぎとられた記号に、あらためて意味を与えてやらなければならない。

この点は最も単純な装置、たとえば計算機にはっきり見て取れる。数値「2」の二倍は何かと問えば、計算機は「4」と答える。単に物理的対象として考えると、計算機には、その構造のおかげで、さまざまな形、光の布置を認識し、そのあいだを行き来する能力があると言える。しかし、そもそもこの魅力的な光のショーが何かに対する答えになりうるのは、誰かが問いを発する気になったからだ。問いと答えは人間の声が形づくる環に属する営みである。つまり、純粋に物理的なプロセスに意義が与えられ、瞬く深紅色の光に記号――この場合は数――を表現するものとして形式と内容が与えられたわけである。表現が光によってなされるにしろ、変調させた女の声によってなされるにしろ、プロセスは同じであり、そこでは、この世界の何らかの特徴が光輝いているのだ。

この点は計算機といったシンプルな例にはっきり見て取れるだけでなく、ニューラルネットワーク、あるいはニューラルネットと呼ばれる人工的な情報処理システムのような複雑なアルゴリズム的構造の場合にもはっきり見て取れる。もともと一九四〇年代にパーセプトロンという総称のもとに生まれたニューラルネットは、神経系そのもののモデルを提供すべく考案されたものだ。しかし、マーヴィン・ミンスキーとシーモア・パパートがいち早く寄せた批判は、実に痛いところを突いており、パーセプトロンというプログラムは早くもその心臓に杭を打ち込まれたかのようだった。パーセプトロンは真に興味深いことは何もしないことが明らかになったのだ。とはいえ、驚異的な生命力をもつ吸血鬼のように、ニューラルネットはこの一五年ほどのあいだに、しばしば〝コネクショニズム〟とか〝並列処理〟といった名前をまとって、目ざましい復活劇を演じてきた。そして今や夕闇が迫るころ、きまってねぐらから出てくるのが目撃されるかもしれない。

ニューラルネットの概念は単純そのものだ。現実の神経網は脳のどこかに潜んでいると推測されているが、この電子仕掛けの神経網はデジタルコンピューターのなかに生きており、一連の節あるいはごく単純なプロセッサーからできている。各プロセッサーの状態は、ほかの節あるいはプロセッサーから受け取る信号だけで決定される。節どうしを結ぶ道筋には、あるウエートが割り振られ、信号はある節から別の節へと伝わるときに強められたり弱められたりする。

ニューラルネットのそれぞれの節は、いくつかの節からウエートのついた信号を受け取ることができる。一般に節はウエートのついた信号を付け加え、何らかの関数に割り当てる役割を果たす。そこで登場するごく普通の関数の一つが双曲正接だ。それぞれの節は、ウエートのついた信号を受け取り合計すると、関数によってほかの節にそれを送る（図一三・一）。

その結果生じるのは、もちろん節のネットワークであり、そこで、さまざまなウエートは、入力に対するシステムの反応を決定し、システムのメモリーの役目を果たす。層をなす節がたがいに神経信号を送りあうというのは、比較的つまらないケースであり、最も興味深いものは、節がいくつかの層に分割され、それぞれの節がその上の節にしか信号を送れないというケースだ。これが〝フィードフォワード構造〟である。「彼岸」から信号を受け取る層は入力層、「彼岸」に信号を送信する層は出力層だ。そして、そのあいだには隠れた層がある（図一三・二）。

最も単純なケースでは、このネットワークは時間に関係ないものとして考えられる。信号は入力として送られ、節と節のあいだを通りぬけることでウエートをつけられ、節によって合計され、関数によって処理されてから、上に送られる。このようなニューラルネットの振る舞いは、実は二つの方程式で完全に記述できるのである。ある節の入力信号は、節jと節iを結ぶ道筋に割り当てられる重みw_{ij}とほかの節から送られる信号y_jの積の和として計算される。

$$x_i = \sum_j w_{ij} y_j$$

入力信号は、その節独自の関数によって先に送られる。

$$y_i = \sigma_i(x_i)$$

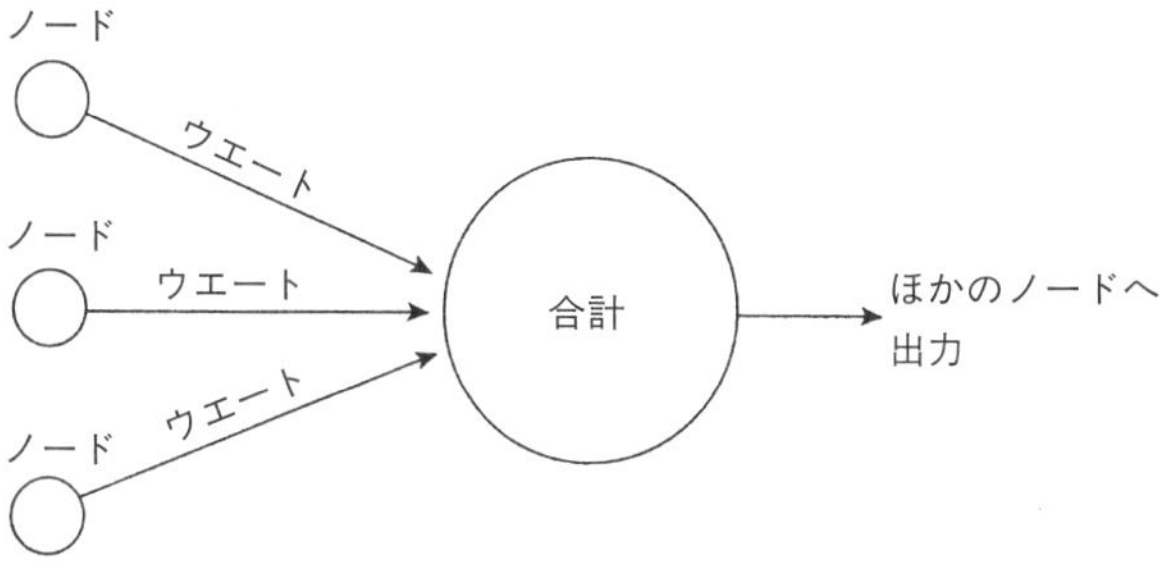

13.1　ニューロンのモデル

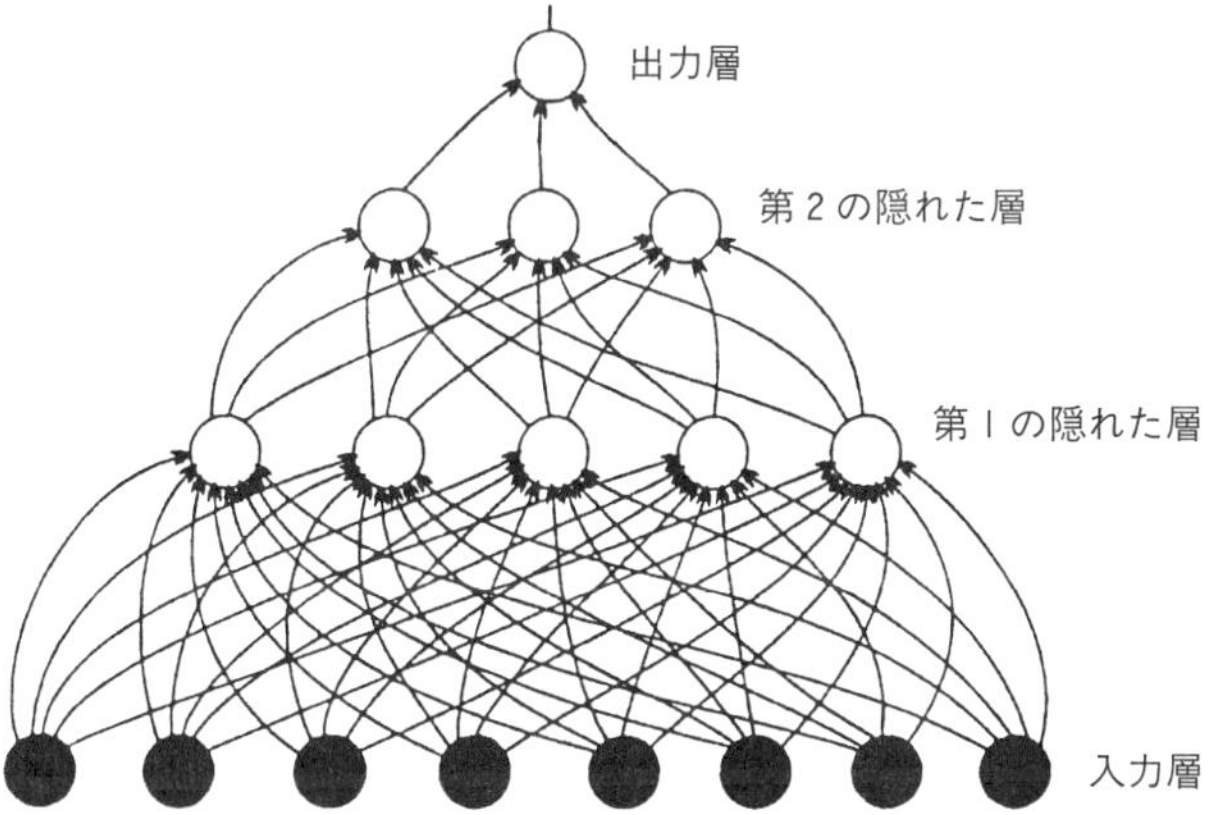

13.2　フィードフォワード・ニューラルネット

かくして、神経網の振る舞い全体を、あらゆる入力についてこれらの方程式を解くだけでシミュレートできることになったのだ。

数学的観点——実のところ問題になるただ一つの観点——から見ると、ニューラルネットは一種の信号処理装置として機能する。信号は数であり、ほかの信号、つまりほかの数に変換される。したがって、ニューラルネットを働かせるには、入力と出力を数値的な形に変換しておかなければならない。その手続きがおこなわれてはじめて、ニューラルネットは明示された数の組を明示された別の数の組に首尾よく変換することができるのだ。このように明示された数をベクトルと言うので、ニューラルネットとは、〝ベクトルをベクトルへと変換する装置〟と考えることができる。

単純なフィードフォワード・ニューラルネットは原始的だが、隠れた節(ノード)の数を増やすことによって連続的関数をいくらでも正確に近似的に表せる。これはすばらしいことはすばらしいが、まったく予想外な結果ではない。アルゴリズムの観点から見ると、ニューラルネットは、計算可能な関数を計算するための装置にすぎない。したがって、チャーチの定理にしばられている。ニューラルネットにできることは、テューリングマシンにもできるのだ。

この種のシステムは、たとえば、ウエートを調整するためにエラーがシステムのなかを送り返される、というようなフィードバック制御の理論から借りた標準的手法によってもっと面白く柔軟にすることができて、筆跡認識やパターン認識、音声合成、文法分析といった課題をますますうまくこなすようになると予想される。このようなシステムでは、システムの設計のなかに学習するアルゴリズムが組み込まれている。謎めいたところは何もない。昔ながらの工学ステープル（普通のサーモスタットでも使われているもの）があるだけだ。このシステムにおいては、アウトプットはあるきまった印に関して修正され、そのウエートは自動的に調整され、システム全体が特定の目標に次第に近づいていく。筆跡を確認するとか、名詞と副詞を識別するとか、典型的な悪人の顔と言われる顔を認識するとかいった目標に。

ニューラルネットがもつ大きな強みは、実にたやすく、柔軟に訓練できるところにある。たとえば、ランダムに選んだいくつかの写真を用意するとしよう。一部は悪人の写真、残りは普通の女性の写真だ。ニューラルネットは、これらの例を与えてやるだけで、悪人の特徴をつかむことができる。いかめしい警部や憤激する被害者が細部を明示しなくても、このプロセスはおこなわれるのだ。この課題を正確に実行するアルゴリズムがどんなものかを想像するのはたやすい。まず、写真をデジタルな形に移しかえ、ニューラルネットに数値の形で与えてやることが必要だ。しかるのちに、アルゴリズムは以下のステップをおこなう。（次ページ図表参照）

ニューラルネットに実行できる重要かつ興味深い知的行為というものがあることは疑い

無作為に選んだ写真をニューラルネットに見せよ

アウトプットを評価せよ

ニューラルネットが、写真に写っている普通の人を
　多重犯罪者と誤認したら、ウエートを調整せよ

そうでなければ、何もするな

ニューラルネットが多重犯罪者だけを多重犯罪者と
　確認することに成功するまで、繰り返せ

ストップ

ないし、その可能性をしりぞけるのが早すぎたことも疑いない。にもかかわらず、ニューラルネットはほかのどんな計算装置にもおとらず深く、〝意図〟という環にかかわっている。この点については誤解が広まっている。ハーヴァードの生物学者フランシスコ・ヴァレラは、ニューラルネットについてある理論を断固として唱え、これと心の認知理論とのあいだに不必要な区別を設けている。記号の表象作用というものを心の認知理論は必要とするが、ニューラルネットは必要としないと考えているのだ。

しかし、これはシステムの構造とそれが行なう解釈を混同している。ニューラルネットは計算装置、信号を信号に変換させるものである。普通のデジタルコンピューターもそうだ。構造は幾分違い、デジタルコンピューターは直列処理、ニューラルネットは並列処理を行なうが、ニューラルネットもコンピューターも記号解釈はハードウェアと関係ない。記号解釈は完全に別のレベルにあるのだ。

しかし、パターン認識を覚えたニューラルネットは、以前の自分の限界を超えることをやりとげたことになる。パターンは、人間による何らかの解釈の図式があってはじめてパターンたりうる。ニューラルネットへの入力は信号であってもいい。出力もそうだ。しかし、ニューラルネットが、人間の興味を引く何かにつきあたってはじめて、信号は記号になる。ここで想像してみよう。ニューラルネットに何千もの人間の顔の写真やデジタル画像を与えて、いくつかの犯罪者のタイプと結びついた身体的特徴をつかむよう訓練をほどこしたとする（犯罪と結びついた身体的特徴などというものがあるかどうかはまったく定かでないが、思考実験としてそう仮定する）。このように訓練されたニューラルネットは、私たちがなぜわずかな手がかりから多重犯罪者の悩める顔を見つけることができるかを説明してくれるかもしれない。というのも、私たちは、目の上の隆起、ちりちりと巻きあがった髪の毛、垂れ下がった耳たぶ、どこか盗み見るような目つきといった特徴をある種の女性に見て取っても、必ずしも明確に表現できるわけではないが、ニューラルネットにはそれができるかもしれないからだ。普通の品のいい女性のなかから異常者を選びだせるというのは、一連の写真を見て、「こいつが犯人だ」と指摘するのとはわけが違う。ある女性を犯罪者と判断するためには、私たちは、よほどの確信がなければならない。これらは〝意図の環〟の圏内にある行為だ。

私たちに当てはまることは、ニューラルネットにも当てはまる。連続強姦魔、万引き常習者、ギャンブル狂の顔の特徴に迫る装置が重要なことを成し遂げるのは、その出力――要するに一連の数――に人間の顔の表現として意味内容が与えられたときだ。このような表現がなければ、作業全体が単なる信号のやりとりになってしまい、どちらの信号も物理的宇宙の一部なのだから、意味がない。

現実のデジタルコンピューターにも同じことが当てはまる。コンピューターは、純粋に物理的な装置で、配線、シリコンチップ、電流のサージに基づいて作動する。記号も表象も含んでいない。私たちがこれらをコンピューターに与え、その状態に意味を与えるのだ。そうしなければ、コンピューターの振る舞いを十分に説明することはできない。たとえば、36の平方根を見つけるよう指示されると、ほかならぬ6という数を表現する形で反応するのはなぜか。コンピューターの振る舞いについて物理法則が提示する説明は、これを説明するのに必要ではあるが十分ではない。どうしてプラスチックができるのかについて化学の法則が提示する説明が、プラスチックの存在を説明するのに必要ではあるが十分ではないのと同じだ。なぜコンピューターの論理ゲートに特定の仕方で電流が流れて、コンピューターが特定の物理的パターンを体現するのかを知りたいと思ったら、私たちは、コンピューターが実際に走らせるプログラム、コンピューターによっておこなわれる設計、コンピューターが表現する知能に目を向けなければならない。

こうした避けて通れない前提を無視しようと試みても無駄だ。最初に見てとることがなければ、純粋に物理的な系に数学的構造の公理を見てとるすべはない。コンピューターが体現する物理的な形態と、それが表示すると考えられている通常の算術の数体系とのあいだに不思議で込み入った対応があることを手の込んだ証明によって示せても、その証明は的外れである。対応とは、やはり人間が気づき、確認するものだ。

「人間の心は本質的に一つの計算装置だ」という考えがもっともらしく思われるのは、結局、「それ以外の何でありえようか」という問いに答えようがないからだ。しかし、この主張にレトリックとしてどんな価値があるにしろ、心は計算装置以上のものではないと考えると、ある疑問に突き当たらざるをえない。それは、「心が計算装置だとすれば、ここにはどんな計算（したがってアルゴリズム）がかかわっているのか」ということだ。

　人間は信念を抱き、自分はあることを知っていると主張し、欲望に衝き動かされ、あるいは些細なことにいらいらし、怒ったり、自己中心的になったり、わがままになったり、忘れっぽくなったりする。心は計算装置であるという説明を必要とするのは、信念と願望だけではない。注意し、気づき、発見すること、望むこと、見ること、覗き見ること、支配すること、学ぶこと、獲得すること、要求することもそうだ。人は怒りながら理性的であることもあるし、非理性的に怒ることもある。人の心はどろどろしていたり、明晰だったり、曇っていたり、落ち着いていたりする。虚しい望みを抱くかもしれない。心配したり、満足したり、くつろいだり、復讐心を抱いたりするし、一度にそのすべてをすることもよくある。一九二七年にあった出来事について人がもつ記憶は、鮮明かもしれないし、途切れ途切れかもしれない。思考は混乱していたり、まとまっていたりする。性格はそれ自身と不和であったり、調和していたりする。人は悪魔を笑ったかと思えば、携帯電話で楽しげに話をしたりする。死より不名誉を恐れるかもしれないし、その逆かもしれない。爆竹が続けざまに鳴るように、次次と命令を下し決定をおこなうかもしれない。人は永遠なる存在について思索することを選ぶかもしれない。思い出に耽り、過去に生きるかもしれない。心についての計算理論は、人間がなしうるすべてのこと、人間のすべての心的状態をカバーできなければならない。ある計算が予定されているか実行中であることを示す計算可能な関数あるいは数行のコードによって、人間が思考と活動の世界でなすことがいかにしてとらえられるかということを、詳細にわたって示せなければならないのだ。

私は、奇妙にもまったく欠けるところのないある思い出によって、このまったく陳腐な論点を思い出させられた。二〇年以上前のこと、私は大西洋岸北西部の小さな大学であれやこれやを教えていた。この大学の名前はどういうわけか記憶のなかで文字の順序がひっくり返ってしまい、いつもパンジェント・ポーク（ぴりっとした豚肉）大学だと言ってしまう。スナップショット的なものにすぎないが、情景をざっと描いてみよう。たっぷり茂る芝生。赤レンガの建物。低く垂れ込める雲。中景にピュージェット湾の荒れ狂う冷たい灰色の水。別の方向に山並み。山の一つ――レーニア山――が、晴れた日の空に一種の人を寄せつけない荘厳さをただよわせながら、飛び抜けて高くそびえたっている。

私が数学者のレオ・ラブルと知り合いになったのは、このパンジェント・ポーク大学でのことだった。ごく短い死亡記事によると、最後になったハイキングから帰ったのち、最初の心臓発作を起こしたという。これを読んで、ラメルハート・ホールでレオと同じオフィスを使っていたことを思い出した。背が低く、遺伝的にはたるんだ丸々とした体つきになる運命にあったが、規則正しくウェートリフティングをしていたおかげで、丸々と太った上半身を変身させ、まるで人間の筋肉より稠密な材質、たとえばモリブデンか何かででできているかのような体つきをしていた。レオが四〇〇ポンド以上のベンチプレスをしているのを見たことがある。

ある日、レオは次のような話をしてくれた。私の知るかぎり、その女は、雲間から一条の光が突然差し込むようにレオの生活に入ってきた。その午後、小さな青いトヨタに乗ってタコマ・ナローズ・ブリッジを渡り、〈ナローズ（狭いところ）〉という、その名のとおりのモーテルにチェックインした。部屋は巨大なキングサイズのベッドでほとんどいっぱいになっていた。ベッドにはブロケードにしたカバーが掛けてあった。壁には悲しげな目をした娘の絵が掛かっていて、ピンクとパステルカラーで描かれていた。

レオは一日めの授業からその娘に気づいていた。自然な泉から水があふれるように、豊かな金髪の美しさがあふれでていた。こめかみの見事な線に沿った産毛を光がとらえていた。レオはその朝その女学生のことを知ったばかりなのに、相手は大胆不敵にもオフィスでレオを追い詰めた。

「気になるわ」そう言ったそうだ。レオは私に向かって付け加えた。「想像できるかい？」

「想像できるかだって？　キャンパスの誰もがその女学生の輝く金髪の美しさに気づいていた。ほかの学部生より五歳ほど年上だったろうか。近くの基地に駐在する陸軍大尉と結婚していた。名前はアン・プレヴァルで、自分こそほかのみんなにとって気になっていた。その美しさというバラの花びらの奥に悲しみと絶望という雌しべが隠されているように思えたからかもしれない。

私には計り知れないいくつかの事情のせいで、レオ・ラブルは気がつくと浴室と寝室を隔てる小さなアルコーブにいた。

レオは女の腰に腕を回し、唇にキスしたという。心臓がドキドキしていた。

「愛してるよ」レオは言った。

相手は言った。「とっくに愛してるわ」

午後は過ぎていった。車でキャンパスに戻る途中、二人はピュージェット湾をおおう雲の下のほうを通り抜けた。

女は水曜日に授業に現れなかった。金曜日にも。

「気が狂いそうだった」レオは言った。ある種の並々ならぬ真剣さは、しばしば度を越した単純素朴さの言いわけになるが、そんな真剣さで言ったのだ。レオにはもちろん妻がいたし、家族がいた。学者生活に付き物の雑事があった。まあまあ才能のある数学者で、微分位相幾何学に人気があったときにその専門家だった。失うものがたくさんあった。確信はないが、レオは結局それをすべて失ったと思う。

その晩、食事の後、レオは落ち着きなく指でテーブルを叩いていた。ラブル一家はパンジェント・ポーク大学のすぐ北の、森におおわれた島に住んでいた。

「落ち着かないわね。散歩してきなさいよ」妻が言った。

「ドライブしてこようかな」

橋を渡ってハイウェーに入ったときには、小雨が降りはじめていた。自分がどれだけ大きな欺瞞をはたらこうとしているかを、リンダ・ロンシュタットの声によって痛感させられた。「『だめな人ね』と歌っていた」後悔の念をもってレオは私に言った。「おれのことを歌っているんだとわかっていた」私はのちにリンダ・ロンシュタット本人に会う機会があり、そのとき、確かめてみたところ、レオ・ラブルとはまるで違う人のことを歌っていたのだということがわかった。

レオは、アン・プレヴァルがどこに住んでいるか、漠然としか知らなかった。記憶によれば、木が生えた曲がり角がいくつかあった。カシ、クリ、ニレ、ヒマラヤスギ。記憶は最後にモンテレーに行き着いた。そこは行き止まりになっていた。アンの夫は大尉であり、ここで訓練飛行をしているのをレオは知っていた。

最初に行きあたったウェストウッド出口でハイウェーを降り、さびしい並木道に出た。夜のもやのなかに〈ピザハット〉の看板がぼんやりとした光を投げかけていた。その先に閉まった駐車場があった。さらに先に開いている自動車修理場があった。地図で見るかぎりでは、簡単に行き着けそうに思えた。カシを右、ニレを右、クリを左に、そしてセンテレーで左に曲がる。ところが、そのとおりに道をたどったつもりが、ハイウェーにつながるあの広い並木道に戻っていた。

レオは自動車修理場に乗り入れた。そうしてもいいように思えたというだけの理由でそうしたのだと思う。そして、レオは地図をハンドルにかぶせた。

がっしりした年配の——機械工かここのオーナーらしき——男が奥から出てきて、落ち着いた様子で車に歩み寄った。

「どうしました？」男は訊ねた。そのとき男の顔にかすかなパーキンソン病の痙攣が現れた。

「ある女性を探しているんです」レオ・ラブルは言った。

機械工は肩をすくめて両手を拡げ、どうしようもないということを示した。

「モンテレー・レーンに住んでいるんです」

「本当にレーン？　ブルヴァードじゃなくて？」

レオはどうしようもなく肩をすくめた。両方あるなどと考えたこともなかった。

「金髪で、彫像のように均整がとれているんです」レオはハンドルの前の空をかたどるように手を動かして、彫像のようなその姿を描いた。

「金髪ですって？　背の高い娘？」

レオ・ラブルは頷いた。

「その人、小さな青いトヨタを運転してます？」

「それだ」

「それなら、レーンじゃなくてブルヴァードに住んでますよ」機械工は言った。奇妙なことに、そのとき皮の厚い顔にほんのかすかな笑みが浮かんだように見えた。頰に走る深いしわが持ち上がって見えたのだ。

機械工は片手で地図の上の端をもって、モンテレー・ブルヴァードを指さした。それは確かにカシ、ニレ、クリの森の向こうにあったが、モンテレー・レーンと直交していた。

「迷いようがない」機械工は人指し指で道順を示してみせた。「でも、行ってみても無駄ですよ」限りなく微妙で限りなく陰険な笑みは消えなかった。「あの娘が出歩くのを見たことがある」

レオ・ラブルはゆっくり地図を折り畳み、助手席のシートの上においた。

「ほかに何か？」修理場の男は言った。

レオ・ラブルは首を振った。機械工は、またかすかな痙攣で表情を変化させてから、よたよたと事務室に戻っていった。

「それでどうなった？」私は訊ねた。

「どうもならなかった。話はそれだけ。アンはもう二度とぼくと付き合いたがらなかった。ヨーロッパのどこかにいると思う」

前に言ったように、奇妙な話だ。次に、レオ・ラブルが見たものを見ることができるコードが書けるプログラマーの話をしよう。

除去不可能なもの

光は宇宙空間から流れ込んできて、人間の目に届き、網膜の表面に情報を残す。その直後、私の目にはゴールデンゲートパークの芝生が見える。鼻輪を揺らしている若い女。バラの木。ハーハー言っている子犬。西に傾いた太陽に向かって静かに進む車の列。二次元の世界が二次元面に映されてから改めて三次元像として再構成されたのだ。この、日々の生活で当たり前に起きているお馴染みの奇跡は、心が日々おこなっているこの種の活動にアルゴリズムがどう関連するかを示唆している。次元の転換は、まさに形式的なプログラムがコントロールしうる種類の活動だ。二つの調和して動くがやや非対称な目をもつ生物の、視覚における状況が合図になって動きだす規則の体系である。

今は亡きMITのデイヴィッド・マーがおこなったのは、ほかならぬこの種の仕事だった。[*] マーの理論では、視覚のプロセスは網膜ではじまる。光がこの網膜という二次元面に当たると、場所による光の強度の差異を反映する模様がそこに現れる。それが脳の視覚系への入力になる。この強度の配列が計算によって変換され、脳はこの入力をもとに三次元像を復元する。この三次元像を形づくる要素は文字でも数値でもなく、マーが〝視覚的原始像〟と呼ぶものだ。名前から察しがつくとおり、これは簡略化した形で視覚情報を含んでおり、直線が辺を、円錐などの立体が体積を表す。こうした三次元像が脳の視覚系の出力だ。

＊ David Marr, *Vision* (San Francisco : W. H. Freeman, 1982) デイヴィッド・マー著、『ビジョン』乾敏郎、安藤広志訳、産業図書

マーのこの本を読むと、マーの仕事が非常に精緻(せいち)なものであるがゆえ、あることが奇妙に思われるにちがいない。索引に「見る」の項目がないのだ。これは際立った概念的困難がここにあるという証拠である。すなわち、物理的対象でもあり視覚的対象でもある表象というものの両義的な性格に由来する概念的困難だ。表象は、単に形式的対象と考えれば、

目には見えない。というのも、形式的対象には明確な視覚的重要性はない、いやそもそも重要性などないからだ。

表象は、視野を記述する視覚的原始像だと理解すべきなのか。〝表象〟や〝イメージ〟という言葉は認知科学全般に見られるもので、そこでは、心はさまざまな場所に表象を蓄えており、必要に応じて一つ、二つと取り出していくのだというように説明されている。でも、ちょっと待ってほしい。表象？　イメージ？　見られるもの？　心のなかで？　でも、誰が見るイメージなのか。表象しているのは誰なのか。

視覚についての計算理論とはあくまで、視覚を説明しようとするもの、しかも、その説明を計算用語、つまり物理用語でおこなおうとするものだったはずだ。ただ、その計算が済むと、視覚系は脳のなかで表象を蓄え、脳はいわゆる〝見ること〟に相当すると思われる行為をおこなう。そうとでも考えないかぎり、表象を理解するすべがほかにあろうか。

この「〝見ること〟に相当すると思われる行為」が実は見ることではなく、もっと弱い性格のものであるという可能性もある。脳は表象を解釈するとき一つの視覚的特徴を認識し、それをほかの視覚的特徴と比較して、視覚の限界を超えた認知行為をおこなうと、マーは唱えた。この見方では、何かを見るということは、いくつかの部分に分解できる複合的な行為だということになる。ともあれ、このように細部を精密にしていっても、状況が好転するわけではないのは言うまでもない。視覚のさまざまな側面はどんなものであれ、厳密に形式的な用語で理解しようとすると、無益なものになりがちである。視覚的原始像が認識される魔法の瞬間は、視覚的原始像が見える魔法の瞬間と同じく、計算では把握できない。計算では把握できなくても、こうした視覚の根源的な側面は、あらゆる点で視覚そのものにおとらず謎めいた行為であるにはちがいないのだ。多くの認知行為によって一つの謎めいた認知行為の説明がつくかもしれないというだけでも、このような分析は科学的に大いに価値があろう。しかし、心に属する概念の形づくる環からの出口は、この分析からは得られない。こうした概念は除去不可能なものであるようだ。

　こうした概念にかかわる問題は、はたで見ていてはらはらするほどの騒ぎをともないがちである。いかにもイデオロギー的に素朴なこれらの概念は、さまざまな理論の精緻な方法論をくつがえさんとするのだから。誰もがそんなつもりはないと言うが、認知科学あるいは計算科学には、奇妙で不可解な人間がしばしば闖入し、安易かつ恐るべき無遠慮さで、視覚を調べたければものを見ればいい、嗅覚なら嗅げばいい、という態度で知覚を扱おうとするのは、まぎれもない事実である。

　要するに何が言いたいのかと言えば、私は、ある昔ながらの病に注意を促しているのだ。フロイト派心理学もこの病にかかっている。フロイト的自我はそれによって説明されるはずの人格におとらず、自己主張が強く、気むずかしく、要求が厳しい。そのため、年配の分析者の報告によれば、患者とその自我が心のなかの同じみすぼらしい領域を手に入れようと、敵意に燃えて争っているように見えることがあるという。

論拠が薄弱なことをいつまでも頑固に言い張るのは、その人間がうかつであるのみか、概念的に混乱した状態にあることの徴候である。心は計算に基づいているのか。そうだ。明確な規則を当てはめることによって働くのか。そうだ。けっこう。では次のことを考えてみよう。計算が終わると、心の前にはパッと意識が、世界についての生き生きとした意識が開ける。私が目を開くと、私の目は満たされるが、この単純で不思議な行為は、おこなわれるたびに経験のもつ二重の性格を伝えているのである。私の目は満たされ、そこには私の目が好むパノラマが映っている。しかし、満たされるのは私の目であり、私の経験には、経験の主体――私のことだ――と経験の内容の双方が含まれる。すなわち、情景とそれを眺めている謎の人物は、一つの像の構成要素として分かちがたく結びついているのだ。しかし、意識がいわくいいがたい力によって分割され、それでいて完全に保たれているとすれば、それに対して、計算とは継起的なもので、連鎖反応のように、ある計算から別の計算が出てくるというたぐいのものだ。心という舞台でイメージが慎重に検討され、表象が謎めいた表現をおこなうというようなはた迷惑な理論が跡を絶たないのは、〝心の作用にひそむ継起的、あるいはルーティーン的な性質のなかに意識の本質を組み込むことがいかにむずかしいか〟ということの何よりの証拠なのである。トロールに似た私の助手の一人がこの領域をのぞきこんでも、視覚経験がいかに説明されたかは判じがたいだろう。また、そもそも誰も何も見ていなければ、意識がどのような扱いを受けてきたかを確かめるのはいよいよもってむずかしい。

どんな困難があるにせよ、おおかたの哲学者はレトリックの上では唯物論者である。フリーメーソンのロッジのメンバーと同じく、自分の抱く疑念をたがいに打ち明けたがらない。ロッジの集会で、メンバーたちは意気を上げるために歌を歌う。だが、それでも今日誰もが口にするのは唯物論ではなく意識の問題だ。〝主流をなしている思潮に反旗を翻(ひるがえ)さなければならない〟と多くの人が考えるにいたったようだが、その考えは正しい。哲学者たちは混乱させられているのだ――自分の見当違いによって。二元論の死骸とおぼしきものに控えめな蹴りを加えた者も少しながらいなくはない。著名な数学者であるロジャー・ペンローズは、論理学者が早まって捨ててしまった論拠を用いて、意識は計算的なものではありえないという結論を下している。*「細胞の微小管のなかで思考はいかに行動へと転化するか」という問題を正しくとらえるには、量子論の変更が必要である。異端的な量子物理学者たちは、心は宇宙に普遍的に存在していると主張してきた。原子さえ、事物の仕組みのなかで支配権をもつというように。**ある進取の気性のある哲学者は、意識の問題はいつまでも解決不可能であるにちがいないと結論づけ、自分の無知を堂々と見せびらかして、その発見を広範囲に及ぶ哲学体系の基礎とした。

＊Roger Penrose, *The Emperor's New Mind* (New York : Oxford University Press, 1989 邦訳『皇帝の新しい心』ロジャー・ペンローズ著、林一訳、みすず書房) and *Shadows of the Mind* (New York : Oxford University Press, 1994).

＊＊Nick Herbert, *Elemental Mind* (New York : Plume, 1993).

　これよりましなものを私は読者に示せているだろうか。もちろん、そんなことはない。古代ギリシア人の言葉を締めくくりとしよう。ヘラクレイトスはこう書いている。「魂の限界を発見することはできない。たとえあらゆる道を歩んでも。魂の形の深さとはそういうものだ」

第14章　多くの神々の世界

微積分とそれが生み出す数学的解析の体系は、西洋科学の理想であり、微積分の創造とともに人間の経験には一つの重大な区分が記された。微積分の難解な公式のなかから、物理科学を可能にする方程式と解のマスタープランが出てきたのである。しかし、知における〝指令系統〟をのぼっていくうちに、事物やプロセスに対する数学の認証力は弱まっていく。これは、奇妙で意気を削がれるが、争えない事実である。量子レベルの物体なら、確かに、荒れ狂う確率波として説明できる。しかも、その説明において、支配的な役割を演じる方程式は微積分に根ざしたものだ。しかし、連続的な数学的思考の一貫した体系を、生物――原生動物、ロックスター、人間――の構造に認めようとする試みは、ことごとく失敗している。数理物理学の奇跡は繰り返されず、交渉は決裂したままなのだ。

生物学をめぐる概念的状況は漫然として独特である。いわば、太古よりの歴史をもつ褶曲山地の向こうに数学者の高い峰が聳えている、といった感じか。生物学者は数理物理学者が採用する図式よりはるかに単純な図式を用いる。それは、不連続で有限で組み合わせ論的な図式だ。指で数えること以上の数学は出てこない。分子生物学は、現代科学や連続性や微積分について何も知らず、一〇の何乗かまでしか数えられない人――たとえば、ハーヴァードの卒業生――にも理解できる。確かに、生体は、それを形づくる構成要素によって理解できるものではある。むろん、その構成要素は有限個しかない。生体を分解しおえたときに残るのは、暗号として機能するマスター分子たるＤＮＡと、これに組織され制御される複雑なタンパク質だ。ここに数学で扱われるたぐいの連続的な大きさはない。実数はない。豊かな数学的解析の体系もない。物理学に包含される自然法則のような法則があるわけではない。見事に含蓄のあるコンパクトな計量的警句などというものはない。数学の公式によってじかに触れられるほど、きつく自然の結び目が結ばれている場所などないのである。

往々にして俗っぽい言い回しで表現されるにもかかわらず、分子生物学を活気づける概念は、昔ながらの馴染み深い、よくお目にかかる不明確な概念――複雑性、系、情報、コード、言語、組織――だ。これらの概念のなかには、「一つの世代去りて、新しきものきたる」という昔から知られたメッセージを伝えるにすぎないものが少なくない。なかには、〝組織化された複雑性〟とか〝複雑な組織化〟というように、意のままに組み合わせられるものもあって、結合にかかわるプロセスが言葉の組み合わせによって表現されている面白い例といえよう。これらの概念は往々にして魔法のように思え、ことにDNAはデミウルゴス、世界形成者の役割を果たす——呪文をかけるのに似たプロセスで、一個の有機体全体を生み出すのだ。また、これらは往々にして相矛盾する概念でもあり、たとえば、ゲノムに含まれる情報だけでは複雑な有機体全体の設計書として不十分だという事実と、DNAが演じるとされる役割の幅広さとは衝突する。これらの奇妙で魅惑的な概念は、物理化学で、さらには生化学でも何の役割も演じない。それどころか、引っ張り伸ばした輪ゴムがもとの形に戻ってしまうように、生命を記述する昔ながらの方法論、すなわち、目的と意図に焦点を当てる考え方に戻らざるをえないもののように思われる。それ以外に、目がものを見るために設計されていることに触れずに目を記述するすべがあろうか。これらの概念は、私たちの知の限界そのものを示しているように思われる。カエルやシダのような生命体は、安定し完結した自律的な構造体、すなわち、最初から最後まで連続的な弧のような存在であり、時を追うごとに変化しながら、常に同じものでありつづける物理的対象であって、その変異体は常にその起源に立ち返る一群の力によってそのアイデンティティーを永遠に保ちつづける。自然界でそのようなものが、大きな分子のあいだに働く純粋に力学的な力から生まれるのを目にすることはけっしてない。いま述べたような、可塑性と安定性の際立った組み合わせを示すものは、生命体のほかにない。私たちは、この事実をかろうじて記述できるだけだし、説明はまったくできない。

　分子生物学は、物理学の特徴をなす壮大な観念化作用を受けつけない。それはかりではない。物理科学の前提となる最も深い形而上学的仮定は、大衆文化のなかにしっかり取り込まれているが、分子生物学は、これらの仮定に逆行するように見える。〝この世界は物理的なものであり、精神的、霊的なものではない〟と、物理科学はほとんど声を揃えて断言する。いわく、この世界は物質からなる世界である。思索の空理空論も意識のまはゆい泡も等しく幻想である。実在は原子と虚空のみからなる、等等。これらの頑な宣言は銃声のように響くもので、人間の心を落胆させ萎縮させる。しかし、物理学者が「物理的」という言葉によって、物理学に見いだされる概念のようなもののことを言っているのなら、分子生物学は物理科学ではなく、ほかのどんな分野でも必要とされていなかった用語および概念体系によって生命体の属性を表現しようと努力している分野だ、という結論にいたらざるをえない。

　知的一神教が表している信念とは、観測可能な宇宙全体が、一つの壮大に統一された理論と記述の体系で結局は説明できるというものだ。壮大な時空から、哺乳類の肝臓という奇跡のような器官まで、世界という色とりどりの手細工の背後に一つの手が働いていることを明らかにするほど、包括的で強力な単一の思考体系が存在すると言っているのである。

一九三〇年代以降、この知的一神教は、科学の統一を目指す決意として公式に表明されるようになり、これを信条として普及させるべく世界的組織が設立された。この信仰が広まったのは、古代世界の人々が、もともとあった複数の神々を、指令を下す不可解な単一の謎めいた神のさまざまな側面と見なすようになったのと似た動機による。しかし、ここで与えられる指示が「実情を見極めよ」というものだったら、まったく違う結論を下さざるをえないように思える。つまり、一人の神、たとえば陰鬱なるプルートー神が量子世界という冥界を司り、生体高分子の世界はパン神のようなまったく別の神が司っているかもしれない、というような。

もちろん物理学者はこの寛容な多神教的見方をしりぞけるが、物理学者に言えるのは、〝物理法則は支配的であり、最後には何もかもが明らかにされる〟ということだけだ。物理学者のおきまりの文句である。そう主張するのは物理学者の宿命なのだ。実際のところは、人間の知識がすべて数理物理学に帰するという壮大なビジョンは、もはや真面目に受け取られていない。これを真面目に受け取るべき物理学者によってさえ。スティーヴン・ワインバーグはこう書いている。「科学に最大限期待できることとは、自然現象すべての説明を究極的な法則と歴史的偶然にまでたどれるようになることだ」。マキャヴェリは説明できない運命を指して、ある種の沈痛なあざけりがこめられた〝フォルトゥナ〟という言葉を用いた。事物のあり方を説明するうえで、物理の基本法則と同時にナポリ人の肩すくめに似たものに訴えなければならないとすれば、数理物理学は不安な人間の心にどのように知識を与えたのだろうか？　長らくダーウィン進化論があった陰鬱な隘路(あいろ)に、千年王国に属するかのような物理学もついに落ち込んだのか。二つの理論は暗闇でたがいの肩に触れ、湿った手で握手を交わしたのだろうか。

ここ、憂鬱と無言劇と謎が出会う場所で、アルゴリズムが再び登場した。

そんな物語

何もかもがはっきり見えているのに、まったく理解できない、そんな夢がある。さわやかな朝の空気を突っ切って、空っぽの駅に列車が入ってくる。時計が重々しく時を告げる。両開きのドアが開き、黒い目をきらきらさせた背の曲がった人が降りる。列車を降りるものはほかにいないが、プラットホームには突然クリの焼けるにおいがただよう。

これはそんな物語だ。南カリフォルニア大学の分子生物学者にして数学者である、温和で夢見がちな変わり者がこの概念を考えついたのだが、まず問題を説明しよう。

登場するのは、とある巡回セールスマンと七つの都市だ。まずはセールスマンを紹介しよう。黄ばんだ肌、目の下のたるみ、ＪＣペニーのラックから取り上げたスーツ。名前は、リーアーサー・アラン・ウォーターマンという楽しくてみずみずしいものにしておこう。

・J・コップの上半身に直接くっついているブロデリック・クロフォードばりの顔にはそぐわないが。ウォーターマンはゴム製品を売りさばくべく努力している。風呂のホース、耳栓、シャワーキャップ、鼻毛切り、バスマットといったものだ。（巡回セールスマンはこのごろは姿を消したようだが、ウォーターマンの実在のモデルは記憶の館の戸棚を占めている。その人物は、フラーブラシのセールスマンだった。ドイツからの難民で、マンハッタンの通りをとぼとぼ歩いては、シューシューという音と妙な二重母音を特徴とするなまった英語で商品の説明をした。何種類かのブラシの利点を説明された、唇の薄いアイルランド系の主婦たちは、目の前にある証拠から、ユダヤ人がすべてドイツ人であるだけでなくドイツ人はすべてユダヤ人であるという気違いじみた結論を下したものだ）

ウォーターマンに与えられた課題は、アイオワ州ウィッテンから出発して以下の町を一度だけ訪れることだ。ウィットレス（一九〇〇年代はじめにウィットという一家が謎の失踪を遂げたためにこう呼ばれる。一家が町を離れた跡は大平原の雪のなかへと消えていたという）、グレインボール・シティー、サッドサック、アンブロット（トウモロコシ脱穀工場が三つあった場所）、ウォータールー。そして、ウォッピングフォールズで旅を終える。

今、ウォーターマンはデモインでキッチンテーブルに向かって座っている。流し台にはゴム製品の山。鉛筆で耳をこすっているウォーターマンは、その鉛筆で自分のスケジュール、そして人生の計画を立てようとしている。灰皿にフィルターなしのタバコがあり、煙が渦巻いている。ウォーターマンがいま悩んでいる問題には二つの側面がある。一つは純粋に理論的なもので、「都市から都市へと移動するためにとりうる道筋がいくつあるか」を確定しなければならないということだ。ウォーターマンは、耳をこするのをやめ、脈打つこめかみの動脈をこすりはじめる。これは、ハイスクールの授業で定番の問題で、ウォーターマンは（実は私もそうだったが）、まわりでほかの生徒たちが手を挙げて「はい、先生、答えさせて」と言っているなかで、無力に体をこわばらせて座っているような類の生徒だった。

ウォーターマンも私も考えつかなかった推論の道筋を語らせていただこう。都市が二つあるとすると、そのあいだを結ぶルートは2×1本ある。ただの行き帰りだ。三つなら、3×2×1本。それぞれのルートが、二つではなく三つの都市を結ぶ。四つなら、4×3×2×1本だ。それぞれのルートが四つの都市を結ぶ。五つなら……。

この計算は際限なくつづけることができるが、私たち一人一人の内なる数学者は――ウォーターマンの内なる数学者やあなたの内なる数学者も――都市の数とルートの数を結びつける一般的規則を求めてやまない。nは1でも2でも3でも4327でもほかのどんな整数でもいいとし、都市がn個あるとすると、そのあいだを結ぶルートは$n!$本ある。第12章で例に用いたのと同じ$n!$である。小麦におおわれた平原に散らばる七つの都市のあいだ

出発		到着						
		ウィッテン	ウィットレス	グレインボール・シティー	サッドサック	アンブロット	ウォータールー	ウォッピングフォールズ
	ウィッテン	X	🚌	✈	X	🚌	X	🚌
	ウィットレス	🚌	X	🚌	🚌	X	X	✈
	グレインボール・シティー	✈	🚌	X	X	X	🚌	🚌
	サッドサック	🚌	X	X	X	✈	✈	X
	アンブロット	🚌	🚌	X	X	X	X	X
	ウォータールー	X	X	X	✈	🚌	X	X
	ウォッピングフォールズ	X	X	✈	🚌	X	X	X

14.1　ウォーターマン氏が訪れるべき都市間交通一覧表

を移動するとすると、とりうるルートは五〇四〇本ある。夜の大平原を都市から都市へときらめく矢が飛ぶのが目に浮かぶ。

しかし、ここでウォーターマンが立ち上がって私たちに思い出させてくれる。とりうるルートの数とは別に、〝実際にウォーターマンが利用しうるルートの数〟というものがあるのだ。とりうるルートは、都市どうしが心の目でつなげられている、心の地図の上で考えられるルートすべてである。現実のルートは違う。現実のルートを通るのは、擦り切れたタイヤを保護する泥よけフラップがすっかり汚れている田舎の黄色いバス、プレーリーサンライズといった名前がついた通勤旅客機だ。気味の悪い微笑みを浮かべたスチュワーデスが、半分解けた雪でいっぱいのタラップから不気味に振動する内部へ疲れた乗客をエスコートしながら、不安げにプロペラをちらっと見たりする。ウォーターマンの関心事はこれら現実のルートなのだ。

私たちの関心事も同様である。

ここでウォーターマンをキッチンテーブルからウィッテンの寂しいバス停に移さなければならない。肩に掛けたバッグを緊張した二本の指で押さえながら、ウォーターマンは、都市間交通一覧表を見つめる。ウィットレス（上から二列め）とグレインボール・シティー（左から三列め）の交差するところにある絵文字は、町でただ一つの食堂の給仕をドリスというウェートレスがひとりでしているウィットトレスから、ソマリアに大豆を売ったことを市民が誇りにしている、驚くほど繁栄しているグレインボール・シティーへの移動を意味する。×は、その二都市を結ぶ連絡手段がないことを意味している（図一四・一）。

このような文書はすべてそうだが、この表も、世の中の厳しさを示している。冬の夜、家族がいびきをかいているあいだに男たちが不安な眠りから覚め、暗がりで服を着て、氷でつるつるの通りに一人で出るのだ。ウィッテンを出発してウォッピングフォールズにいたり、先に挙げた都市をすべて一度だけ通るために、ウォーターマンがとりうるルートがあるかどうかという問題には、数学と哲学の抽象的な問題にはない、まぎれもない緊急性がある。

はたして、あるのだろうか。

計算

この問題は、コンピューターのためにつくられたかのような問題で、したがって、アルゴリズムで解くにはうってつけのように思われる。この問題を解くアルゴリズムを書くのは簡単だ。（次ページ）

交通網を通るランダムな道筋を生成せよ。

ウィッテンから出発し、ウォッピングフォールズで終わる道筋をすべてキープせよ。

他の道筋をすべて捨てよ。

ちょうど七つの都市を通る道筋をすべてキープせよ。

ちょうど七つの都市を通る道筋がなければ

再び交通網を通るランダムな道筋を生成せよ。……

この六行はBASICで容易に表現でき、ウォーターマンスケジュール問題を解くのに役立つ。しかし、ここに述べられている指示には、どこか苛立たしいものがある。交通網を通るランダムな道筋を生成せよ？

帽子から都市名を取り出すように？

まさにそういう指示なのであり、これは、コンピューターが取り組む課題としては奇妙に締まりがないように思える。真面目一方な人として知られていた友人に、意外に軽薄なところがあるのを見つけたときのような感じだ。プログラムは、ウォーターマンの問題に満足すべき解をいきなり見つけられるかもしれないが、それを言うなら、ウォーターマン自身、誰にもおとらず帽子から名前を取り出すことができるかもしれないのである。

もっと悪いことは、これらの道筋によって、ウォーターマンはいつまでもグレインボール・シティーだけに行ったり、サッドサックとウィットレスのあいだでループを描いたり、ホテルの窓からトウモロコシ脱穀工場の暗い輪郭が見えるアンブロットへ無情にもやられたりしないとは言えないということなのだ。

ウォーターマンの職業が古風であるにもかかわらず、こうした状況には奇妙に現代的な雰囲気がある。ルートと都市の関係は危険なほど不安定だ。ウォーターマンの表に現れる都市の数を増やすと、ルートの数は膨れあがる（スターリングの公式によると$n!$の値は$(n/e)^n\sqrt{2\pi n}$に漸近的に等しく、したがってnについて指数関数的である）。これが組み合わせ論的インフレーションだ。ビッグバンの直後に宇宙はインフレーションで膨張したと天体物理学者は考えているが、これも似たようなものである。

予想がつくように、この問題および同種の問題は、コンピューター科学者にとって格別興味ある対象であり、その分析は、アルゴリズム理論で最も深い問題につながってくるものだ。ほかの人と同じく理論コンピューター科学者も、リストをつくって自分の関心事を整理するのだが、この場合、リストは二つの項目だけからなり、ありうる問題の全景を理論家に提示する。いわゆる〝多項式時間〟で解ける問題は、複雑性クラス**P**（polynomial、多項式）と呼ばれるものに属する。つまり、〝限られた数のステップでその解にたどりつけるのなら、その問題は複雑性クラス**P**に属する〟というわけだ。

概念は単純だ。

多項関数は、

$$f(x)=a_n^x+a_{n-1}^{x-1}+\ldots+a_1x+a_0$$

という形をもつ。コンピューター科学者はウォーターマンの問題を述べるのに一〇個ほどのステップを必要とする。もし、$f(x)$ 個のステップでその解にたどりつけるような限界が関数 $f(x)$ にあれば、この問題はめでたく**P**に属すると言えるわけだ。たとえば、ある問題を述べるのに一〇個のステップが要り、その問題を解くのに 10^3 個のステップが要るなら、その問題は多項式（$a^3=1000$）によって束縛されている、つまり、多項式のオーダーにおさまると言える。

一方、複雑性クラス**NP**（nonpolynomial、非多項式）のなかには、証明はできるが、多項式時間のなかで必ずしもその証明が見つからない問題がある。ウォーターマンの問題はまさにその一つなのだ。ウォーターマンがスケジュールをもっているとすると、それが求める解であるかどうか、チェックするのはたやすい。提案されているルートで実際にウォーターマンはどの都市も一度だけ通ってウィッテンからウォッピングフォールズまで行けるのか。行けるのであれば、このルートが解である。そうでないなら、このルートは解ではない。むずかしいのは、正しい図式を見つけることだ。これは永久にかかりかねない。

概念的に、また実際的に重要なのは、PとNPの関係だ。Pは扱いやすい問題、NPは扱いにくい問題を指す。理論家にかぎらず誰もが知りたがるのは、扱いにくい問題を扱いやすい問題に還元する方法が存在するかどうかだ。理論家が言うように、結局P＝NPになるのか。解が容易に証明できる問題を、解が容易に見つかる問題に還元できるのか。今のところ、誰にもわからない。

理論家の関心事とはこういうものだ。しかし、考えてみよう。ウォーターマンが扱わなければならないのは七都市だけだ。現代の航空スケジュールは普通、何百もの都市を結ぶ。最も大きく最も強力なコンピューターでさえ、こんなに大きな数を扱うことはできない。

私たちが知るかぎり、組み合わせ論的インフレーションを迂回(うかい)したり、NP問題をすべてP問題に還元したりするすべはない。この問題は、人間も機械も等しくつまずかせる低いステップだ。ただ、この低いステップは、死や税金と違って避けられないものではない。ソウルやカルカッタのベビーベッドでゴロゴロのどを鳴らし、二〇二〇年に大物になることを夢見ている賢い赤ん坊の神経の末端で、このスケジュール問題の解が震えているかもしれない。今のところ、このステップは、名高い司会者オプラ・ウィンフリーと同じくただたまそこにあり、苛立たしく、避けられないのだ。

しかし、次善の策がある。速さと大きさはしばしば頭の切れの代用物になる。スケジュール問題をどうやって解いたらいいのか、誰にもわからなければ、多くのランダム探索(サーチ)を一度におこなう計算手法によって、必要なランダム探索(サーチ)を迅速におこなうことができるかもしれない。

夢のなかのように、お馴染みのものが不可能そうな営みにいそしんでいるのは、ここだ。分子コンピューターの考案者であるレナード・エーデルマンがしたのは、ウォーターマンのスケジュール問題を分子生物学で扱う「ウェットな」素材に暗号化し、古来の知的な生命の仕組みが実用的な仕事にいそしむことを可能にすることだった。

文学的生命

単に誰かが明白なことに気づいたために科学上の成果が生まれることがしばしばある。(明白なことの認識は、明らかに科学上の成果の最良の友である)

一〇〇年前には、生命体がいくつかの単純な構造に分かれているなどと想像することがまだ可能だった。生命体は器官から、器官は組織から、組織は細胞からなると。一九世紀の生物学者は細胞を、とりたてて複雑な内部構造がない、真珠のような小球体として思い描いたものだ。しかし、そこまでさかのぼらなくても、一九五五年、とあるハイスクールの先生、レーデンヘッファー氏が、体育館で女生徒にバレーボールのコーチをしていないときにおこなっていた「血液・尿分析」と銘打った授業などでは、大腸菌、化膿連鎖球菌といったお馴染みの細菌はまだ、数えるほどの可動部分からなるゼリー状の滴のようなもの、それが引き起こすシミや病気を基準に容易に分類されるものとして説明されていたくらいだ。今日では、生体がとても複雑であることは分子レベルで確認されている。

低い倍率で見ると、細菌は、きらめき、ぬるぬるした、面白みのない、ゼリーの滴のように見える。今もこうして手のひらで目を覆うと、ネクタイを標本瓶のなかに垂らして、レーデンヘッファー先生がぎこちなく顕微鏡の上に覆いかぶさっている姿が脳裏に甦ってくるようだ。しかし、倍率を増し、細胞の生化学的営みが目に見えるようにしてやると、新たな輝かしい世界が現れる。今や粘液は、詮索好きな目から精巧な生化学的機構を隠すために細胞が身にまとった被いにすぎないことが明らかになった。この生化学的機構は、バランチンのバレエにおとらず美しく、限りなく神秘的で、しかも、著しく抽象的で文学的な性格を備えている。レーデンヘッファー先生がもっと熱心に顕微鏡を覗き込んでいたら、あるメッセージ、ある種の意味、そこに知性が存在しているという秘密の印が見えたかもしれない。

細菌の組織は、シャーロック・ホームズのすばらしいミステリーに似ている。見事に食欲さとは縁のないホームズが、細胞の活発な動きの源がその中心にあることに次第に気づくというわけだ。レーデンヘッファー先生は生命体の主人とも言うべきこの分子を見ることともなく、想像すらしなかった（先生は、一九五六年に亡くなった。先生の死亡記事を読んだハイスクールの生徒たちは驚いた。故人はかつてOSS、戦略事務局の一員としてフランスにパラシュートで降下した経験もある人物だったのだ）が、この分子は、情報に満ちていた。しかも、そこには生物の設計図が書き込まれていたのだ。もちろん、恐るべき分子、DNAのことである。

DNAは二重らせんである。誰でも知っている、マリリン・モンローにおとらず馴染み深いイメージだ。湾曲し波うつ二本の鎖が段状のもので結びつけられた構造をもつこの分子は、水中で見た梯子（はしご）のように見える。情報は四種類の塩基――A（アデニン）、T（チミン）、G（グアニン）、C（シトシン）――によってそれぞれの鎖に蓄えられている。この四種類の塩基は、化学物質（塩基だから、陽子ドナー）でありながら、記号の役割を果たす。すなわち、遺伝メッセージを伝える手段だ。これらの塩基は、AGC、CTA、TGC、CGA、AGCという具合に、あたかも言葉のように見える三つ組をつくっている。このような三つ組は六四種類ある。

しばし一歩下がってみよう。生物創造の根本的な作用、湿った謎の集合体のなかの最も意味深い謎は、一個の細胞から有機体が形成されることだ。それでは、ここで時間を逆転させて、出来事を逆回しにして見ていくとしよう（ここでは、私自身の例をごらんいただく）。バイアグラは捨てられ、髪の毛が戻り、肌は張りを取り戻し、不幸な結婚生活は逆戻りし、歯の金冠が取れる。一面に咲き乱れるライラックのなかを走る輝くばかりに美しい若い女、タイヤの膨らんだ自転車、むきだしの膝、クールエイド、ニューハンプシャーの朝の思い出。記憶はベビーベッドから垣間見た昼間の太陽に消え去っていくが、ここそ、ほかならぬ生体のドラマがはじまる時点だ。この、旅をはじめたばかりのクックと言うふくふくしたバラ色の生き物は、九カ月にわたるスリル満点の冒険の結果、生まれるのだが、その過程は以下のようなものだ。ピンの頭ほどしかない点のような細胞からはじまり、統制された細胞分裂の繰り返しの結果、複雑に調整されたさまざまな組織からなる有機体に成長する。これらの組織はまとまって器官系をなし、器官系は豊かな生化学的機構によってその活動を統御される。この生物創造のプロセスは宇宙のどこのどんなものとも似ていないが、細部がはぎとられた結果、明らかになる奇跡は別の種類の奇跡と性質を同じくするものであるように思われる。すなわち、何かが読まれ、その結果、何かが理解され、何かが命じられ、その結果、何かがおこなわれ、何かが求められ、その結果、何かが成し遂げられるという奇跡だ。

この目ざましい九カ月にわたる組み立てのスケジュールは、DNAに潜んでいる。これがコモンドグマだ。〝スケジュール〟とは言いえて妙である。子供が母方のおじや大おばに似る（赤毛、大きく突き出した耳）など、ドラマの結果こそ意外であるが、プロセスそのものはある状態から別の状態へと確実に進行するからだ。この種のプロセスは、組み合わせ的（細胞分裂）、有限（それは私という愛すべき生き物で終わる）、不連続（細胞は細胞）であり、本質的にアルゴリズム的であるように思われる。今やアルゴリズムは生命そのものの内部に現れるにいたったようだ。

さて、DNAが生命のもつ成長するアルゴリズムとして機能しているとすれば、別の一群の分子——タンパク質——がそのスタッフだということになる。遺伝メッセージはここで表現されるのである。どの生物も生化学的構成要素に分解すると、同じ基盤があらわになる。生物はタンパク質から成り立っており、アリや野ネズミやモグラにとってのタンパク質は、建物にとっての煉瓦のようなものなのだ。

タンパク質は複合分子で、さまざまなアミノ酸からできている。アミノ酸は二〇種類あり、タンパク質のおおかたは、およそ二五〇個の残差（ざんさ）の連鎖である（残差とは、アミノ酸から水を搾（しぼ）り取ったあとに残った殻（から）のことだ）。そのため、生命には20^{250}とおり以上の可能性のなかからタンパク質を選ぶという贅沢が許される。タンパク質の可能性の多さは、都市を結ぶルートや自然言語でつくりうる文の数同様、組み合わせ論的インフレーションの一例といえる。

ただ、以上に述べた均衡状態には、どこか文学上の意匠の欠けているところがある。一方に情報を蓄える図書館があり、他方、そのはるかかなた、有機体の活動するところには、その情報が役立てられるべき目的が見て取れ、この全過程は一つの目に見えぬアルゴリズムの指揮のもとで進行する。しかし、核酸の形づくる生化学的宇宙は、タンパク質の形づくる生化学的宇宙とは本来何のかかわりもない。それなのに、一方に書き込まれたメッセージが必ずもう一方で表現されるのはなぜか。要するに、ここに欠けている意匠とは、暗号（コード）、つまり、一つの世界と別の世界の仲立ちをするものだったのだ。そして、生命において、この暗号は、塩基の三つ組（コドン）をそれに対応するアミノ酸と結びつけるはたらきをする〝遺伝コード〟という形で供給される（図一四・二）。

ここで創造の秘密が部分的にあらわになる。DNAの分子に含まれる三つ組がどのようにアミノ酸と対になっているかを示す遺伝コードとは、ある言語で書かれた指令を解釈し、それが別の言語で表現されることを保証する役割を果たす。ここで採用されている戦略は簡単そのものである。DNAは三つ組ごとに読まれ、三つ組の配列された順序に対応する順序でアミノ酸が連なり、DNAからメッセージがすっかり読み出された段階で、タンパク質の宇宙が形づくられるというわけだ。この、創造という行為の中心で燃えさかる炎を冴えない形で模倣したのが、先の「都市間交通一覧表」なのだが、あれと同じように遺伝コードは、可能性の結合ネットワークをもたらす。遺伝コードは生物にほとんど普遍的と言ってよいもので、あらゆる生きた創造物の一生を支配する巧妙なスケジュールである。そして、生命の歴史と同じ広がりをもつ。メッセージとその意味は四〇億年ほど前に同時に生まれたのだ。

第二の文字

第一の文字	U	C	A	G	第三の文字
U	UUU phe	UCU ser	UAU tyr	UGU cys	U
	UUC	UCC	UAC	UGC	C
	UUA leu	UCA	UAA stop	UGA stop	A
	UUG	UCG	UAG stop	UGG trp	G
C	CUU leu	CCU pro	CAU his	CGU arg	U
	CUC	CCC	CAC	CGC	C
	CUA	CCA	CAA gln	CGA	A
	CUG	CCG	CAG	CGG	G
A	AUU ile	ACU thr	AAU asn	AGU ser	U
	AUC	ACC	AAC	AGC	C
	AUA	ACA	AAA lys	AGA arg	A
	AUG met	ACG	AAG	AGG	G
G	GUU val	GCU ala	GAU asp	GGU gly	U
	GUC	GCC	GAC	GGC	C
	GUA	GCA	GAA glu	GGA	A
	GUG	GCG	GAG	GGG	G

14.2　遺伝コード *m*RNA に含まれうる六四種類の三つ組、つまりコドンで表したアミノ酸。RNA コドンは、塩基対をつくる規則によって直接 DNA と結びつけることができるが、タンパク質が合成されるとき、直接、アミノ酸に翻訳されるのは、RNA コドンである。U はウラシルのことで、RNA には DNA の T（チミン）の代わりに U が含まれている。Helena Curtis, *Invitation to Biology*, 4th ed.（New York：Worth Publishers, 1985）：194.

生物の内には、二組の連鎖に具現される二つの宇宙がある。意味は分子に刻み込まれており、読まれる何かとそれを読む何かがある。しかし、これらの連鎖は、最も中身の濃い小説よりはるかに中身が濃い。トルストイの『アンナ・カレーニナ』と言えば、黒髪をまげ風に結ったあの女性が頭のなかに思い浮かぶだけだが、同じ意味を伝える同じメッセージを適当な生化学的仲介者が読めば、アンナ・カレーニナは生命を得て、活気に満ちた多難な人生を生きる。読むという営みは、ここにいたって最高の創造行為としてしかるべき地位を取り戻す。

妙なオレンジ色のかつらを傾け、ネクタイに黄色いしみをつけて、嫌なにおいのするビーカーとフラスコを悲しげに操っていたレーデンヘッファー氏は、このことを予見していたのだろうか。

永遠の声

ＤＮＡは創造にかかわる分子である。三つ組が情報を蓄え、やがて放出する。しかし、ＤＮＡは不死たるべくつくられた分子であり、未来を洞察するように設計されている。そのメカニズムは、単純、明瞭、驚異的だ。転写の過程では、ＤＮＡは外を向いてタンパク

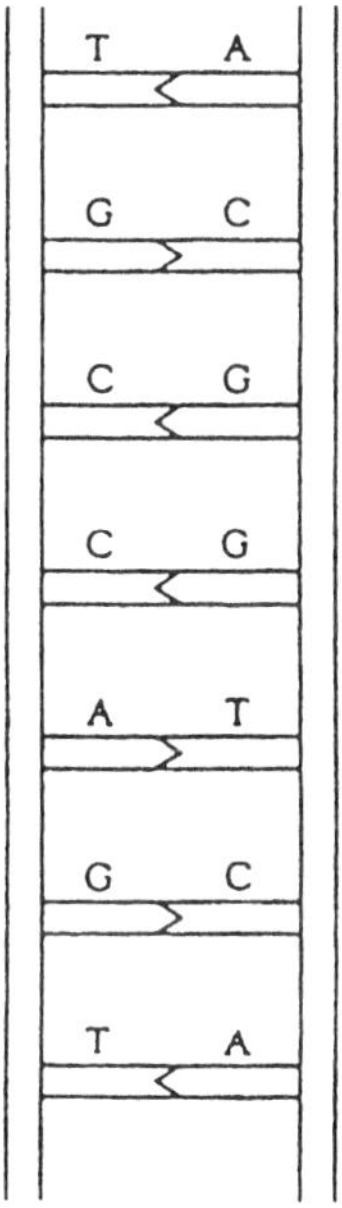

14.4　塩基対を示すために
平らにしたDNA

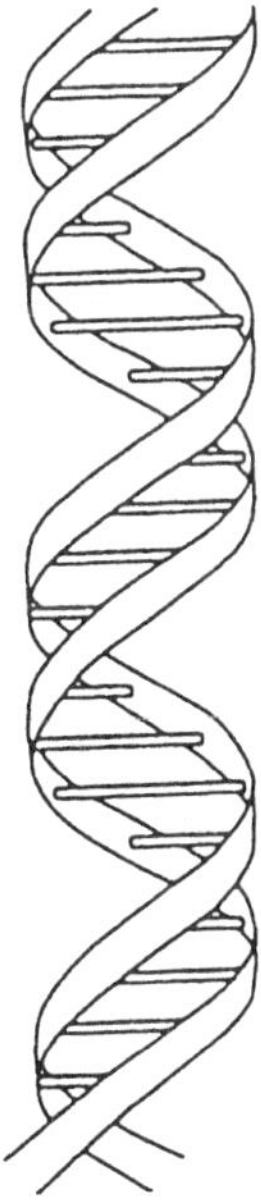

14.3　DNAのらせん

質を統御する。複製の過程ではDNAの内部構造が秘密を伝える。分子から分子にではなく、過去から未来へ。

DNAは二重の連鎖からなり、一個の分子に含まれるそれぞれの連鎖は情報を蓄えるためのシステムである。そして、この二本の連鎖は化学的な力によってたがいに引き寄せられている。二つの連鎖がしっかりつなぎとめられているためには、何らかの仕組みが働かなければならないのは言うまでもない。普通の木の梯子(はしご)の場合、両側のパーツは支柱でつなぎとめられており、その仕組みは完全に力学的なものだ。一方、DNAの場合、つなぎとめの仕組みは完全に化学的なものである。塩基はそれぞれもう一方の連鎖の塩基と対(つい)をなし、AとT、CとGがたがいに引きつけられる形で結びつけられる。要するに、AとTのあいだ、CとGのあいだに引力が働き、AとGのあいだには引力が働かないということだ。塩基の対をまとめているのは、この力である。結びついた塩基の対が連鎖のあいだにかかる橋をなし、二重らせんに梯子のような外見を与えている(図一四・三と一四・四)。

細胞の一生のある時点で、二重の連鎖からなるDNAが分裂し、塩基のあいだの絆が切れて二本の連鎖が海草のようにゆるやかに波打つ。古代の物語で人間は元来両性具有だったと言われているが、それと同じように、塩基がほかの塩基と結びつけず不満を覚えるため、分離したおのおのの連鎖は、欠けた部分を埋めてくれる相手を恋しがる。やがて、塩基は一種のスープのなかを漂いながら、対をなすべき化学物質を引きつけ、DNAの一本の連鎖にまずA、次にCが含まれていれば、さまよっていたTがAに、CがGにそれぞれ化学作用のみによって結びつく。こうしてついには、この連鎖はこれと補いあう一揃いの塩基を獲得する。はじめはDNAの連鎖が一本しかなかったのに、今では二本になった。DNAは裸ではあるが活気に満ちて、大急ぎですべるように未来へと進んでいく。

イエス、しかし

読者に一つお訊ねする。自然言語の単語と同じく、生化学記号も、サーチライトのように焦点距離を変えてはいけない理由があるだろうか。塩基の特定の連なり――たとえば、C―A―G―A―C―T――が二つのアミノ酸ではなく、一つの都市や町を表しては何かまずいことがあるだろうか。ここで私は、太陽の輝く南カリフォルニアで日光浴をしているレナード・エーデルマンと、極寒のウィッテンの都市間交通一覧表の前で足を踏み鳴らし尻を凍えさせているアーサー・アラン・ウォーターマンのあいだに関連のカーテンを引いてやろうともくろんでいるのだ。

記号は記号、でしょう？　記号が記号なら、ウォーターマンのルートにある七都市のそれぞれに、独自の生化学的な名前を与えてもいいはずだ。

ウィッテン＝ＡＣＧＡＴＣ
ウィットレス＝ＣＧＣＴＣＡ
グレインボール・シティー＝ＴＴＧＡＣＣ
サッドサック＝ＡＧＣＡＴＡ
アンブロット＝ＡＧＡＣＣＡ
ウォータールー＝ＴＡＣＡＧＧ
ウォッピングフォールズ＝ＴＴＧＡＡＴ

これによって、中西部の静かな七都市が一組の生化学的な塩基と結びつけられ、まるで異なる種類の生命のあいだに意外な結びつきが形づくられたことになる。しかし、それだけではない。この方式は、都市と都市を結ぶ道筋を生化学的に表示する副次的システムをも提供してくれるのだ。ウィッテンとウィットレスを結ぶ道筋は、ウィッテンを表す化学記号の最後の三文字とウィットレスを表す化学記号の最初の三文字をつなぎあわせることによってつくれる。つまり、ＡＴＣＣＧＣとなる。黄色い都市間バスがとる道筋を指す、知られていないがもっともな名前だ。この暗号化は便利なやり方の一例にすぎず、都市名そのものを用いてもかまわない。つまり、同じウィッテンとウィットレスを結ぶ道筋をテン・ウィットと呼んでもさしつかえないのだ。

このような手続きでちょっとシャッフルするだけで、先の都市間スケジュールを再編できる（図一四・五）。

この再編の完了とともに、知的転覆のプロセスの第一歩はいよいよ踏み出された。

昼食での説明

こうしたことを、私は編集者とエージェントに説明してきた。「わかりきった話でしょう？」私は期待を込めて言う。

「ええ、まあ」編集者は心もとない返事をした。血色のよい美人だ。

私たちはサンフランシスコの〈ジェシカのよちよち歩き〉というレストランで昼食をとっているところだ。客の注意がまあまあな料理からサービスのほうにそれてしまう、おかしな店の一つである。サービスの手際が途中で悪くなり、またまともになるのだ。

「タマネギのシチューがこなかったっていうんですか」食べた後の皿をじっと見つめながら、ウェートレスが訊ねた。昼間の日の光を浴びて、刺青が紺青色に浮かびあがっている。

「あらまあ」

出発 \ 到着	ウィッテン ACGATC	ウィットレス CGCTCA	グレインボール・シティー TTGACC	サッドサック AGCATA	アンプロット AGACCA	ウォータールー TACAGG	ウォッピングフォールズ TTGAAT
ウィッテン ACGATC	×	テン・ウィット ATCCGC	テン・グレイン ATCTTG	×	テン・アンプ ATCAGA	×	テン・ウォップ ATCTTU
ウィットレス CGCTCA	レス・ウィット TCAACG	×	レス・グレイン TCATTG	レス・サッド TCAAGC	×	×	レス・ウォップ TCATTG
グレインボール・シティー TTGACC	シティー・ウィット ACCACG	シティー・ウィット ACCCGC	×	×	×	シティー・ウォート ACCAGG	シティー・ウォップ ACCTTG
サッドサック AGCATA	サック・ウィット ATAACG	×	×	×	サック・アンプ ATAAGA	サック・ウォート ATATAC	×
アンプロット AGACCA	プロット・ウィット CCAACG	プロット・ウィット CCACGC	×	×	×	×	×
ウォータールー TACAGG	×	×	×	ルー・サッド AGGAGC	ルー・アンプ AGGAGA	×	×
ウォッピングフォールズ TTGAAT	×	×	フォールズ・グレイン AATTTG	フォールズ・サッド AATAGC	×	×	×

14.5　カタカナおよび化学記号で示した都市間交通一覧表

エージェントは美しい顔を上げ、親指と人指し指で顎を挟んだ。「とても面白いわ。でも、どういうこと？」

編集者は断言した。「普通の名前とこの化学記号のあいだには何の違いもないということ。どちらも記号なのよ。ねえ、デイヴィッド、そう言っているんでしょう？　なんで訊ねてるのかしら。もちろん、そう言ってるのよ」

確かに私はそう言っていたのだ——自分の本からこの美しいヒロインたちによって押し出されたようだ——が、驚くべきことは（私は自分の意見をボレーでコートに戻そうと懸命である）、記号体系そのものよりむしろ、アルゴリズムが、それが本来属するものとはまったく異なる背景の中に登場したことなのである。

「〝優れた記号体系はものを考える助けとして貴重である〟と述べたのは、ライプニッツだったと思う」私は言った。

するとエージェントは芝居がかった調子で言った。「それはまさに本に盛り込むべきでない類（たぐい）のことね。だって、このライプニッツというのは誰かなんて知りたいと思う人がいる？」

編集者はナイフを料理に突き刺した。「スーザンが言わんとしているのは、〝読者が本当に知りたいと思うのは実験がうまくいったかどうかだ〟ということだと思うわ」

「ああ、うん、見事にうまくいったよ。そこははっきりさせたつもりだったけど」

「私にはわからなかったわ」編集者は言った。「どううまくいったの。読者は、そのエーデルワイスさんが実際に問題を解いたかどうかを知りたがるわ。生化学的な名前がどうだっていうの」

「そのことを言おうとしていたんだ。記号を定めるだけで問題が解けるってね」私は言った。

「でも、デイヴィッド、それを読者に説明しなくちゃいけないわ」

「私たちに説明してくれなくちゃ」

どうやら、誰もかもに説明しなくてはいけないようだ。


かわいそうなウォーターマンを都市間交通一覧表の前に置き去りにしてしまっていた。ウォーターマンに見て取れること、私たちが気づくことは、一覧表そのものは都市の対を結びつけるが、それ以上のことはしないということだ。ウォーターマンには、都市の対のみならず、七都市を結ぶ経路が必要なのだが、一覧表はこの重要な情報を直接には提供しない。しかし、ウォーターマンに――またほかの誰にも――できるのは、この七都市をめぐる経路が示された場合、自分のスケジュール上のニーズを満たすかどうかを確かめることだ。七都市経路は単純な記号的形態をとる。それは七都市の名前からなる。ウィッテンー―ウィットレス――グレインボール・シティー――サッドサック――アンブロット――

ウォータールー――ウォッピングフォールズは、すぐ思いつく例だ。しかし、ウィッテン――グレインボール・シティー――サッドサック――ウォータールー――ウィットレス――アンブロット――ウォッピングフォールズもそうである。そして、このような例はたくさんある。ウォーターマンがそれぞれの都市を一度だけ訪れてウィッテンからウォッピングフォールズまで行くことができるような経路なら何でもいい。

ウォーターマンは問題の交通一覧表から、都市のあいだに連絡があるかどうかを知ることができる。ウィッテンとウィットレスのあいだはバスが走り、ウィッテンとグレインボール・シティのあいだは飛行機が飛ぶ。その一方で、ウォーターマンがウィッテンからサッドサックに行くのに使える公共交通機関はない。世の中はそういうものだ。もともとの表（図一四・一、412頁）では、ウィッテンとウィットレスを結ぶ道筋が存在することは、バスを表す絵文字によって示されている。一方、修正した表では言葉と生化学記号を使って、都市を結ぶ道筋を示している（図一四・五、432頁）。しかし、都市のあいだの連絡が都市名を融合したもので示せるのなら、生化学記号による名前を融合したものでも示せるはずだ。

「どうやって」編集者が訊ねた。

「都市の名前があるよね？　それから、都市を結ぶ道筋を表示するすべがある。最後の音節と最初の音節を使うやつ。いい？」

二人の女性は頷いた。

「例を挙げてちょうだい」エージェントは疑わしげに言う。

「テン・ウィット。これはもう説明した」

「もう一度説明してくれないと」

「テン・ウィットは生化学的記号でも表せるんだ。いいかい？」

「私はついていってるわ」エージェントは言った。「でも、読者のことが心配なのよ」

「いや、読者にもわかるさ。信じてくれよ。テン・ウィットに相当する生化学的表現は、ATCCGC。ACGATCの終わりの三文字とCGCTCAのはじめの三文字だ。ACGATCはウィッテン、CGCTCAはウィットレスを表している。表を見ればわかる」

「ええ」エージェントは鼻をぴくぴくさせて言った。

「今度は、ウィットレスからグレインボール・シティーに行くとするけど、これはもう、何度もくりかえしてお馴染みの扱いをしてやればいい。表から都市のあいだにバスがあることがわかる。でしょう？」

「そうね」エージェントと編集者が声を揃えてそう言った。

「だから、バスを表す記号の代わりにレス・グレインと書いてもいいよね？」

再び声を揃えて「そうね」

「だったら、さらに、レス・グレインの代わりにTCATTGと書いてもいいよね？」

沈黙。

「いや、いや、簡単なことだよ。CGCTCAはウィットレス、TTGACCはグレインボール・シティーの生化学記号による名前だから、この二つの都市を結ぶ道筋はCGCTCAの終わりの三つの記号とTTGACCのはじめの三つの記号をつなげたものだ」

編集者はフォークを持ち上げたまま、言った。「でも、デイヴィッド、それはわかりきったことよ」

「わかりきったことね」エージェントも同意した。

桶一杯のどろどろ

生命の核心に、生化学物質が記号に転換し、記号が生化学物質に変身するという謎がある。いま述べた方式では、CGCTCAは純粋に記号である。そして、記号はすべてそうだが、何かを〝表す〟ためのものだ。CGCTCAの場合はある都市を表すものであるというように。しかし、CGCTCAは物理的対象でもある。つまり、この世界の物理的対象のなかに位置を占めており、さまざまな様相において物質を形づくる力と規則性に縛られた存在なのだ。〃記号としての記号〃および、〃ものとしての記号〃というこの二面性こそ、白砂を画する一本の赤い糸のごときアルゴリズムの存在のあかしであり、アルゴリズムがそこに流れていることのしるしにほかならない。スケジュール問題を解決する方法を気の毒なウォーターマンに教えるのも、この二面性なのだ。

さて、このあたりで、記号には事象の地平からご退場を願おう。代わって登場するのは、大きな桶一杯のどろどろ、いろいろな生化学物質からなるどろどろだ。しかも、このどろどろには、都市を結ぶ生化学的ルートがすべて含まれている。よろしいか、すべてだ。この〃生化学的ルート〃は研究室でごく普通の生化学的手法を用いてたやすく用意できるものだ。

ほかに何がこのどろどろに含まれているのか。普通の構成部分を備えた、ほかのヌクレオチドだ。その構成部分のなかに決定的に重要なものが一つある。たがいに結びつきあう塩基である。生命の内部におけるのと同様、大きな桶一杯のどろどろに含まれる塩基が、ある状況でたがいを引きつけ、しっかり結びつく。

「うーん。なるほどね」編集者が言った。「でも、それと七都市を通ることと何の関係があるの？」

「関係はおおありだ」私は断言した。

「デイヴィッド、そこを説明しなくちゃ」ものほしそうな目つきでデザートの皿を見つめていたエージェントが言った。

「本当はごく単純なんだが、ちょっとわかりにくくもあるんだ。ウィッテンとウィットレスを結ぶルートがあるとする。いい？」

二人は揃って頷いた。

「それに、ウィットレスとグレインボール・シティーを結ぶルートもあるとする」

「あるとしましょう」ペストリーに決然と顔を背けてエージェントが言った。

「次に必要なのは——次にウォーターマンに必要なのは——この二つのルートを結びつける添え木だ」

「添え木って？」

「ルートどうしをくっつけるものだよ」

「それがなぜ要るの」

「この大きな桶一杯のどろどろのなかで、一本で七都市を結びつけることのできる添え木があり、この七都市がたまたますべて違うものなら、添え木を読めば、まさにウォーターマンの問題の解が得られる」

（私が何気なく語っている、〝化学物質の連鎖を読む〟ということ、これがどういうことかを表現できるだけの文才が私にあったら！）

それでも私は、散文的な言い方でつづけた。「それがぼくの言う添え木だ。実に単純だよ。ウィッテンからウィットレスまでの道筋はテン・ウィットあるいはATCGC。ウィットレスからグレインボール・シティーまでの道筋はレス・グレインあるいはTCATTGだ」

「それはもう聞いたわ、デイヴィッド」エージェントが言った。

「わかってる。ただ、はっきりさせておきたいんだ」

「ちゃんと、はっきりわかってるわ」編集者も言った。

「けっこう。それなら、次のステップもはっきりしているはずだ。私がしなければならないのは、テン・ウィットからレス・グレインまでの添え木をつくることだ」

「なぜそうしなければいけないの」二人の女性は声を揃えて言った。

「テン・ウィットからレス・グレインまで行ければ、ウィッテンからウィットレスまで、そしてウィットレスからグレインボール・シティーまでの道筋があるとウォーターマンに教えてやれる」

「そうすると、ウィットをレスにつなぐ添え木がなければならないと言ってるのね。ウィットとレスを結ぶ添え木があるというのは、ウィットレスとグレインボール・シティーをつなぐルートがあるということね」

「そのとおり」

「でも、このウォーターマンさんには七都市を結ぶルートが必要なのよ」編集者が言った。「ウィッテンをグレインボール・シティーにつなぐことができても、二都市にすぎないでしょう？」

「そのとおり。でも、それが手始めだ」

編集者とエージェントは椅子の端に腰掛けた。魅力的な女性たちは話のつづきを待った。

桶一杯のどろどろのなかで、話はつづく。桶一杯のどろどろにできること――実はすでにやっていること――は、引力と斥力(せきりょく)のメカニズム以上に複雑なものにはよらないで、これらのルートを結ぶルートをつくることだ。対をなす塩基はたがいに引きつけあう。それが塩基の性質だ。桶のなかで、ルートどうしを結ぶいろいろなルートは、まさにこの引力によってできていく。ウィッテンとウィットレスを結ぶルートはATCCGC、ウィットレスからグレインボール・シティーまでのルートはTCATTGだ。この二つのルートをつなぐには、CGCをTCAにつながなければならない。この二つをつなぐには、ヌクレオチドが六つ連なった一つの生化学物質を添え木してやればいい。はじめの三つのヌクレオチドでCGCに、後の三つでTCAに結びつく、そんなものを。GCGAGTはまさにそのような連鎖だ。さて次に、桶一杯のどろどろのなかをATCCGCとTCATTGが漂うさまを想像していただこう。偶然にGCGAGTという連鎖に出会うと、これらはいっしょになり、くっつきあう。ＧＣＧＡＧＴが留め金のように二つの連鎖をつなぎとめるためだ。

添え木

ＧＣＧＡＧＴ
――――――
ＡＴＣＣＧＣＴＣＡＴＴＧ

二つのルート

いろいろな化学物質が動きまわるうちに、偶然、結合が起こり、添え木作りも起こる。重要で神秘的な事実は、それが起こるということだ。ひとたびこのプロセスがはじまると、つづいていく。ルートを結ぶルートができ、そうしてできたルートを結ぶルートができ、最後に桶一杯のどろどろは、七都市を結ぶ無数のルートを含め、都市のあいだに無数のルートを生み出す。

「むずかしいことは何もない」私は言った。「ロケット工学じゃないんだから」

「まさにそういう口調こそ、避けなくちゃいけないのよ」エージェントが言った。

幾分息を切らしている。黒っぽいふわふわした髪と沈んだ目をした繊細な女性だ。

「まったく」編集者も間をおかず同意した。

「いいかい。ここが実にうまいところなんだ。エーデルマンはこう悟った。各都市と、都市どうしを結ぶルート、ルートに結びつく塩基をいっしょにするだけでいいと」

「いかがですか、みなさん」これは、チノパンに白いシャツといういでたちの、ボーイ長とおぼしき二〇歳代の男の言葉だ。

私たちは声を揃えて「申し分なし」と言った。男は頷いて去っていった。

「すると化学作用が働き、化学物質はぶつかりあって、さらに長いルートをつくっていく」

「それがうまくいったと言うの？」

「ああ、そうさ。一週間かかったが、結局、エーデルマンは正しいルートを見つけることができた。定められた都市のどれも一度だけ通ってウィッテンからウォッピングフォールズまで行くルートをね」

ウェートレスがデザートの注文を受けるために再び現れた。「ブレッドプディングはどう？」編集者が訊ねた。「私はブレッドプディングが好きなの」

「あれはちょっといやだわ」ウェートレスが言った。

私たちは数分間座ったままで勘定を待った。カリフォルニアの日差しが明かり採(と)りからフロアに差し込んでいた。

「そのエーデルマンさんはどうやって正しいルートを見つけたの」

「簡単さ。こういう類の問題についてぼくが言ったことを覚えてるかい？　解をチェックするのはたやすいが、解を見つけるのはむずかしい。どろどろは、一群の解の可能性を生み出した。エーデルマンは、言ってみれば、どろどろを濾過して、ウォーターマンの条件を満たす解が一つでもあるかどうかを確かめるだけでよかった。標準的な生化学を用いて、さまざまな道筋を調べ、そのどれかがどの都市も一度だけ通ってウィッテンからウォッピングフォールズまで行くものかどうかを確かめるようなことをしたんだ。一週間かかったが、見つかった」

「アーサー・アレン・ウォーターマンは気に入ったわ」やがて編集者が言った。「そのエーデルワイスさんは、もっと手を加えないと。あまり写実的に描かれていないと思うの」

「どんな人なのか、まるで思い描けないものね」とエージェント。

　私に何が言えたろうか。私はエーデルマンをこんなふうに思い描いていた。中背細身の男。後退しつつある砂色がかった金髪をオールバックにしている。日焼けした額――なにしろ南カリフォルニア大学を出ているのだ――顔は端正で目鼻だちがはっきりしている。落ち着きのない、明るい青い色の目だけが、深みのなさによって暗い不満を窺わせている。

「でっちあげているだけなの、デイヴィッド？　それとも、実際にその人に会ったことがあるの？」

「いくらかでっちあげている」

「いくらか？」

「かなり」

「どのくらい？」

「全部」

すべてがどろどろ

どこかの研究室で本当にこの桶一杯の生化学的などろどろが用意されたことがあるにちがいない。長い生化学分子がぶつかりあって、最後に偶然と化学法則によって正しいルートが得られる。ウィッテンからウォッピングフォールズまでの七都市ルートを表現する巧妙なコードによって、エーデルマンが見分けることができたものだ。

私の――そしてあらゆる人の――イマジネーションを捉えたのは、このどろどろだと思う。エーデルマンの実験は広く伝えられ、ほかの多くの生物実験の場合と同じく、誰もがその意義をよく理解しないままその成功を賞賛した。

もちろん、どろどろのなかに基本を変えるものは何もなかった。どろどろはコンピューターが用いたかもしれないのと同じアルゴリズムを実行することができたが、アルゴリズムは依然としてまったく非決定論的である。どろどろはアルゴリズムの求めるまま、いきあたりばったりに探索をおこなったにすぎないのだから。どろどろがこの問題を解くことができるというのは驚きではない。なにしろ、テーブルスプーン一杯の水のなかには分子が10^{23}個あるのだが、私たちがここで論じているのは桶一杯のどろどろなのだ。ある種の生化学物質に潜在的ではあれ豊かな情報貯蔵能力があることをエーデルマンが悟ったのは独創的だった。しかし、奇妙で混乱と不安を引き起こすように思われたこの実験に、どんな意味があったのか。

定着しているカテゴリーの解体。ことによると、一種の期待の変化か。いや、いや、それ以上のものだ。つまり、直観という神経を震わせるような知性が場違いな領域に出現したということなのだ。暗く神秘的などろどろというイメージは、長年私たちの集合的イマジネーションのなかではお馴染みの存在だった。科学者がビーカーを熱心に覗き込んでから助手に向かって「やったぞ。成長しているぞ!」と叫ぶ類の映画につきものの、あれだ。しかし、南カリフォルニアでエーデルマンは実際にどろどろに何かをさせ、あの幻影の分子世界では命令が下され実行されることを明らかにした。どろどろの発揮した機敏さから、これには組織された反応が可能であり、したがって計算能力をもつことも、ということは知能を、さらには精神をもつことすら可能だと考えられる。

　しかし、この隠喩は、それが意味するどんなものよりも示唆的で、どろどろにはっきり見て取れる〝心〟は、エーデルマン自身に跳ね返ってくるたぐいのものだ。そこで、お馴染みの謎が再び登場する。知能はいかにして物質に対して優位に立つのか。いかにして。

第15章　クロス・オブ・ワーズ

今、私たちは時間の門が開くのを待っている。科学的探究の英雄的時代は終わりにきているようだ。大きな問題は解決し、実在の物理的性格はわかった。時空の湾曲から素粒子の領域まで宇宙を調べる物理学者には、さまざまなモードのいずれかにある物質しか見えない。ほかのものはどれも、物質の一面か幻覚かのどちらかなのだ。どう考えても、活気を与えてくれる見方ではない。実際、これによって活気づけられた者は少ない。スティーヴン・ワインバーグなどは、「宇宙は、理解可能に思われるようになるほど、それだけ無意味に思われる」と苦々しく書いているほどだ。普通の人が科学的思考に嫌悪をあらわにするのは、そのせいかもしれない。だが、体系は仕上がり、あとは細部を埋めるだけだと言われていても、精密な転覆の体系が働いている。科学そのものによって可能になった技術が科学という体系の基礎を掘り崩し、原理を損ない、科学の形やその手触りを変え、

〝陸地は海から見たときに思えたより心地よい〟という太古からのメッセージを伝えるのだ。

亡　霊

ある世紀に墓のなかで眠っていた疑問が、別の世紀がはじまるときに、まるで髪を振り乱し、銀色の目をらんらんとさせたヴードゥーのゾンビのように、その常軌を逸した力だけを不思議にもたたえたままよみがえる、ということがある。一八世紀にウィリアム・ペイリー師は、「複雑性は事物の属性、それも形や質量におとらず目につく属性だ」と述べた。しかし、こうも付け加えた。「複雑性は、説明を要し、解釈のための図式を必要とする属性でもある」。浜辺に沿った波の作用によって形づくられる単純な構造――形のいい砂丘、海の洞穴、はかない泡の模様――は、空気、水、風によって手軽に説明できる。だが、私たちの関心を引き、私たちを魅了する事物はそうはいかない。私には、ペイリーはこう言いたかったように思える――ありふれた物体の振る舞いは物質の法則と偶然の法則に支配されているが、自然界には、複雑な人工物を連想させるものは何もない、と。単純なものと違って、複雑な事物は論理的に独特であり、したがって論理的に予想外である。

複雑性について書くとき、ペイリーは手近にあるものを例にとった。いちばんよく取りあげたのは懐中時計だ。しかし、ペイリーが大きいお腹の前に垂らした懐中時計を引っ張り出したのは、人の注意をそらそうとする計算ずくの動作だった。ペイリーの巧妙な議論の目標はほかのところにあった。それは、工芸品のような精緻（せいち）なものを生み出す生物界だ。ランの秘密の小室、切り傷から体内の血があふれでるのを防ぐ生体の生化学的連鎖反応。これらも複雑だ。時計より限りなく複雑である。こうした驚異的な事物が生物科学によって解剖されるいま、複雑な人工物からその設計をめぐる事情までさかのぼるのとまさに同じ推論が、複雑な生物からその設計をめぐる事情までさかのぼる。

では、複雑性の起源は何か。これがペイリーの問いである。

それは私たちの問いでもある。

八岐の園

自らの議論を展開するときペイリーは複雑性と設計（デザイン）、したがって複雑性と知能を関連づけた——関連づけようとした。紙に書かれようが、コンピューターコードに記録されていようが、設計（デザイン）とは知能そのものが物理的な形で流れ出たもの、知性が物質に残す痕跡である。生物の一般的な属性である知能は、程度の差はあれ、生きとし生けるものすべてが示すものだ。生物を時間の流れのなかに組み込むのは知能である。知能によってネコもゴキブリも等しく未来を覗き込み、過去を記憶することができる。下等なゾウリムシも知性をもち、電気ショックに反応することを次第に覚える。脳どころか神経系もないのに。しかし、ほかの多くの心理学的属性と同じく、知能も依然として理解されていない。「ほら、あれが知能だ。少なくとも、知能とはあんなようなものだ」と指し示せるような、周知の一組の事態がないのだ。

心に属する概念と数学上の概念をへだてる石だらけの土地は、不毛なものと思われがちだが、現代数学はアルゴリズムの概念のなかで知能の概念そのものの存在証明を示す。数学のあらゆる概念と同じく、アルゴリズムは、古色蒼然たる人工物の集合、集合的記憶のなかであまりにもお馴染みであるがゆえに気づかれることもないものから現れる。数学の体系には、さまざまな主題と夢と定義が閉じ込められており、ゲーデル、チャーチ、テューリング、ポストによってみがきあげられた概念は、今ではすっかり数学の体系の一部となっているが、一方、アルゴリズムの本質的概念が放つまばゆい光は、どんなデジタルコンピューターの中からも透けて見える。ゲーデルの不完全性定理からアタリのアーケードゲーム機上でプレイされているスペースインベーダーⅦへの進展の道筋が、ある種の天才のわざによって引かれたことを考えると、どうやら私たちの文化には、陰鬱でもあり活気に満ちてもいる側面があるらしい。

　コンピューターは機械であり、したがって何かをおこなう自然界の事物に属する。しかし、コンピューターは、いくつかの側面に分かれる装置でもある。左にはソフトウェアとして書かれる記号、右にはソフトウェアを読み、貯蔵し、操作するのに必要なハードウェア。この分業は人工物特有のものだ。このことは、脳のなかに心が、肉体のうちに魂が埋め込まれていること、物質のなかにいくばくかの精神が存在していることを示唆する。したがって、アルゴリズムは、人工知能と人間の知能の両方の核心に帰属する二面的な人工物ということになる。コンピューター科学と心の計算理論は、まさに同じ、幾重にも道が枝分かれしたアルゴリズムという庭園を用いて、コンピューターに何ができるかとか、人間に何ができるかとか、人とコンピューターが時間の流れのなかで何をしたかを説明する。


　アルゴリズムは記号を操作するための方法である。だが、これは、アルゴリズムが何をするかを言っているにすぎない。記号はつつきまわされるだけではなく、世界を反映するためにある。情報を伝える手段なのだ。

　代替可能な商品のうち最も一般的なものである情報は、発送され整理され、表示され蓄えられ、保有され操作され分配され売買され交換されるものとなっている。思うに、これは、商品となった最初の完全に抽象的な対象であり、プラトン的な形相が公然と売りに出されたようなものだ。爬虫類のごとき老獪さの点で並ぶ者のないリチャード・ドーキンスは、生命とはエデンから流れ出る情報の川だと書いている。米国中西部のどこかで、ある物理学者は、巨大コンピューターのシミュレーションに基づいて、人間は来世で人生の営みを再開できるという再生のビジョンを唱えた。

クロード・シャノンが情報を非公式な概念から数学上の第一級の概念に格上げしたことは、ある一つのむずかしい概念を明確にするのに役立ったが、別の目的にも役立った。複雑性を、測定可能であるため基本的なものと見なされる属性の一つにすることを可能にしたのである。このことに関する本質的な考えを発見したのは、ロシアの大数学者アンドレイ・コルモゴロフと、当時ニューヨーク市立大学にいた米国の学生グレゴリー・チェイティンだ（エミル・ポストの霊魂が働いていたにちがいない）。二人の関心の焦点は記号の列にあった。記号の列と言われてすぐに思いつくのは、コンピューターコードであり、したがってアルゴリズムであるが、黒髪をかきあげ、ダイヤモンドの留め金で留めて、階段を重々しく降りるアンナ・カレーニナとマダム・ボヴァリーは結局、記号の列に帰する存在である。自分を描く言葉、つまりは記号のなかに消え去ってしまうからだ。

このような状況で、コルモゴロフとチェイティンは同時期に、ランダムさと複雑性のあいだに親和性を認めた。ジャクソン・ポロックの絵は、それが伝えるものはその絵そのものでしか伝えられないという意味で複雑だ。奇妙に心を捉え変化に富む、大胆なまでにランダムな線を見ると、言葉が出ない——この私にして！　この絵をひとに伝えるには、これを見せるしかない。いま述べたことは、長らく感じとられてはいたが、誰もはっきり述べたことはなかったことをズバリ言いきったという点で、驚異的な内容を含んでいる。すなわち、事物の複雑性は事物が記述される状況によって測ることができるのだ。アンディー・ウォーホールの絵は、ありふれた言葉によって表現できる。カンバスにスープの缶を上下に並べるだけでいいんだ、アンディー。よくやった。

ある対象が伝えるものが、その対象を見せることによってしか伝えられない場合、その対象は複雑である。複雑でないほど単純だ。しかし、こう言っても堂々めぐりをするだけである。そこで、数学者は絵の代わりに二進（バイナリ）数数列——0と1の列——に注目する。「ある記号列がそれより著（いちじる）しく短いコンピュータープログラムによって生成できる場合、その記号列は単純であり、そうでなければ複雑である」とチェイティンとコルモゴロフは論じた。複雑性の確かな尺度として、昔ながらのランダムさが浮かびあがったというわけだ。記号列のなかには、それより短い記号列によって完全に表現できるものもあり、そういう列はいくらか余裕がある。一〇個のHの列（HHHHHHHHHH）はその一例で、文字Hを一〇回プリントせよというコンピューターへの指令で置き換えられ、この指令はこの記号列より短い。一方、余裕が少ないか、まったくない列は、圧縮する方法がない。その明らかな例はランダムな記号列だ。たとえば、HTTHHTHHHT。私がコインを一〇回はじいて生成したものだ。コルモゴロフとチェイティンは、記号列の複雑性とは、その列を生成することができる最も短いコンピューターコマンドの長さにほかならないと見なした。ここで、ちょうど大きな質量をもつ物体が重力を及ぼすように、この議論のなか（にかぎらずあらゆるところ）で、その概念場にある他のあらゆる対象に大きな影響を及ぼす、〝情報〟という概念に議論は戻る。

いま述べた定義づけが劇的な印象を与えるのは、そこに二重の還元手続きが含まれているからだ。事物のなかに潜む情報は、二進法数字の列によって、それらを制御する記述はコンピュータープログラムによって書き表される。しかし、コンピュータープログラム自体も、記号列として書き表すことができるのだ。今や、宇宙に存在するお馴染みのものは取り去られ、ランダムさ、複雑性、単純性、情報が、蛇のように執念深くのたくる記号列の穴の上で踊る。

この〝複雑性〟という概念によって、ある程度まで、数理科学が陥っている普通の人の興味との乖離（かいり）の説明がつく。自然法則はページ上に散らばったひと握りの記号であり、この記号列が、広大に広がった創造物の織物を支配する、と考えてみよう。これらの圧縮された、霊知を体現する主張は、はるかかなたまで及ぶ時空の大規模構造にも、事物の基礎をなす量子世界という振動する構造にもかかわる。超大スケールの世界と極微の世界の双方で、複雑性はその支配力をゆるめるのである。だからこそ、時空の幾何学的構造は研究対象になるほど単純だし、量子世界もそうなのだ。だが、大半の記号列は、ということは、大半の事物は複雑であり、単純ではない。言い換えれば、もっと単純な形で伝えることができず、このとおりのものとしか言いようがない、圧縮できないものなのだ。これは、容易に証明でき、疑う余地のない数学上の事実である。だから、数理科学は、明白なもの、普通のものからいつまでも身を引いていなければならない。こうなると、数学者と物理学者は、表土を何トンも掘り返して金をわずか数オンスしか見つけられない砂金掘りのようだ。

一方、人間の興味を引くのは世界の複雑性である。最も興味深い構造がここに見つかるかもしれない。音もなく自転するこの惑星の上に。これも興味をそそる事実だ。公共テレビ放送で取り上げられる、宇宙をめぐるいろいろな発見の旅を無関心な態度で見る人がなぜこんなに多いのか、これで説明がつく。夏にほかのチャンネルでは再放送をやっているので仕方なく公共テレビを見ると、何を目にするだろうか。夜空にむっつりして輝く星。睾丸のようにぶらさがっている木星の月。宇宙塵の雲、広大な空間。控えめだがいらいらするサウンドトラックは、背景放射がかなでる黄泉の国の雑音を示唆するのみだ。

私たちは自分自身のカンバスのなかに住んでいる。ポロックの絵のなかに閉じ込められたハエのように。私たちが見つめる未来は、数理科学の予測可能な未来よりずっと短い。神が創造したものにせよ、人間が発明したものにせよ、複雑性はいたるところにあり、それを圧縮するのはむずかしい――実際のところ、人間世界はあまり圧縮できないものなのだ。わずかな断固たる教訓や格言を除けば、一般に私たちにできるのは、せいぜい、パノラマが展開するのを見守ることくらいしかない。そして、複雑で混乱した予想外の事物の動き、興味深い生命の連鎖反応に驚くのである。

　アルゴリズムによる複雑性の定義は一見、議論を循環させているかのようだ。事物の複雑性は知能によって説明され、知能はいくつかの概念――アルゴリズム、記号、情報――によって説明、あるいは少なくとも提示され、これらの概念には複雑性の定義が痕跡をとどめているというように。実は、私は目的もなく堂々巡りをしているというよりむしろ、ゆっくりらせんを描いて下降し、記号列の複雑性によって事物の複雑性を説明しているのだ。いや、「説明」というのは、誤った大げさな言葉かもしれない。いま出てきた結論によって何も説明されてはいないのだから。ペイリーがぼんやり見てとった複雑性と知能との関連――これはそのままだ。しかし、下降するらせんは、下降するらせんにできることしかしていない。すなわち、問いを下に向けて伝えることだ。

十字架の道の留（りゅう）

分子生物学が明らかにしているとおり、生物はほかの何であるにしろ、組み合わせシステムでもあり、生体の組織化は、生化学的な暗号（コード）で書かれた、隠された奇妙なテクストによって制御されている。生命の核心にあるのはアルゴリズムだ。一組の記号（核酸）から別の一組の記号（タンパク質）へと情報を移すのである。なぜアルゴリズムか？ アルゴリズムを持ち出さずして、転写、翻訳、複写の複雑さを記述するすべがあろうか。それに、高分子に蓄えられたものを情報と呼ばずして何と呼べばいいのか。そして、高分子が情報を蓄えるとすれば、それはある意味で記号として機能する。

私たちはお馴染みの循環論法のわなにはまっている。にもかかわらず、分子生物学はいまここでペイリーの問いにはじめて明確な答えを出すのである。すなわち、人工物の複雑性は、人間の知能で説明がつく。複雑な人工物——時計、コンピューター、軍事作戦、政府予算、そして本書——を生みだす知能は生物学で説明がつく、というのが答えだ。ある会話の内容を別の会話の内容によって説明しているように思えるかもしれないし、実際そうなのかもしれないが、少なくとも、分子生物学が、らせん上で私たちが出発した場所より低い位置にあるのは確かだ。この「下への動き」は、〝ここには動きがある〟という印象を、さらには、〝ここに事態の進展がある〟という印象を醸（かも）しだしてくれる。

アルゴリズム、情報、記号のパターンが、とくに分子生物学的レベルで繰り返し現れるのを見ると、わが意を得たりという感じがするが、このパターンがどのようにしてここまで増えたのか、一般的に私たちにはわかっていないという、往々にして忘れがちな事実を心にとどめておくことが大切だ。生物学が提供する複雑性の説明はおおむね儀式的なものである。生物はなんといっても具体的で複雑で自律的な三次元物体であり、自活できる何か、あるいは誰かだ。生物は、動物が狩りをし、日差しを浴びて体をひっかき、あくびをし、好きなように動きまわる世界——私たちの世界——に属している。一方、アルゴリズム、情報、記号は、抽象的、一次元、完全に静的なものであり、先の世界とは大きく異なる記号宇宙に属しているのだ。こうした記号が有機体を生み出し、その形態と成長を支配し、自らのコピーを未来に残すなかで、分子生物学の核心にどんと腰をすえている大きな謎に私たちは気づかされる。いま述べた過程には、命令が与えられて実行され、問いが発せられて、その答えが出され、約束がなされて守られる、そういう世界に特徴的ではあるものの、純粋に物理的な客体にはけっして見られない一つのプロセスが隠れている。コンピューターが唸り、人間がそれを見守るという相互作用のあるその世界では、知能は常に知能自身に依存しており、記号体系が目的を達成するというのは、目的を達成することによってなされるのである。これはパラドクスではない。それが事物のあり方なのだ。二〇〇年前、スイスの生物学者シャルル・ボネ——ペイリーの同時代人——は、「脳、心臓、肺その他多くの器官の形成を支配する機構」についての説明を求めた。それに応える、力学による説明はまだ得られていない。情報がゲノムから有機体に移るとき、何かが与えられ、何かが読まれる。また、何かが命じられ、何かがなされる。しかし、誰が何かを読んでいて、誰が命令を実行しているのかは、依然、定かでない。

涼しくきれいな場所

アルゴリズム、情報、記号の概念は生命の核心にある。この三つがどのように有機体を形成するのかは、知能がどのように効果を現すかという謎の一部である。しかし、こうしたすばらしい記号的手段は、この世界を成り立たせる機構のなかで、どのように生まれたのか？　きわめて複雑な、情報を含む高分子は、なぜ存在するのか？　ここで視線を下げ、物理法則に目を向けることにしよう。

ダーウィンの進化論は、生命の出現と発展について純粋に唯物的な説明を提示するものと広く考えられている。しかし、この突飛である意味素朴な主張を額面どおり受け取るとしても、進化論がペイリーの問いへの根本的な答えになっていると唱える者はいない。生命が出現し繁栄するには熱すぎる、あるいは薄すぎる、燃えるガスに包まれた木星の表面のような宇宙というものは、ごく容易に想像できる。一方、私たちが住む宇宙では、事物の基本構造と私たち自身の騒々しい登場のあいだに実にしっくりした関係がある。これは物理学者なら誰でも注目することだ。とすると、進化論も、カトリックで言う「十字架の道の留（りゅう）」の一つであるということになる。複雑性がそこに移され、またそこからほかの場所に移される、そういう場所だ。

物理の基本法則は、世界の複雑性が生じきたるおおもとである、涼しくきれいな場所を記述する。この法則のほかに残るものなど、結局ありはしないのだ。物理の基本法則は、二重の意味で根本的な単純性をもたらす期待を抱かせる。この四半世紀に物理学者は、変化の理論は常に何らかの量の保存によって表現できると考えるようになった。保存があるところには対称性がある。空間のなかで普通の三角形が示す性質は、三つの回転対称性を保存する。すなわち、三角形の頂点が位置を変えていき、最後にいちばん上の頂点がもとの位置に戻るというわけだ。また、三角形を裏返したときのように、三つの反転対称性を保存する。空間のなかで三角形が位置をどう変化させるかの理論は同時に、三角形を回転したり反転したりしたときに保存される量についての理論でもある。両者は同じことなのだ。三角形に関して記述されるべきものは、必要な対称性を示す構造である。そのようなものを〝群（ぐん）〟と呼ぶ。物理の基本法則――ゲージ理論で扱われる領域――は対称性にうったえることによって効果を現す。そこで、物理学者は、対称的にしたために単純になった領域に目を向ける。この場合の単純性とは、事物にそなわる単純性である。自然法則によって表現されつくされるかどうかにかかわらず、対称性は実在世界の客観的属性なのだ。

自然法則は別の意味でも根本的に単純である。構造が単純で、これ以上改善しようのない数学的形式の格好のよさと表現の簡潔さをそなえているからだ。自然法則が形づくる固いかたまりのなかに、物質の世界が圧縮されて詰め込まれている。ここで議論は記号と情報に戻り、言葉のクロス（クロス・オブ・ワーズ）が、奇妙だが明るく毒々しい赤い光を物理法則に投げかけることになる。

物理の基本法則は、対称性の働きを表現することによって世界のパターンを表現する。パターンと対称性があるところには、圧縮の余地があり、圧縮の余地があるところには、その圧縮を可能にする法則がある。こうして概念的な基礎に行き着いてしまえば、それ以上の説明は不可能である。基本法則が単純だというのは、圧縮不可能だということだ。そのため、基本法則は驚くほど短い。コンピューターコードわずか数ページぶんでプログラムできるのだ。

物理の基本法則が出てきたところで、ペイリーの問いは終わりに行き着く。私たちが一組の込み入った事実から別の一組の込み入った事実へと終わりなき退屈をかこちながら渡り歩くつもりがないのなら、ペイリーの問いは終わりに行き着かなければならない。したがって、物理の基本法則は単純であることが不可欠であり、もはや、それを検討している物理学者が、〝なぜこんなに複雑なんだ〟などと問わないほどでなければならない。また基本法則は、神の心と同じく、自らを説明するものでなければならない。同時に完全でなければならず、複雑なものをすべて説明しなければならない。そうでなければ、何の役に立つのか。最後に基本法則は、精神と物質、形態と機能、実在の細かい点のすべてを（比喩的に）原子と空虚によって説明するような、物質的なものでなければならない。そうでなければ、物理の基本法則とは言えないからだ。

推論の階段

〝トリアージュ〟とは戦場医療用語だ。砲弾が炸裂すると、タフで献身的な外科医は犠牲者を、助からない者と助かる者と助かるかもしれない者に分けるが、このように優先順位をつけることをこう呼ぶ。物理の基本法則は、唯物的で完全で単純な事物の仕組みを提示するものだった。しかし今では、唯物論は助からないと私たちは知っている、少なくともそうではないかと思っている。その理由は、記号が宇宙の生成に関して決定権を与えられているということだけではない。ここだけの話だが、物理学は非物質的な存在に満ちているのだ。関数、力、場、さまざまな種類の抽象的対象、確率波、量子的真空、エントロピーとエネルギー、そして最近では、神秘的に振動するひもとブレン、等々。

残るのは、完全性と単純性である。完全性はもちろん重要だ。完全性がなければ、ペイリーの問いへの説得力のある答えなどない。物理法則でプレートテクトニクスの複雑性は説明がついても、リボゾームの形成は説明がつかないとしたら、何になろうか。完全性がなければ、油を塗って編んだあごひげをこすりながら古代の神官が予言したように、宇宙は別々の神に支配されるいくつかの世界に分かれてしまうかもしれない。ここで問題になっているのは、表現の点では形而上学的で、動機の点では宗教的である一つのビジョンだ。すなわち物理の基本法則は一般の人々のイマジネーションのなかで、創造力に満ちた強力な世界形成者、デミウルゴスの役目を演じているのである。しかし、物理の基本法則が本当に強力で創造力に満ちているなら、半端仕事はパートタイムのスタッフに任せて、創造の仕事に専心すべきであろう。

この最も劇的なビジョンが何にもさえぎられることのない光を放つために必要なのは、物理法則から私たちを取り巻く世界——堕落し、偏り、分断され、混乱して非対称的だが、私たちの愛するかけがえのない世界——にいたる推論の階段を組み立てることだ。

誰も物理法則それ自体がすべてを決定するとは思わない。前にも引用したが、スティーヴン・ワインバーグも、「科学に最大限期待できることは、自然現象すべての説明を究極的な法則と歴史的偶然にまでたどることができるようになることだ」と認めている。世界とそのなかにあるものすべては、物理法則と偶然によって生まれたのだ。

ここで読者は、何かの予兆のような寒気が部屋に漂っているのを感じるかもしれない。

「シュレディンガーの方程式〔量子力学の基本法則〕にカエルや作曲家や道徳が含まれているのかどうか、私たちには見えない」とリチャード・ファインマンは物理についての講義で書いている。

見えない？　不吉な言葉だ。見えなければ、世俗のビジョンも神聖なビジョンもなく、推論の階段もない。ただの大言壮語、なまくらで根拠のない主張にすぎない。

さらに言えば、ほかの者が疑わしいと見なした主張にすぎなくなる。「素粒子のランダムな分布と場から物理法則（ないし同様の性格の法則）によって、地質学的時間のうちに人体が形成されることは、偶然に大気がその成分ごとに分離されることにおとらず、起こりにくい」とクルト・ゲーデルは論理学者のハオ・ワンに言った。

これは幾分謎めいた発言である。説明しよう。ゲーデルが言う「場」とは、シュレディンガーの方程式が支配する量子場のことにちがいない。また、「素粒子のランダムな分布」という言葉によって、ゲーデルは典型的で一般的なパターン——偶然——に議論を限定しようとしたのだ。

基本法則と偶然が作用するだけで何らかの複雑性が生じうるとは、理屈では考えられない——そうゲーデルは確信していた。もちろん、これは論拠などと言えるものではない。ゲーデルという天才の権威をもってなされていても、一つの主張にすぎない。しかし、奇妙な予言力をもち、現代のある議論を先取りした主張ではある。

ロを挟まずに耳を傾けるハオ・ワンに向かって、さらにゲーデルは言っている。「生体の複雑性は、〔生体の〕素材と〔生体の形成を支配する〕法則のどちらかのなかに存在しているにちがいない」。ここでゲーデルは、エネルギーや角運動量と同じく、複雑性は保存則にしたがうと論拠抜きで主張しているようだ。どの人体も別の人体をもとに生まれたものであり、ある構造体から別の同様の構造体に複雑性が移転されたのである。したがって、いまここにある人体の複雑性は、そのもとになる素材のなかに存在したことになる。しかし、ダーウィンの理論によれば、人類という種は、それより複雑度の低い構造からランダムな変異と自然選択によって生じたはずだ。このプロセスをさかのぼっていくと、豊かな有機的生命のパノラマが無機的で比較的単純なものから生じたことになる。ということは、複雑性の起源は物質の法則、つまり物理法則にある——あるにちがいない。偶然は何らかの役割を演じるとしても副次的な役割しか演じない。

こうした推論でゲーデルは、ある程度、神の存在の目的論的証明をなぞっている。生物に明らかに見て取れる複雑性から、ウィリアム・ペイリーは設計者としての神の存在を想像した。ペイリーの議論から神学的要素を取り去ると、複雑性とある種の知性の関連が浮かびあがる。さらには複雑性と物理法則の関連が浮かびあがる。

ここが巧みで、隠れていて、危険な点だ。物理法則は、〝短い〟という意味で単純である。そして、物理法則は、パターンを示すものや対称性を備えたものを圧縮する役割しか果たさず、長くて複雑な列――たとえば、ランダムな数列――を圧縮しようとしても無駄である。しかし、核酸とタンパク質はまさに長くて複雑な連なりなのだ。複雑性とランダムさは区別できない。複雑性やランダムさがどのようにして生じるのか、私たちには見当もつかない。複雑性やランダムさは、狂躁的で不穏なエネルギーに満ち、パターンを欠いているように見える。複雑性もランダムさも、見たとおりのものだ。偶然に現れることはありえない。単純な物理法則から生成されるという可能性はない。単純な物理法則がまさに単純だからだ。

ゲーデルが論文を書いたのは、遺伝暗号が完全に理解されるずっと前のことだが、ゲーデルにとって時は忠実な友だった（このことでも）。ゲーデルは生物学について詳細に論じて、自分の疑念を宇宙的スケールで表現した。ゲーデルの疑念はほかの何にもおとらず、示唆に富んでいる点で貴重である。しかし、物質世界に生命が見つかることについてゲーデルが発した重大な問いは、生物学そのもののうちからも発せられている。設計（デザイン）と複雑性の問題は規模と無関係だという、興味深い証拠だ。生体はごく短い時間のうちに目ざましいほどの複雑性を達成した。血を固まらせる連鎖反応とか免疫システムや人間の言語から何よりも容易に想像されるのは、慎重な調整と知性による設計だ。

推論の階段を捨てずにいようと思うなら、〝自然法則の単純さ〟という点でいくらか妥協しなければならないかもしれない。偶然は、偶然がそれだけで成し遂げるとされていることを、それだけで成し遂げることはできない。ロジャー・ペンローズは、熱力学的理由に基づいて、宇宙はきわめて異常な状態ではじまったと論じている。エントロピーが低く、秩序の程度が高い状態だ。以来、事態は悪化する一方だという圧倒的な証拠を私たち一人一人が手にしている。これは、世界という大きな舞台に複雑性が現れることを知的なごまかしによって説明しようとするものである。その論法を突き詰めれば、事物の複雑性ははじめからあったのだから、説明など必要ないという主張に行きあたる。

率直に言ったほうがいい。そのほうが知的に誠実だ。単純さと推論の階段のどちらかを捨てなければならない。オーディンの神の殿堂ヴァルハラで待つ唯物論の霊のもとに〝単純さ〟が行くとすれば、物理法則はペイリーの問いへの答えをいかにして提示したのか。

アルゴリズム、指揮権をとる

物理学者は、化学結合の性質なら（そして化学現象はすべて）量子力学で完全に説明がつくと確信しているが、同時に、そうでないかもしれないものもたくさんあるとも確信している。水素原子とヘリウム原子についてしか、必要な計算を提示していないのだ。もちろん量子力学はコンピューターの登場以前に考えだされたものだ。見事に線型の理論であり、その方程式は正確な解が出る。だが最も単純な系を超えると、そこには計算の原野が現れる。マングローブの木、沼地、下生えのなかをうごめく何か恐ろしいものが、物理学者と（また、その他の人間と）対話したがっている。

おい、待てよ。

物理の基本法則は基本的な物理的対象を支配するもので、クォークに指示を与え、グルーオンをこきつかう。数学者は基本的な量子世界を支配している。しかし、本来の領域を出てしまえば、基本法則の影響は解釈によって伝えられるだけだ。

粒子の複雑な系を研究する場合、それぞれの粒子について方程式を導入しなければならず、方程式は恐るべき相互作用とともに解ける。しかし、これが解析的にできる望みはない。困難は指数関数的に積み重なっていきがちだし、強力なコンピューターが必要となる。物理の基本法則の内容は、それを解析する計算システムと関連している。そうでなければならない。だから、アルゴリズムが登場したのであり、重要なのであり、変化をもたらしたのだ。

基本法則の性格と基本法則に命を吹き込む計算のあいだには大きな違いがある。法則と計算は性格、属性が大きく異なる。法則は無限で連続的であり、究極的に微積分に結びついている、数学的記述の偉大な伝統の一部である。

それに対して、アルゴリズム的計算は無限でも連続的でもなく、有限で不連続である。自然界の何かを説明する関数などもたらさない。数列を指定するだけだ。数列をパターンにどう変換するかは、数学者が決めるべきことである。

法則が事物の隠された核心を記述するとすれば、シミュレーションによっては、一続きの様式化されたスナップショットが得られるだけだ。それは、ニューヨークのタブロイド紙に載ったある旧式の連続スチール写真に似ている。女性が六階から落ち三階を通りすぎる。スカートがよじれていて、顔は恐怖でゆがんでいる。最後に女性は自動車のボンネットの上に落ち、女性もボンネットも潰れる。連続写真にせよ、シミュレーションにせよ、連続性が欠けているために、ショットやシミュレーションのあいだを埋めるのは計算による推測である。スナップショットは女性が落ちていないという証拠にはならないということを思い起こしたほうがいい。私たちが画像を見るとき、自分が解釈を行なっているということは意識しないものだ。

推論の階段を説明する場合、計算的手法は欠かすことのできない要素である。アルゴリズム、情報、記号の概念がまたしても現れた。こうなると、毎日現れる太陽のようなものだが、この三つの概念は、どうしようもなく人間的な声を響かせる役に立っているにすぎない。もちろん、物理学者は、こうした概念は副次的な役割を果たすにすぎず、推論の階段は実質的に物理の基本法則によって組み立てられつつあると考えている。しかし、ここでは、誰が支配し、誰が支配されるのかは、まったく定かでない。

物理の基本法則が、宇宙が結論として出てくる壮大な形而上学的議論の前提となるかぎり、この三つの概念も、余分な前提となる。こうした前提がなかったら、物理法則は、沈黙し、世に知られず、何も明らかにしないところだ。ここでスティーヴン・ワインバーグの忘れがたい言明を修正しよう。科学に期待できることは、せいぜい、物理の基本法則と偶然、それに計算的手法、アルゴリズム、専門化されたプログラム言語、数値的統合の手法、巨大なお決まりのプログラム（マテマティカやメープルといったもの）、コンピューターグラフィックス、内挿法、コンピューター理論の近道、さらには数学者と物理学者がシミュレーションのデータを一貫したパターンや示唆に富む対称性と連続性をそなえたストーリーに変換しようとする、精一杯の努力の寄せ集め等々の手段に基づいて、あらゆる自然現象を説明することとくらいだ。

ある輝かしい期待が、いまやその輝きを失っていくのが見えてくる。アルゴリズムの寄与が大きいほど、推論の階段というビジョンは説得力が弱まっていくのだ。物質は破壊的なジレンマの上に立っている。物理の基本法則は、先の三つの概念がなければ不完全だ。しかし、三つの概念を取り込むと、もはや単純ではいられない。推論の階段は、物理法則から、複雑性を説明づけるような知性の観念へと通じるものだった。しかし、階段そのものを組み立てるのに知性が必要とされるなら、なぜわざわざその階段を昇るのか。世界を救っていたはずの単純な言明は、それが救うべき概念によって救済を行なわなければならない。なんといってもアルゴリズムは知的産物なのだから。

私たちはずっとそうではないかとうすうす感じていたし、今やそうだと知っている。自然界には単純なものと複雑なものがあるが、事物の豊かな多様性は単純なものから導き出されない。あるいは、単純なものから導き出されるとしても、完全にではない。複雑性は移転されうる——理論から事実へ、そしてまた理論へと移されうる。基本法則を単純なままに保って、複雑性を計算的手法による導出（どうしゅつ）という局面に限定してもいいし、完全性の概念を犠牲にして、さまざまな原理と法則で複雑性を説明してもいい。しかし、最終的には、事物が現にあるようにあるのは、そういうものだからにすぎない。

晩餐の枢機卿

晩餐は終わった。大きなテーブルからは青と緑のヴァチカンの紋章がついた皿と重いテーブルクロスが片づけられた。溝の入ったロウソクが壁から投げかける柔らかい赤い光に、部屋は照らされていた。革命前につくられたキューバ葉巻から立ちのぼる暖かく青い薄煙が、集まって小さな雲になり、目立たないが効率のいい換気システムによって取り除かれていた。枢機卿はでっぷりとしたお尻をずらした。そのほうが尻からくるぶしまで走る座骨神経痛が和らぐのだという。枢機卿は召使が目の前に置いたベネディクティーヌをすすった。それには枢機卿の背中の苦痛を和らげるために吉草根（きっそうこん）が入れてあった。枢機卿が激しい眠気の波に襲われるのが見て取れたが、長年のあいだに身についたものだろう、自制によって枢機卿は目を閉じたいという衝動に抵抗していた。

「プロフェッソーレ・ドットーレ」枢機卿はテーブルの向こう端の席に就（つ）いている背の高い男に向かって頷きながら、イタリア語で慇懃（いんぎん）にそう呼びかけた。「さあ、世界がどのようにはじまったのか、ぜひ教えてください」

　トリノ大学の有力で有名な物理学者であるプロフェッソーレ・ドットーレは、咳払いをして、柔らかい高いテノールで話しはじめた。あらかじめ言うべきことを準備していたのは明らかだった。そして、枢機卿（にかぎらず、ほかの人すべて）がしゃべるウィーン訛りとは際立って異なる、派手で古風なドイツ語で話した。「猊下（げいか）、ご存じのとおり、過去五〇〇年で最大の知的業績を誇示してきたのは、数理物理学です」

　枢機卿は、確かにそのとおりと言うように重々しく頷いた。

「数理物理学がつくりあげる体系では、連続的な大きさに実数が割り当てられ、時間と空間に量的な枠組みが与えられます」プロフェッソーレ・ドットーレは言葉を切って、テーブルを囲んで座る人たちを見まわし、テーブルに手を押しつけた。その手がほんのわずかだけ震えているのに気づいて、私は幾分驚いた。

「事物とプロセスが方程式によって記述される、特徴的で巧みな研究法です。これによってビッグバンから時間の終わりまで、宇宙を調べることができます」

「的確で簡潔なお言葉ですね」枢機卿は言った。「しかし、私は一般相対性理論と量子力学は衝突するという印象を受けます。この二つは物理学の二大理論ですよね？」

プロフェッソーレ・ドットーレは勢いよく頷いた。「おっしゃるとおりです、猊下。一般相対性理論では、空間と時間は融合して多様体をなします。物質は空間と時間をゆがめ、空間と時間は物質の振る舞いを左右します」

「そして、もう一つの、量子力学は？」枢機卿は訊ねた。

「いくつかの点で暗い主題です、猊下」

「量子力学が暗い主題？　先生が懺悔(ざんげ)を聴かなくてすむご身分でよかった」

何人かがこの皮肉に含み笑いで応えた。

「言葉のあやですよ、猊下」プロフェッソーレ・ドットーレは言った。「粒子ではなく、確率波があって、これが空間の隅々まで行きわたるのです」

「ああ」枢機卿は言った。実はヴェローナで過ごした学生時代に、エンリコ・フェルミのもとで学んだ物理学者のもとで量子力学を学んでいたのだった。「覚えています。波が粒子のように、粒子が波のように振る舞い、スリットを通り抜ける単独の光子がそれ自身に干渉する」

「そうです」プロフェッソーレ・ドットーレは言った。

「驚くべきことです。それなのに、化体(けたい)の奇跡を理由にわれらが教会をあざわらう者がいるんですからね」枢機卿は言葉を切り、考えをまとめてから、微笑んだ。「二つのまったく異なる分野ですね？　それでも、宇宙は単純だと考えておられる」

「猊下、私どもは究極的な統一理論を探し求めているのです」

「それで、見つかったら？」

「実在の物理的側面は一個の自然法則にしたがうことになります」

「その壮大な理論は、宇宙について、その意味について何を教えてくれるのですか」

プロフェッソーレ・ドットーレは、シャツのカラーを少し緩(ゆる)めようと人指し指を差し込んだ。

「猊下、宇宙は理解可能に思えるようになるほど、ますます無意味であるように思えてきます」

「理解可能に思えると信じておられるのですか？」枢機卿は訊ねた。もはや少しも眠そうではなかった。

プロフェッソーレ・ドットーレは寛大に微笑んだ。「明らかに物理法則はあります」

枢機卿は農夫のようながっしりした前腕をテーブルに置いた。「宇宙が理解可能なら、それこそ、まったく無意味であるわけではないという証拠じゃありませんか？　宇宙が無意味なら、理解可能ではないでしょう」

プロフェッソーレ・ドットーレは一瞬、手を見下ろした。そして目を上げると言った。

「失礼ですが、猊下、なぜ意味がなければならないのでしょうか」

「ドットーレ、私たちの問いは、なぜ宇宙に意味があるかではなく、意味があるかどうかです。物事の理由はほかのかたに任せてもいいでしょう」ここで枢機卿は茶目っ気たっぷりに食堂の飾りたてた天井を指さした。

プロフェッソーレ・ドットーレは狭い肩をすくめた。少し苛立っているようだったが、苛立ちによって自信を強め、再び口を開くと、落ちついた澄んだ声で話した。手の震えは止まっていた。

「猊下、私たちが知るかぎり、宇宙は物理的な系にすぎません。それ以上のものではないのです」

「物理的な系」枢機卿は言った。「物質の法則によって説明される系だと」

「まったくそのとおりです、猊下」

枢機卿は重い首をまた縦に振った。「それで、その系はどのようにして生まれたのですか」

プロフェッソーレ・ドットーレは、枢機卿の席があるテーブルの端をまっすぐ見た。

「猊下は答えを知っていらっしゃるはずです」

「もちろん。しかし、ほかの方々は……」枢機卿は、テーブルを囲んで座っている人々に向けて分厚い手をひと振りして言った。指輪が光った。

プロフェッソーレ・ドットーレは、テーブルを囲んでいる人たちの多くがほかの分野の専門家なので、説明をする必要があるのはわかる、と言うようにさかんに頷いた。「現在の理論では、宇宙は一五〇億年ほど前に誕生したとされています」

「ビッグバン」枢機卿は言った。ばかばかしいという思いが、ほんのかすかに声ににじみでていた。

「何もかもがそう示唆しているのです、猊下。データ、私たちの理論、何もかもが」

「なるほど。しかし、ビッグバンが起こる前は何があったのですか。わからないのでおききしているのです」

「何もありません」

「何も？」

「何も」

「しかし、プロフェッソーレ・ドットーレ、これは知性を悩ませる問題ではないですか？何もない永遠の時間がある。それから——パッ——何かがある」

プロフェッソーレ・ドットーレは首を激しく振った。「いえ、いえ、猊下。永遠の時間があったわけではありません。そこは間違いです」

「ほう」枢機卿は言った。「永遠の時間は間違いだと」

「科学に関するかぎりはです、猊下」プロフェッソーレ・ドットーレは釈明した。「空間と時間は宇宙とともに創造されたのです。それ以前には存在していませんでした」

「すると、プロフェッソーレ・ドットーレのおっしゃるビッグバンより前には時間などないと？」

「理解しにくいように思えますが、ちょうど北極より北の地点などないように、ビッグバンに先立つ時間などないのです」

「すると、宇宙の創造を説明するものが何もない」手を振って大広間の壁を指し示した。壁は、濃淡とりまぜた暖かい朱色をした、きれいな絹の夕ペストリーに被われていた。

「この壮大さのすべてが何の理由もなく現れたと？　そう信じておられるのですか」

「いえ、猊下」プロフェッソーレ・ドットーレは言った。「世界がなぜ存在しているのかは、最終的には物理法則によって説明がつくと考えています」

枢機卿は重量のある体を後ろにずらし、テーブルから離した腕を彫刻が施してある木のひじ掛けに置いた。

「そこをぜひ説明していただきたい」枢機卿は言った。「物理法則は記号ですよね？　人間がつくったものですね？」

「まあ、そうですね」プロフェッソーレ・ドットーレは言った。「ある意味でそのとおりです。しかし、人間がつくったものではありません」

「では、誰が？」

「いえ、そもそも、つくられたものではないのです。ただそうなっているだけなのです」

「ほー」枢機卿は言った。「そういうものなのだと」

プロフェッソーレ・ドットーレは、事実の前ではどうしようもないと言うように狭い肩をすくめた。

「しかし、何であるにしろ、物理法則は物理的対象ではありませんね？」枢機卿は言った。

「物理法則は時空のなかには存在しません。世界を記述するのであって、世界のなかにあるわけではありません」

「失礼ですが、世界のすべてが物質の振る舞いで説明できるとおっしゃいませんでしたか？　どうも、世界が存在する理由を別にして世界のすべてということのようですが」

「猊下、説明の連鎖は必ずどこかで終わらざるをえません」

「先生の説明が、一つの大いなる謎を説明する前に終わってしまうのは、困ったことではありませんか」

プロフェッソーレ・ドットーレは、また狭い肩をすくめた。私たちはみな、枢機卿は弁の立つ人だと警告されていた。それに、プロフェッソーレ・ドットーレは、自説を何が何でも押し通そうとは思わないくらいには熱心なカトリック教徒だったのだと私は想像する。

枢機卿は、また吉草根入りのベネディクティーヌをすすりながら言った。「その探究を真剣に考えておられるとしたら」――ここで強調のために言葉を切った。テーブルを囲む人全員が自分の一言一言に耳を傾けるように――「ほかのすべてを説明するとともにそれ自身をも説明する法則を探していることになるように思われますが」

プロフェッソーレ・ドットーレは、注意深く何も言わなかった。誰も何も言わなかった。葉巻の青い煙は立ちのぼりつづけていた。緊張が高まってから、ほぐれた。それから、枢機卿は含み笑いをして、すぐそばに座っている人たちに俗語めいたイタリア語の方言で何か言った。言われたほうは手を挙げて笑った。だが、イタリア語ができない私には、枢機卿が何を言ったのか見当もつかなかった。

こうして、みなが時の門のそばに集まった。生きている者、死んだ者、生まれたがっている者が。冷たい灰色の霧が漂っている。いにしえの人は、なぜ時がはじまったのか、どのように空間は湾曲したのかについて語る。クモの足のような大時計の針は、分ではなく千年紀を計り、真夜中にゆっくり近づく。論理学者たちが一堂に会している。アリストテレスもいるし、アベラールも。それに、フレーゲとカントルはまだ病院の白衣を着ている。

ペアノとヒルベルトが話しあっている。ラッセルがゲーデルを見つめ、ゲーデルは空間を見つめている。チャーチが席から立ち上がった。テューリングは身を屈(かが)めてひと息入れ、ポストはテューリングの背中を叩く。すると、大きな門が開き、ゴットフリート・ライプニッツが現れる。ふさふさとしたかつらを夜風にはためかせ、腕を楽園に向けて差し延べて。そして、音楽があたりに満ちるなかで、ゆっくりとした荘厳なダンスを踊りはじめる。

そのリズムは、これまであったもの、今あるもの、これから訪れるかもしれないものを表現する。

エピローグ　キーウェストにおける秩序の観念

ウォーレス・スティーヴンズ

彼女は海の守り神を超える歌を歌った。
水はついぞ心にも声にもならなかった
どこまでも体だけの体のように
空っぽの袖をはためかせて　でも　その物まねの身振りは
いつも叫び声を　それも同じ叫び声をあげていた
ぼくらにはその叫び声を理解できたけれども、それはぼくらの叫び声ではなく
人間のものではない　海自身の叫び声だった。

海は仮面ではなかった。彼女もだ。
その歌と水は混じりあった音ではなかった

たとえ彼女が歌ったものが彼女の聞いたものであっても
彼女の歌ったものは一言一言発せられたのだから。
彼女の言葉すべてのなかで
きしむ水とあえぐ風が動いた。
けれども　ぼくらが耳にしたのは海ではなく彼女の声だった。

というのも　彼女が歌っていた歌をつくったのは彼女自身だったから。
いつも頭巾をかぶり悲劇的な素振りをした海は
彼女が歌うためにそばを歩いた　そういう場所にすぎなかった。
これは誰の魂なのか。ぼくらは言った。
これは自分たちが探し求めている魂だと知っていたし
彼女が歌うたびにそう問うべきだと知っていたから。

もし　それが　うねり　多くの波に彩られた
海の暗い声にすぎないのなら
もし　それが　空と雲の　水に囲まれて沈んだ珊瑚の
声にすぎないのなら

どんなに澄んでいても深い大気
空気の高まる言葉
夏の間、果てしなく繰り返される夏の音　ただの音だったろう。
だが、それはそれ以上のもの
彼女やぼくらの声以上のものだった。
水と風の無意味な動き　劇場のような距離
高い地平線の上に積み重なる青銅色の影
空と海の広大な大気のなかで。

空をそれが消え去る瞬間に最も鋭くしたのは
彼女の声だった。
その孤独さを彼女は時間に釣り合わせた。
彼女は自分が歌を歌う世界の唯一の創造主だった。
彼女が歌うと　海は
どんな自己をもっていたにしろ彼女の歌という自我になった。
彼女が創り主だったから。
彼女が一人で歩いているのを見たとき

ぼくらは知った。彼女のための世界はないのだ。
彼女が歌った　また歌いながらつくった世界を除いて。

ラモン・フェルナンデス　知っているなら教えてくれ。
歌が終わり　ぼくらが町に向かったとき
なぜ滑らかな光
そこに錨を下ろしていた漁船の明かりは
夜の帳が下りるころ　空中で傾き
鮮やかに輝く地帯と火の柱を定め
夜を整え　深め　魔法をかけながら
夜を征服し　海を分割したのか。

ああ　青ざめたラモンよ　秩序への幸せな熱望
海の言葉　かすかに星の光る　かぐわしい玄関の言葉
私たち自身　私たちの起源についての言葉を
もっとぼんやりとした境界のなか　もっと鋭い音で
秩序づけようとする創り主の熱望。

謝　辞

この本の企画を出してくれた、編集者のジェイン・アイセイと、私のエージェントであるスーザン・ギンズバーグの二人に感謝の言葉を捧げたい。また、最初の原稿を読んで、穏やかな口調ながら断固として、書き直しをするよう促してくれたレイチェル・マイヤーズにもお礼を述べたい。さらに、最後の二章の一部は、《コメンタリー》誌と《フォーブズＡＳＡＰ》誌にごく未熟な形で掲載された文章がもとになっており、この二つの雑誌が、いくつかの主題と着想を探究する機会を与えてくれたことも、ありがたく思っている。

訳者あとがき

本書は David Berlinski, *The Advent of the Algorithm: The Idea That Rules the World* (Harcourt, 2000) の全訳である。

アルゴリズムとは、ある型のすべての問題を解く、有限個の操作からなる手続きである。現代にいたって、アルゴリズムを記述したプログラムにしたがって作業をおこなうコンピューターが登場し、アルゴリズムが社会にとってもつ重要性は飛躍的に増大している。アルゴリズムは、情報社会の鍵となる概念である。アルゴリズムが現代世界の成立を可能にしたのだ。

アルゴリズムという言葉は、一二世紀にラテン語に翻訳された代数学の本を書いたアラビア代数学の創始者の通称、アルフワリズミ（アラビア語で〃ホラズムの人〃の意）が変形したものである。アルフワリズミが示した、十進法の四則計算をおこなうための規則は、最も単純なアルゴリズムだ。アルゴリズムの歴史は古く、ある種のアルゴリズムを求める問題は古代ギリシアの数学者にとって重要な問題だった。一七世紀にゴットフリート・ライプニッツは、計算機を組み立て、この世界に関するあらゆる真理が体系化される普遍的な書記法で書かれた記号言語を思い描き、あらゆる概念のリストを構想し、記号の機械的操作だけであらゆる問題に決着をつけてしまうアルゴリズムを創造することを夢想した。論理学者は、アルゴリズムを数学的に定義しないまま、機械的手続きについて語り、機械的手続きを実行してきたが、一九世紀の終わりにはじまる数学の展開の末に、あらゆる数学上の命題について、それが数学の体系のなかで証明可能なのかどうかを判定する、有限で機械的な手続き、アルゴリズムが存在するかどうかという問題が浮かび上がる。このような決定手続きがないことを示すには、アルゴリズムを数学的に定義しておかなければならない。こうしてついに、クルト・ゲーデルや、コンピューターの原型となる、あらゆるアルゴリズムを実行する想像上の機械を考えたアラン・テューリングなどの論理学者・数学者が、アルゴリズムの数学的定義を提示した。

微積分を近代の科学的思考の発展のなかで第一の重要な概念、アルゴリズムを第二の重要な概念と考える著者は、この本で、ライプニッツから話をはじめて、アルゴリズムが定義されるまでの波瀾に満ちた近現代の論理学史と数学史を素描し、論理学者・数学者たちの奮闘、風変わりなプロフィール、往々にして心の病を抱えた人生を描く。

そして、このような物語を語った後、著者はアルゴリズムをめぐるトピックをいくつかとりあげる。

さて、この本は、実に変わった本だと言わなければならない。奇書と言ってもいいくらいである。歴史的記述や数学的議論に、アイザック・バシェヴィス・シンガーをまねた物語など、いくつかの寓話や、この本で扱われている歴史上の人物たちと「私」が登場する短い物語などのフィクションが織り込まれており、現実と幻想が交錯する。こんな構成の本を書くことをどうして思いついたのか、不思議に思われるのだが、amazon.com の評者によれば、「アルゴリズム——答えを得るためのステップバイステップの手続き——は論理を乗り超え、生物学的、経験的でファジーな方法に乗り超えられるというのが、バーリンスキの主張であるようだ。この本の構造は、この主張を反映している」のだという。あまりに奇抜なので、米国の読者のあいだでも評価が分かれているようだ。なお、フィクションの部分として区別してある部分に書いてあることのなかで、著者がスタンフォード、ラトガーズ、パリ大学、ピュージェット湾岸の大学で数理論理学を教えていたというのは、事実らしい。

また、原書は文体も変わっている。訳文からはわからないはずだが、原文には、普通の本にはめったに出てこない独立分詞構文が、著者に教養がありすぎるせいか、山はどとも出てきて、訳者の頭の混乱をさそった。それはわきにおいても、原文は文学的というか凝った文体だ。

念のため、訳者におとらず文学にうとい人のために言っておくと、本文281頁の「マンスフィールド・パークでくりひろげられる無類に面白い出来事を小説として綴る女性」は、ジェイン・オースティンであり、本文450頁の「八岐の園」は、ホルヘ・ルイス・ボルヘスの短篇のタイトルだそうだ。

それから、著者は何かというと外国語を使いたがる（ドイツ育ちの両親のもとに生まれ、ドイツ語が話されるユダヤ人街で育ったというから、ドイツ語には幼い頃から慣れ親しんでいるらしい）のだが、訳文ではだいたい日本語にしてある。

また、著者がフランス語による献辞で本書を捧げているマルセル・ポール・シュッツェンベルジェ（Marcel Paul Schützenberger）は、著者が親交のあった著名な数学者である。

なお、この訳は、担当編集者である伊藤浩さんに提案していただいた膨大な量の細かい修正案の大部分を採り入れてもとの訳を直したものである。

二〇〇一年十一月

解説 発明と発見の間、論理と物理の間

小飼 弾
http://blog.livedoor.jp/dankogai/

こんな本が欲しかった。アルゴリズムを通してみた人類の発展史。まさか前世紀の最後の年に原著が上梓され、その一年後には訳出されていたとは。その十年後に文庫収録にあたって解説を仰せつかるとは光栄以上に恐縮のきわみである。

にもかかわらず告白すると、私は本書をひもとく前に邦題でつっかかってしまった。「史上最大の『発明』アルゴリズム」？ あれ、アルゴリズムって「発見」ではなかったの？

本書の原題は *The Advent of the Algorithm*、直訳すると「アルゴリズム降臨」とでもなるだろうか。確かに原題には「発明」という言葉は入っていない。なぜ「発明」に引っかかるかといえば、数学者たちはそれを「発見」と呼んでも「発明」とは呼ばないからだ。

この原稿を書いているiＭａｃに標準搭載されている大辞泉は、「発明」と「発見」を

以下のとおり定義している。

発明――今までなかったものを新たに考え出すこと

発見――まだ知られていなかったものを見つけ出すこと

別の言い方をすれば、人類によって見つけられようがなかろうがこの世に存在するのが発見されるべきものであり、人類の手によって（少なくとも人類が知る限り）はじめてこの世に存在するようになるものが発明されるべきものだということである。その意味でテクネチウムやプロメチウム、超ウラン元素といった安定同位体が存在しない元素は興味深い。当初は物理学者たちによって「発明」されたのだが、その多くは新たに恒星などで「発見」されている。

それではなぜ数学者たちは自らの新たな知見を「発明」と呼ばずに「発見」と呼ぶのだろうか？

彼らの想像の中にしか存在しないはずの「数理」が、彼らにとっては「物理」だからなのではなかろうか？

例えばユークリッド幾何学は、重力によって歪んでいる我々の宇宙では本来成り立たない。中島みゆきに挑発されても「まっすぐな線」は実際には引けないのだ。しかし彼らの頭の中にユークリッド空間は確かに存在しているし、ロバチェフスキやリーマン以前の我々は、それが実際の宇宙の姿だと思い込んでいたという意味で、数学者ならずとも「物の理」であったのだ。

物理上では、発明。論理上では、発見。

アルゴリズムというのは、まさにそのはざまにある。本書の訳者あとがきにはアルゴリズムとは「ある型の全ての問題を解く、有限個の操作からなる手続きである」とある。テューリングマシンのテープは無限という設定なので厳密には「可算無限個以内な操作」というべきだが、重要なのは同じ型の問題であれば、同じアルゴリズムを使えば誰にでも、いや何にでも同じように問題が解けるということにある。「テューリングマシンのテープって何ですって」？　解説は読了後に読みましょう。

輪になった縄を一二等分して結び目などでしるしをつけて、一人が結び目を一つ持ち、二人目がそこから三つ目の結び目を持ち、さらに三人目が二人目から四つ目の結び目を持って輪をぴんとはれば、二人目の縄は直角になる。なぜ直角になるかはピタゴラスの定理で証明できるが、しかしこの三名の誰一人としてピタゴラスの定理を知っている必要はない。

あるいは互除法。二つの自然数があったら、小さい方で大きい方を割る。余りが出たら、その余りで小さい方を割る。割り切れるまでこれを繰り返せば、残った自然数がこの二つの最大公約数になる。長らく単に The Algorithm といったらこのことを指すほど有名なこの互除法を使うのに、ユークリッドという名はおろかなぜそれでうまく行くかを知る必要も全くない。

アルゴリズムを見つけるのは知性でも、アルゴリズムを用いるのに知性は全く必要ない。だからこそ実行は機械でもいいし、機械の方が上手にできる。アルゴリズムそのものは、「知らなかったことを知る」という意味で発見であるが、今まで人にしかできなかったことが機械にも出来るようにすることは「出来なかったことが出来るようになる」という意味で発明である。

しかしそのアルゴリズムの真の力が解き放たれるのには、二〇世紀を待たねばならなかった。「任意のアルゴリズムを実行するアルゴリズム」をチャーチとテューリングが発見し、それを実行する機械が「ノイマン型」コンピューターとして実現するまで。

しかし驚くべきことに、コンピューターが「発明」される以前にλ演算とテューリングマシーンは「発見」されていたし、それ以前にゲーデルが不完全性定理を「発見」していたし、本書の枠から少しはみ出るが、さらにそれ以前にバベッジが「解析機関」という名のコンピューターを設計していたということ。

どうやら物理世界、つまりこの宇宙における「発明」というのは、論理世界、つまり想像の世界における「発見」を物理世界に呼び戻すことらしい。アルゴリズムというのは、まさにその両者の架け橋となっている。

架け橋。これほど「一旦出来てしまえば当たり前すぎてその存在を忘れてしまう」発明はめったにない。拙宅は隅田川の中州にあるのだが、普段それを意識することは全くないし、マンハッタンの住民もそれは同様だろう。あれほど難解に思える不完全性定理のエッセンスは、たった一行のＢＡＳＩＣプログラムに表れる。

10 GOTO 10

すなわち、無限ループ。ヒルベルトの驚天動地も、我々プログラマーにとっては日常だ。そして日常といえば、「想像の中で創造すること」も含まれる。ゲーデルもチューリングもそうやって人類史上に残る発見をしたのだが、彼ら天才が頭脳でやっていたことを、我々は日々電脳にやらせている。仮想コンピューターである。

次ページの図はＭａｃ上でＷｉｎｄｏｗｓを動かし、さらにその上でＬｉｎｕｘを動かしている様子である。ゲーデルがゲーデル数を、チューリングがチューリングマシーンをその頭脳の中に構築したように、我々はコンピューターの中にオペレーティング・システム（ＯＳ）という世界を構築し、さらにＯＳの中に別のＯＳ世界を日常的に構築している。なぜわざわざそんなことをするかというと、その方が日常の問題を解きやすいからだ。た

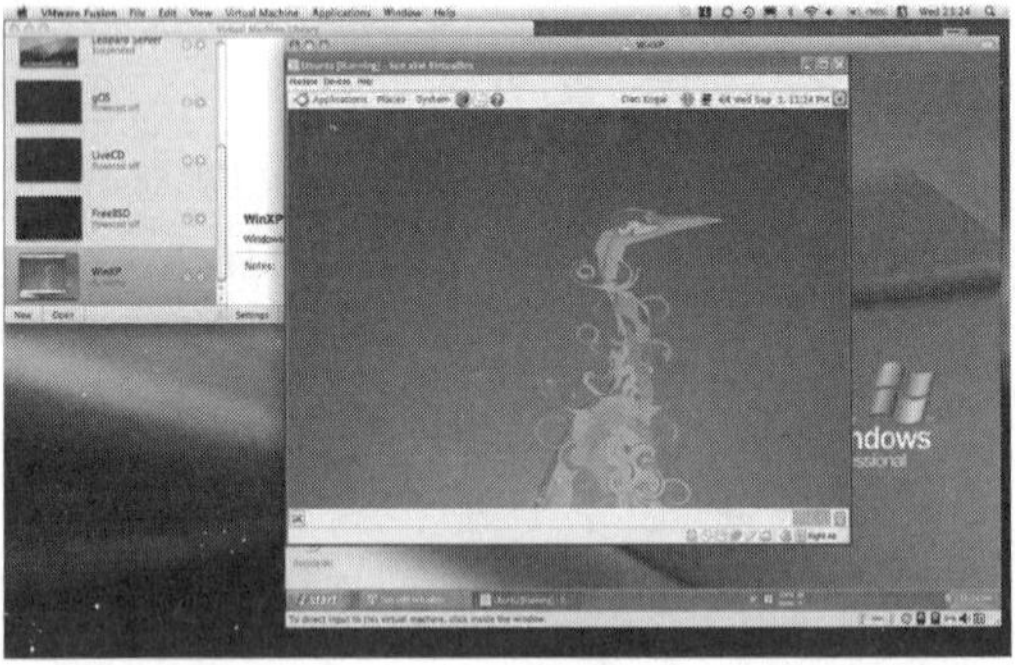

とえば私の場合、わざわざ専用のコンピューターを購入しなくとも作成したソフトウェアがＷｉｎｄｏｗｓで動くか検証できるし、万が一Ｗｉｎｄｏｗｓ環境、すなわち「世界」を手違いで壊してしまったとしても、バックアップファイルをコピーするだけで世界を再生できるからそうしているわけだが、これをみて「はっ」としないだろうか？

我々の世界も、何物かが仮想しているのではないか、と。

その可能性はユークリッド以前より夢想されていた。「荘周である私が夢の中で胡蝶となったのか、自分は実は胡蝶であって、いま夢を見て荘周となっているのか、いずれが本当か私にはわからない」とのたまった荘子が生きたのは、推定で紀元前三六九年─紀元前二八六年。ユークリッドが活動したプトレマイオス一世の時代は、紀元前三二三年─紀元前二八三年なのでまるまる一世代以上早い。本書は著者が西洋の人ということもあって荘子に関しては一切言及していないのだけど、知っていたら一体何と言っていただろう。

これが夢から覚めたところで話が終わってしまっては、単なる「夢オチ」であるが、我々自身は「実存」か「仮想」なのかにかかわらず覚めない夢の中にいる。仮にそれが夢だとしても、荘子やユークリッドは私が見た夢ではなく、夢だとしても「私自身を含む、私が今いる世界を夢見ているものの夢」であり、そうである以上現実なのだ。インターネットも現実なら、それを通して入ってくる東日本大震災と福島第一原発事故のニュースも。

その現実世界におけるアルゴリズムの歴史を、曲がりなりにも通史として一冊の本として著したものはめったにない。せいぜい計算機科学の教科書の囲み記事に断片的に登場するか、あるいは本書に登場する偉人たちの伝記かのどちらかで、アルゴリズムそのものを主役に据えたノンフィクションの物語は本書ぐらいしか思いあたらない。いつかこういう本を著してみたいと私は身の程知らずにも時折夢見るが、これほどの奇書、いや希書を目の前にすると、夢見る程度でよかったという思いの方が強まる。本書の構想という「発見」を本書という「発明」まで持ってくるだけの根気は、本書のような一冊に巡り会えた時点でくじけてしまう。3対4対5の縄で直角を手に入れたら、ピタゴラスの定理を忘れてしまうように。

しかし我々は、せっかく空想世界で飛躍できるにもかかわらず、それが物理世界とあまりにかけ離れてしまうと不安に感じる生き物であるらしい。この解説を書いている現在において時価総額最大の会社はＡｐｐｌｅであるが、そうなった最大の理由は、一年半で性能が倍になるというムーアの法則で得られたコンピューターの能力向上分のほとんどを、コンピューターの中に現実世界を再現したことに求められるだろう。単に電話をかけるのに、住所録を慣性スクロールする必要があるのだろうか？　せっかくキーボードとスタイラスを追放したのに、文字を入力するのに仮想キーボードが出現するというのは何なのか？

しかしそれが近親感を生み、安心感となって誘蛾灯のごとく胡蝶ならぬユーザーを引き寄せているのもまた事実である。「ユーザーをコンピューターにあわせるより、コンピューターをユーザーにあわせる方がよい」というささやかな発見がＭａｃやｉＰｈｏｎｅやｉＰａｄの発明につながったのだとしたら、「史上最大の発見」であるアルゴリズムを知れば一体どれほどの発明を生み出せるだろう。

論理と物理の間で繰り広げられる発明と発見の物語は、まだ始まったばかりである。

Dan the Dream(er|ed)

本書は、二〇〇一年一二月に早川書房より単行本として刊行した作品を文庫化したものです。

これからの「正義」の話をしよう
——いまを生き延びるための哲学

マイケル・サンデル
鬼澤 忍訳

これが、ハーバード大学史上最多の履修者数を誇る名講義。

1人を殺せば5人を救える状況があったとしたら、あなたはその1人を殺すべきか？　経済危機から戦後補償まで、現代を覆う困難の奥に潜む、「正義」をめぐる哲学的課題を鮮やかに再検証する。NHK教育テレビ『ハーバード白熱教室』の人気教授が贈る名講義。

奇妙な論理

Ⅰ　だまされやすさの研究

Ⅱ　なぜニセ科学に惹かれるのか

マーティン・ガードナー

市場泰男訳

壮大な科学理論から健康上の身近な問題まで、奇妙な説は跡をたたない。なぜそれらにたやすく騙されるのか？　疑似科学の驚くべき実態をシニカルかつユーモアあふれる筆致で描き、「トンデモ科学を批判的に楽しむ」態度の先駆を成す不朽の名著。

解説・Ⅰ巻　山本弘　Ⅱ巻　池内了

社会・文化

もののけづくし
別役 実
情報化社会や経済界を跋扈する現代の妖怪の生態を解説する、大人のためのお化け入門。

道具づくし
別役 実
「おいとけさま」「くちおし」など、魅惑的な謎の道具類を解説する別役流〝超博物誌〟

ミュンヘン
マイケル・バー＝ゾウハー&アイタン・ハーバー／横山啓明訳
パレスチナゲリラによるテロと、モサドの報復をめぐる経緯を克明に再現した傑作実録。

博士と狂人
サイモン・ウィンチェスター／鈴木主税訳
世界最大・最高の辞書OEDを作った言語学者とその謎の協力者をめぐる数奇な歴史秘話

スパイのためのハンドブック
ウォルフガング・ロッツ／朝河伸英訳
イスラエルの元スパイが明かしたスパイの現実。これ一冊でエリート・スパイになれる!?

〈数理を愉しむ〉シリーズ

天才数学者たちが挑んだ最大の難問
――フェルマーの最終定理が解けるまで
アミール・D・アクゼル／吉永良正訳

三〇〇年のあいだ数学者を魅了しつづけた難問にまつわるドラマを描くノンフィクション

数学をつくった人びとI～III
E・T・ベル／田中勇・銀林浩訳

これを読んで数学の道に誘い込まれた学者は数知れず。数学関連書で必ず引用される名作

物理学者はマルがお好き
牛を球とみなして始める、物理学的発想法
ローレンス・M・クラウス／青木薫訳

超絶理論も基礎はジョークになるほどシンプルで風変わり。物理の秘密がわかる科学読本

数学はインドのロープ魔術を解く
――楽しさ本位の数学世界ガイド
デイヴィッド・アチソン／伊藤文英訳

二次方程式とロケットの関係って？　意外な切り口と豊富なイラストが楽しい数学解説

数学は科学の女王にして奴隷I II
E・T・ベル／河野繁雄訳

数学上重要なアイデアの面白さとその科学への応用について綴った、もうひとつの数学史

〈数理を愉しむ〉シリーズ

物理と数学の不思議な関係
――遠くて近い二つの「科学」
マルコム・E・ラインズ／青木薫訳

華麗な物理理論の土台は、数学者が前もって創っておくもの!? 切り口が面白い科学解説

相対論がもたらした時空の奇妙な幾何学
――アインシュタインと膨張する宇宙
アミール・D・アクゼル／林一訳

重力を幾何学として捉え直した一般相対性理論の成立を、科学者らのドラマとともに追う

黒体と量子猫 1
――ワンダフルな物理史「古典篇」
ジェニファー・ウーレット／尾之上俊彦ほか訳

一癖も二癖もある科学者の驚天動地のエピソードを満載したコラムで語る、古典物理史。

黒体と量子猫 2
――ワンダフルな物理史「現代篇」
ジェニファー・ウーレット／金子浩ほか訳

相対論など難しそうな現代物理の概念を映画や小説、時事ニュースに読みかえて解説する

はじめての現代数学
瀬山士郎

無限集合論からゲーデルの不完全性定理まで現代数学をナビゲートする名著待望の復刊！

〈数理を愉しむ〉シリーズ

カオスの紡ぐ夢の中で
金子邦彦
第一人者が難解な複雑系研究の神髄をエッセイと小説の形式で説く名作。解説・円城塔。

運は数学にまかせなさい
——確率・統計に学ぶ処世術
ジェフリー・S・ローゼンタール／柴田裕之訳／中村義作監修
宝くじを買うべきでない理由から迷惑メール対策まで、賢く生きるための確率統計の勘所

美の幾何学
——天のたくらみ、人のたくみ
伏見康治・安野光雅・中村義作
自然の事物から紋様、建築まで、美を支える数学的原則を図版満載、鼎談形式で語る名作

E＝mc²
——世界一有名な方程式の「伝記」
デイヴィッド・ボダニス／伊藤文英・高橋知子・吉田三知世訳
世界を変えたアインシュタイン方程式の意味と来歴を、伝記風に説き語るユニークな名作

数学と算数の遠近法
——方眼紙を見れば線形代数がわかる
瀬山士郎
方眼紙や食塩水の濃度など、算数で必ず扱うアイテムを通じ高等数学を身近に考える名著

〈数理を愉しむ〉シリーズ

ポアンカレ予想
——世紀の謎を掛けた数学者、解き明かした数学者

G・G・スピーロ／永瀬輝男・志摩亜希子監修／鍛原多恵子ほか訳

現代数学に革新をもたらした世紀の難問が解かれるまでを、数学者群像を交えて描く傑作

黄金比はすべてを美しくするか？
——最も謎めいた「比率」をめぐる数学物語

マリオ・リヴィオ／斉藤隆央訳

芸術作品以外にも自然の事物や株式市場にまで登場する魅惑の数を語る、決定版数学読本

以下続刊

訳者略歴　1967年千葉県生　東京大学経済学部卒　訳書に『かたち』ボール，『神父と頭蓋骨』アクゼル，『異端の数ゼロ』『宇宙を復号する』サイフェ（以上早川書房刊）『エレガントな宇宙』グリーン（共訳）他多数

HM=Hayakawa Mystery
SF=Science Fiction
JA=Japanese Author
NV=Novel
NF=Nonfiction
FT=Fantasy

〈数理を愉しむ〉シリーズ

史上最大の発明アルゴリズム
現代社会を造りあげた根本原理

〈NF381〉

二〇一二年四月　二十日　印刷
二〇一二年四月二十五日　発行
（定価はカバーに表示してあります）

著　者　デイヴィッド・バーリンスキ
訳　者　林（はやし）　大（まさる）
発行者　早　川　　浩
発行所　株式会社　早川書房

郵便番号　一〇一 - 〇〇四六
東京都千代田区神田多町二ノ二
電話　〇三 - 三二五二 - 三一一一（大代表）
振替　〇〇一六〇 - 三 - 四七七九九
http://www.hayakawa-online.co.jp

印刷・三松堂株式会社　製本・株式会社明光社
Printed and bound in Japan
ISBN978-4-15-050381-9 C0141

本書は活字が大きく読みやすい〈トールサイズ〉です。